清华电脑学堂

U0659385

30

A

3

W X P

%

计算机基础及
MS Office应用标准教程

计算机等级考试一级·微课视频版 王磊 于莉莉 王晓娟 ◎ 编著

清华大学出版社
北 京

内 容 简 介

本书秉承"实用、够用"的编写理念，围绕计算机基础知识及其典型应用场景展开系统讲解。

全书共8章，内容涵盖计算机基础知识、计算机系统的组成、Windows操作系统的基本使用、计算机网络与Internet应用、计算机安全与管理、Word文档的应用、Excel表格的应用、PowerPoint演示文稿的应用等内容。书中知识点覆盖《全国计算机等级考试（NCRE）一级计算机基础及MS Office应用》考试大纲所规定的内容，图文并茂，重点突出。为了增强学习的实效性与操作性，书中配备大量"动手练"实操，引导读者在熟悉理论的同时，快速掌握常用操作技能。真正做到"学得会、用得上、记得牢"。

本书讲解循序渐进，语言通俗易懂，案例贴近实际，配图直观清晰，具有很强的可读性与可操作性。本书既可作为高等院校计算机基础课程的教学用书，也可作为社会培训、考证复习、自学入门等读者的辅导资料。

图书在版编目（CIP）数据

计算机基础及MS Office应用标准教程：计算机等级考试一级：微课视频版 /
王磊, 于莉莉, 王晓娟编著. --北京：清华大学出版社, 2025. 7. -- (清华电脑学堂).
ISBN 978-7-302-69920-0

Ⅰ. TP3

中国国家版本馆CIP数据核字第20253DY639号

责任编辑：袁金敏
封面设计：阿南若
责任校对：徐俊伟
责任印制：宋 林

出版发行：清华大学出版社
    网   址：https://www.tup.com.cn, https://www.wqxuetang.com
    地   址：北京清华大学学研大厦A座   邮   编：100084
    社 总 机：010-83470000   邮   购：010-62786544
    投稿与读者服务：010-62776969, c-service@tup.tsinghua.edu.cn
    质 量 反 馈：010-62772015, zhiliang@tup.tsinghua.edu.cn
    课 件 下 载：https://www.tup.com.cn, 010-83470236
印 装 者：大厂回族自治县彩虹印刷有限公司
经   销：全国新华书店
开   本：185mm×260mm   印   张：13.25   字   数：342千字
版   次：2025年7月第1版   印   次：2025年7月第1次印刷
定   价：59.80元

产品编号：112374-01

前 言

首先，感谢您选择并阅读本书。

在数字化与智能化日益深入的今天，信息技术已经深刻地改变了我们的工作、学习与生活方式。计算机作为这一变革的核心工具，早已成为人们进行信息处理、事务管理与知识获取的必备平台。掌握计算机基本操作技能，已不仅是专业发展的基础，更是现代公民必须具备的一项核心素养。尤其是在人工智能、大数据等新兴技术快速发展的背景下，提升个人的信息素养和办公能力显得尤为重要。

本书立足于"实用、易学、够用"的编写原则，紧贴《全国计算机等级考试（NCRE）一级计算机基础及MS Office应用》考试大纲的知识结构，围绕"夯实基础+强化实用"的理念，系统地介绍计算机基础知识及其典型应用技能。书中内容涵盖计算机发展与基本原理、操作系统基础知识、计算机网络与互联网常识、安全与管理技术等板块，同时围绕Microsoft Office办公软件三大核心组件——Word文档编辑、Excel表格处理、PowerPoint演示制作，进行了细致、深入、图文结合的讲解，帮助读者在理解理论的同时快速掌握实际操作能力。

此外，本书特别注重"理论+实操"相结合的教学方式，配套设置了"动手练""新手答疑"等体例，使读者在边学边练中增强技能应用能力。无论是初学者、自学者，还是备考者、在职人员，都可以通过本书实现办公技能的有效跃迁。

▋本书主要特点

- **简明精练，易教易学**。本书专为零基础读者编写，语言通俗易懂，讲解循序渐进。读者跟随书中内容进行练习，便能逐步掌握计算机的基本操作与日常管理方法，实现从"不会用"到"能熟练使用"的目标。

- **内容全面，知识丰富**。计算机的使用涉及多个知识领域，具有较强的综合性。本书覆盖面广，内容包含计算机基础知识、硬件与软件知识、操作系统原理、网络与Internet常识、计算机安全与系统管理、Microsoft Office办公软件应用等。

- **层次清晰，逻辑严谨**。全书内容结构合理、安排科学，按照"基础知识→操作系统→网络应用→安全管理→办公软件"的学习路径展开，重点突出实用技能与操作应用，帮助读者在理解理论的基础上更好地掌握实际操作技巧。

- **图文结合，案例丰富**。为了增强学习的直观性与操作性，本书配有大量高清截图和图解说明，辅以典型应用案例与实操练习，引导读者边学边练，提升动手能力，确保学以致用、融会贯通。

▋内容概述

全书共8章，各章内容见表1。

表1

章序	内容导读	难度指数
第1章	介绍计算机的诞生、发展、特点、应用领域、分类，数据与信息的概念，数据单位、进位、数制及换算，字符编码，多媒体，媒体数字化，多媒体数据压缩等	★☆☆
第2章	介绍计算机系统的工作原理，计算机的硬件系统，运算器与控制器，存储器，输入/输出设备，其他设备，计算机的总线，软件与程序，软件的分类，操作系统的概念、功能、发展、种类等	★★☆
第3章	介绍Windows的登录、退出、窗口操作，设置桌面图标、任务栏、日期和时间，文件与文件夹的概念、常见操作及管理，Windows自带工具的使用、输入法安装与管理，系统垃圾的清理，自启动软件的禁用等	★★☆
第4章	介绍计算机网络的形成与发展、分类、拓扑结构、体系结构、组成、结构化布线与组网，Internet与TCP/IP协议[①]，IP地址与域名服务，网络服务模式，常见接入技术，万维网，网页浏览器，即时通信软件的使用，下载工具的使用，电子邮件的使用等	★★★
第5章	介绍病毒和木马、网络攻击、钓鱼与挂马、存储数据的安全、硬件安全、计算机网络安全、网络安全指标、安全防御技术、安全软件的使用、操作系统的备份与还原、数据灾难恢复、操作系统的重置等	★★☆
第6章	介绍Word的基础知识、Word的基础操作、文本内容的编辑、特殊符号的插入、文档内容的查找与替换、文档的排版、分栏排版、图文混排、表格的应用、页面布局、页面水印的添加、文本框的应用、艺术字的应用、页眉和页脚的设置、页码的添加、文档的保护和打印等	★★★
第7章	介绍Excel的基础知识、工作簿与工作表的基本操作、行/列与单元格的基本操作、数据的录入和管理、表格格式的设置、公式和函数的应用、用记录单创建数据清单、数据排序与筛选、条件格式的设置、分类汇总、合并计算、数据透视表的应用、图表的创建和编辑、工作表的打印设置、工作簿和工作表的保护等	★★★
第8章	介绍演示文稿基础知识、幻灯片的基本操作、幻灯片主题和背景的设置、文本框的应用、艺术字的应用、图形的应用、图片的插入与编辑、动画效果的添加、页面切换效果的设置、演示文稿的放映和输出等	★★★

　　本书的配套素材和教学课件可扫描下面的二维码获取。如果在下载过程中遇到问题，请联系袁老师，邮箱：yuanjm@tup.tsinghua.edu.cn。书中重要的知识点和关键操作均配备高清视频，读者可扫描书中二维码边看边学。

　　本书由王磊、于莉莉、王晓娟编著，作者在编写过程中虽力求严谨细致，但由于时间与精力有限，书中疏漏之处在所难免。如果读者在阅读过程中有任何疑问，请扫描下面的"技术支持"二维码，联系相关技术人员解决。教师在教学过程中有任何疑问，请扫描下面的"教学支持"二维码，联系相关技术人员解决。

配套素材

教学课件

配套视频

技术支持

教学支持

---

①为便于读者理解，本书采用TCP协议、IP协议等叫法。

目 录

第1章

计算机基础知识

　　1946年出现了第一台电子计算机，从早期的专门用于科学计算的电子管数字机，发展到现在互联网时代云计算使用的大型机，计算机的作用也在日新月异地提升。计算机作为20世纪最伟大的发明，如今已成为了重要的生产力工具，并且已经融入了各行各业中，所以每个人都有必要了解并掌握一定的计算机知识。本章将着重介绍计算机的基础知识、数据与信息、多媒体技术等。

1.1　计算机基础

　　计算机是一种用来处理信息的电子设备，能够接收、存储、处理和输出数据，可以执行各种程序，以完成指定的任务。计算机基础知识是计算机应用的基础，是学习更高级的计算机科学课程的基础。

1.1.1　电子计算机的诞生

　　第二次世界大战的爆发带来了强大的计算需求，美国宾夕法尼亚大学电子工程系教授约翰·莫奇利（John Mauchley）和他的研究生埃克特（John Presper Eckert）计划采用真空管组建一台通用的电子计算机，以帮助军方计算弹道轨迹。1943年，这个计划被军方采纳，莫奇利和埃克特开始研制ENIAC（Electronic Numerical Intergrator And Computer，电子数字积分计算机），并于1946年2月14日研制成功。ENIAC被广泛认为是第一台实际意义上的计算机，如图1-1和图1-2所示。不久之后，两人又研制了新型的离散变量自动电子计算机（Electronic Discrete Variable Automatic Computer，EDVAC）。

图 1-1

图 1-2

　　同时，冯·诺依曼开始研制自己的EDVAC计算机，并成为当时计算速度最快的计算机。EDVAC的重大改进主要有两方面，一方面，冯·诺依曼根据电子元件双稳工作的特点，建议在电子计算机中采用二进制，二进制的采用将大大简化机器的逻辑线路。另一方面，程序和数据的存储也引出了存储程序的概念。计算机通过存储的程序自动控制各种计算工作，而无须人为接入。通过存储程序和计算所需数据，计算机就能连续自动地执行给定的程序，并得到理想的结果。EDVAC方案明确了新机器由5部分组成，包括运算器、逻辑控制装置、存储器、输入和输出设备，并描述了这5部分的职能和相互关系。报告中，冯·诺依曼对EDVAC中的两大设计思想作了进一步的论证，为计算机的设计树立了一座里程碑。因此，冯·诺依曼被誉为"现代电子计算机之父"。

计算机具有众多的特点，使其性价比越来越高，也成为重要的生产力工具，具体体现在以下几方面。

- **运算速度快**：计算机能够以极高的速度进行数值计算和逻辑运算，远远超过人类的运算能力。这使得计算机在处理大量数据和复杂计算时非常高效。
- **计算精度高**：得益于其内部使用二进制系统，使得计算机在进行数值计算时能够处理各种精度的数字，并同时保持结果的高精度。
- **逻辑运算能力强**：计算机能够进行各种复杂的逻辑判断和运算。
- **存储能力强**：计算机的存储设备能够存储海量的信息，包括文本、图像、音频、视频等各种形式的数据。这为数据的存储和管理提供了便利。
- **自动化程度高**：计算机可以按照预先编写的程序连续、自动地工作，无须人员干涉。整个运算、存储、判断过程对用户来说属于透明层。
- **可靠性高**：计算机在设计和制造过程中都经过严格的质量控制，具有较高的稳定性和可靠性。这使得计算机能够长时间稳定运行，减少故障发生的概率。
- **网络与通信**：计算机通过网络连接，实现信息共享和通信。互联网的普及使得计算机之间的互联互通成为常态，极大地扩展了计算机的应用范围。
- **智能化**：随着人工智能技术的发展，计算机具备了学习、推理、感知和决策等能力。机器学习、深度学习等技术使得计算机能够模拟人类的智能行为。

1.1.2　计算机的发展阶段

计算机发展至今，按照最重要的逻辑元件的更替，可以分为4个阶段。

1. 电子管计算机（1946—1958年）

硬件方面，电子管计算机的逻辑元件采用的是真空电子管，主存储器采用汞延迟线；外存储器采用穿孔卡片和纸带。软件采用的是机器语言和汇编语言。应用领域以军事和科学计算为主。特点是体积大、功耗高、可靠性差、速度慢（每秒处理几千条指令）、价格昂贵，但为以后的计算机发展奠定了基础。

2. 晶体管计算机（1958—1964年）

晶体管计算机的逻辑元件采用晶体管，使用磁芯存储器作为内存。外存为磁带。可以连续处理编译语言。应用领域为科学计算、数据处理、事务管理，并开始进入工业控制领域。特点是体积缩小、能耗降低、可靠性提高、运算速度提高（一般每秒可以处理几万至几十万条指令），性能比第一代计算机有很大的提高。

3. 中小规模集成电路计算机（1964—1970年）

第3代计算机逻辑元件采用中、小规模集成电路，内存采用半导体存储器，外存采用磁带、磁盘。软件方面出现了分时操作系统以及结构化、规模化的程序设计方法，可以实时处理多道程序。特点是速度更快（每秒处理几十万至几百万条指令），而且可靠性有了显著提高，价格进一步下降，产品走向了通用化、系列化和标准化。应用领域为自动控制和企业管理，并开始进入文字处理和图形图像处理领域。

4. 大规模集成电路计算机（1970年至今）

硬件方面，逻辑元件采用大规模和超大规模集成电路。内存使用半导体存储器，外存使用磁盘、磁带、光盘等大容量存储器。软件方面出现了数据库管理系统、网络管理系统和面向对象语言等。处理能力大幅度提升（每秒处理上千万至万亿条指令）。1971年，世界上第一台微处理器在硅谷诞生，开创了微型计算机的新时代。应用领域从科学计算、事务管理、过程控制逐步走向家庭，并在办公自动化、数据库管理、文字编辑排版、图像识别、语音识别等领域发挥更大的作用。

知识拓展

新时代的计算机发展

未来计算机的发展将向着巨型化、微型化、网络化、智能化的方向发展。

- **巨型化：** 计算速度更快，存储容量更大，功能更完善，可靠性更高。
- **微型化：** 价格低廉，更加轻薄便携，功耗低，待机时间长，软件丰富。
- **网络化：** 未来的计算机将以网络为中心，逐渐向网络终端的方向发展。
- **智能化：** AI技术使计算机可以模仿人类的思维和感觉，未来的计算机将可以接受自然语言指令，可以与人类交互，并自我思考，完成复杂的工作。

1.1.3 计算机的应用领域

计算机的主要应用领域就是计算，包括数值计算和非数值计算两大类。目前计算机的主要用途已经不只是简单的计算了，而是与各领域融合，形成各种具有代表性的应用。

1. 科学计算

计算机的用途首先是科学计算领域，工程力学的测试计算、人造卫星轨道计算、基因序列分析以及常见的气象预报等都属于该范畴。科学计算也是计算机最早的应用领域。

2. 数据/信息处理

计算机处理的数据不仅仅是数值，还包括文字、图像、声音、视频等各种数据、信息，如各种订票系统。

3. 计算机辅助技术

常见的计算机辅助技术，例如计算机辅助设计（Computer Aided Design，CAD）、计算机辅助制造（Computer Aided Manufacturing，CAM）、计算机辅助测试（Computer Aided Testing，CAT）、计算机辅助教学（Computer Aided Instruction，CAI）、计算机集成制造系统（Computer Integrated Manufacturing Systems，CIMS）等。计算机模拟与仿真、集成电路设计、测试、核爆炸、地质灾害模拟等是人工无法实现的，只有通过计算机进行模拟计算才能提到需要的数据。

4. 过程控制

在工业环境中，计算机可以进行过程控制，替代人工在各种危险复杂的环境中，按照预设程序不间断、无错误、高精度、高速度地完成各种复杂作业，例如数控机床的加工操作。

5. 网络通信

计算机通过计算机网络连接各种服务器实现下载、上传、分享、网上购物、点餐、订票（图1-3）、缴费、转账、游戏等功能。

6. 人工智能

人工智能是用于模拟、延伸和扩展人的智能理论、方法、技术及应用系统的一门新的技术科学。通过计算机模拟，可以进行语言识别、图形识别、医疗诊断、故障诊断、人机对弈、智能分拣（图1-4）、计算机辅助教育、案件侦破和经营管理等方面的工作。

图 1-3

图 1-4

7. 多媒体应用

计算机通过多媒体（文本、图形、图像、音频、视频、动画）与人工进行交互，并将信息与数据通过多媒体文件进行存储与管理。结合虚拟现实技术、虚拟制造技术，打造新一代的多媒体应用。

8. 嵌入式系统

嵌入式系统是一种专门的计算机系统，使用一种针对不同功能的特殊微处理器来进行特定任务的处理。消费电子产品（如穿戴设备）、家电（数码相机、数字电视等）、汽车等应用领域都使用了嵌入式系统。大多数嵌入式系统都是由单个程序实现整个系统的控制。

1.1.4 计算机的分类

按照不同的标准，计算机可以分成不同的种类。如按照处理的数据类型可以分为模拟计算机和数字计算机。按照应用领域可以分为通用计算机和专用计算机。按照计算机的运算速度、字长、存储容量、软件配置等综合性能指标，可以分为巨型机、大型通用机、微型机、工作站、个人计算机、服务器等。

1.巨型机

巨型机又称为大型计算机，特点是占用空间大，具有非常强的处理能力，如图1-5所示。广泛应用于金融业、天气预报、石油和地震勘测等领域。巨型机的研制水平、生产能力及应用程度已经成为衡量一个国家经济实力和科技水平的重要标志。

图 1-5

知识拓展

我国首台破亿的超级计算机

"银河一号"于1983年12月研制成功，是中国第一台亿次巨型计算机，填补了中国在巨型计算机领域的空白。

2.大型通用机

大型通用机通用性强，具有很强的综合处理能力，应用覆盖面广，通常称为"企业级"计算机或者大型机。

3.微型机

微型机体积小、结构简单、可靠性高、对环境要求低、易于操作及维护。应用领域比较广泛，如工业自动控制，大型分析仪器，测量仪器，医疗设备的数据采集、分析等。

知识拓展

个人计算机

通常说的个人计算机也属于微型机范畴，个人计算机出现于20世纪70年代，因其受众广、功能全、软件丰富、价格适中等特点，一直活跃在计算机舞台上。

4.工作站

工作站是一种高档微型计算机，运算速度快，主要作为图像处理中心、计算机辅助设计中心等。

5.服务器

服务器依托网络实现其对外提供服务的功能，工作时侦听网络请求，并提供相应的服务。服务器有高速的运算能力、长时间工作的稳定性、强大的数据吞吐和处理能力等特点。服务器架构同微型计算机基本一样，但硬件一般是特制的，并具有较强的安全性及可扩展性。服务器是构建互联网所必需的，主要特点如下。

- 只有客户端请求，才提供服务。
- 对客户透明，用户只需要从服务器获取需要的数据，而不用去管服务器的结构、系统、硬件等。

- 服务器通过软件实现其不同服务的功能。一台服务器也可以提供多种服务，多台服务器也可以组建服务器集群来提供一种服务。

1.2　信息的表示与存储

计算机的工作过程包括数据信息的收集、存储、处理和传输。下面从数据信息的角度出发，介绍计算机对数据信息的处理方式。

▌1.2.1　数据与信息

（1）数据

输入到计算机并能被计算机识别的数字、文字、符号、声音和图像等，都可以称为数据。

ENIAC是十进制的计算机，逢十进一。而冯·诺依曼在研制EDVAC时，提出了二进制，也就是逢二进一，从而提高了计算机的处理效率。采用二进制，运算简单，易于在电路中实现，通用性强，便于逻辑判断，可靠性高。当然，单纯的二进制只是方便计算机处理数据，对用户而言属于透明层。

计算机内部均使用二进制表示各种信息，但计算机与外部交往仍采用人们熟悉和便于阅读的形式，如十进制数据、文字显示及图形描述等。其间的转换通过计算机系统的硬件和软件实现。

计算机的各种输入设备将各种模拟信号通过技术手段转换成数字信号（模/数转换），交由计算机处理（存储、编辑等），再通过数/模转换，将其转换为模拟信号，通过输出设备展示给用户，例如让扬声器发出声音、让显示器显示图像等。

（2）信息

信息是对各种事物变化和特征的反映，是经过加工处理并对人类客观行为产生影响的数据的表现形式，人们通常通过接收信息来了解具体事物。

数据经过处理产生信息，信息具有针对性、时效性。信息需要经过数字化转换成数据才能存储和传输。信息是有意义的，而数据是纯数字，没有实际意义。经过对数字的处理产生的有用数据就是信息。

▌1.2.2　数据的单位

计算机中数据有几种单位，读者需要了解。

- **位（bit）**：计算机中的最小单位是"位"，例如0或1。
- **字节（Byte）**：存储容量的基本单位，1字节是8位，也就是1Byte=8bit。通常字节被简写成B。计算机中的存储换算关系为1KB=1024B（2^{10}B），1MB=1024KB（2^{20}B），1GB=1024MB（2^{30}B），1TB=1024GB（2^{40}B）。
- **字长**：计算机诞生初期，一次能够处理8个二进制位。将计算机一次能够并行处理的二进制位称为计算机的字长，也称为计算机的一个"字"。随着电子技术的发展，计算机并行处理能力越来越强，计算机一次能够处理的二进制位从8位、16位、32位发展到64位，如图1-6所示。有些大型机已经达到128位。

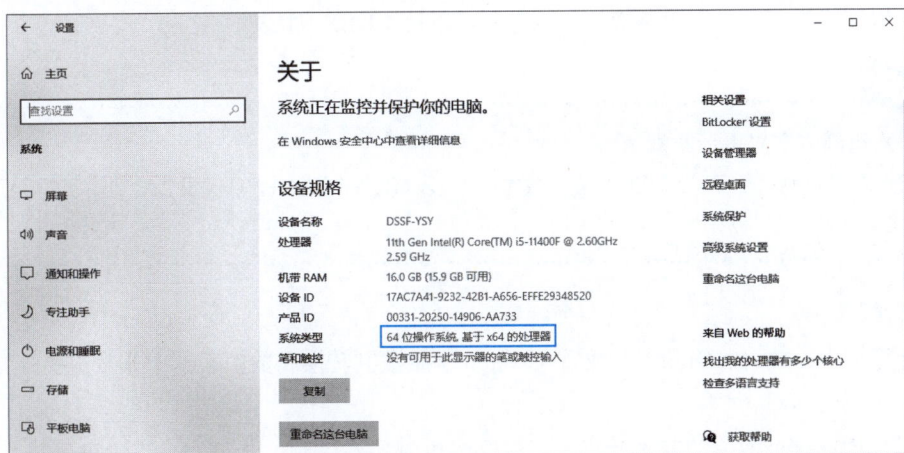

图 1-6

知识拓展

字长的作用

通常字长也是计算机的一个重要指标，直接反映一台计算机的计算能力和计算精度。字长越长，计算机的数据处理速度越快。

1.2.3 进位计数制及其转换

数制也称计数制，是指用一组固定的符号和统一的规则来表示数值的方法，决定数据在计算机系统中的存储和运算方式。按进位原则进行计数的方法称为进位计数制，例如，十进位计数制按照"逢十进一"的原则进行计数。

1. 常见的数制及特点

计算机中使用的主要数制包括二进制、十进制、八进制和十六进制。可以使用"数值$_{进制}$"的形式来表示，例如十六进制的A5B4可以表示为A5B4$_{16}$。

（1）二进制

二进制是计算机内部采用的基本数制，只由0和1组成，用于表示所有数据。每个二进制位（bit）可以是0或1，表示计算机硬件的开关状态。所有的数值和字符在计算机中最终都将转换为二进制形式进行处理。二进制可以使用BIN或B表示。

（2）十进制

十进制是人类日常生活中最常使用的数制，由10个符号（0～9）组成。虽然计算机内部是以二进制处理数据，但我们通常通过十进制来表达和理解数据。十进制使用DEC或D表示。

（3）八进制

八进制采用8个符号（0～7）表示数值，常用于计算机程序员在早期处理二进制时，作为一种简便的表达方式。八进制可以使用OCT或O表示。

（4）十六进制

十六进制使用16个符号（0～9，A～F）表示数值。它便于表示长二进制数，因为每4个二进制数可以转换为一个十六进制数。十六进制可以使用HEX或H表示。

知识拓展

十六进制中字母表示的数值

在十六进制中，各字母代表的十进制数为，A代表10、B代表11、C代表12、D代表13、E代表14、F代表15。

2. 数码与权重

在计算机中，数码（Digit）和权重（Weight）是数制转换和数值表示中非常重要的概念。

（1）数码

数码是构成一个数值的基本元素，无论是二进制、八进制、十进制、十六进制还是其他进制，数码都起着表示和区分不同数值的作用。十进制中数码是0～9的数字；二进制中数码只有两个：0和1；八进制中数码是0～7的数字；十六进制中数码包括0～9和A～F，其中A表示10，B表示11，以此类推。

（2）权重

权重是数码在数值中的位置所赋予的"重要性"或"权值"，也可以理解为每个数码所代表的数值大小。每个数码的权重是由其所在的位数决定的，在不同的数制中，权重的计算方式会有所不同。

在十进制中，数码从右到左依次乘以10的幂。例如，数字543在十进制中，3的权重是10的0次方（10^0即1），4的权重是10的1次方（10^1即10），5的权重是10的2次方（10^2即100），所以$543=5 \times 10^2+4 \times 10^1+3 \times 10^0$。

在二进制中，权重是2的幂。例如，二进制数1101，从右到左其权重分别是2的0次方（2^0即1）、2的1次方（2^1即2）、2的2次方（2^2即4）和2的3次方（2^3即8），所以，1101（二进制）=$1 \times 2^3+1 \times 2^2+0 \times 2^1+1 \times 2^0$=13（十进制）。

在八进制中，权重是8的幂。例如，八进制数234，从右到左其权重分别是8的0次方（8^0即1）、8的1次方（8^1即8）和8的2次方（8^2即64），所以，234（八进制）=$2 \times 8^2+3 \times 8^1+4 \times 8^0$=156（十进制）。

在十六进制中，权重是16的幂。例如十六进制数A3F，其中A的权重是16的2次方（16^2即256），3的权重是16的1次方（16^1即16），F的权重是16的0次方（16^0即1），因此，A3F（十六进制）=$A \times 16^2+3 \times 16^1+F \times 16^0=10 \times 16^2+3 \times 16^1+15 \times 16^0$=2623（十进制）。

3. 数制间的转换

在计算机系统中，数制转换是一项基本操作，尤其是在用户输入数据时，计算机需要将其转换为二进制后进行处理。常见的数制转换有二进制与十进制之间的转换、二进制与十六进制之间的转换等。介绍权重时，已经介绍了二进制、八进制与十六进制数据转换为十进制数据的方法。下面介绍其他进制之间的转换方法。

（1）十进制整数转换为二进制形式

十进制整数转二进制形式的基本方法是采用"除以2取余法"。具体步骤如下。

步骤 01 将十进制整数除以2，记录余数。

步骤 02 将商继续除以2，直到商为0。

步骤 03 余数从下往上排列，即为该十进制整数对应的二进制数。

例如，十进制整数13转换为二进制的过程为：

$13 \div 2 = 6$余1，$6 \div 2 = 3$余0，$3 \div 2 = 1$余1，$1 \div 2 = 0$余1

所以13的二进制表示为1101。

知识拓展

十进制小数的转换

十进制小数转换成二进制小数通常采用"乘2取整法"，首先用2去乘要转换的十进制小数，将乘积结果的整数部分提出来，然后继续用2去乘上次乘积的小数部分，直到所得积的小数部分为0或满足所需精度为止，最后把各次得到的整数按最先得到的为最高位、最后得到的为最低位依次排列起来，便得到所求的二进制小数。如0.3565转换为二进制，则$0.3565 \times 2 = 0.713$（取0），$0.713 \times 2 = 1.426$（取1），$0.426 \times 2 = 0.852$（取0），$0.852 \times 2 = 1.704$（取1），$0.704 \times 2 = 1.408$（取1）……。

以此类推，可以得到二进制小数0.3565的近似值是0.010112（保留5位小数）。如果继续计算，可以获得更高精度的近似值。这里需要注意，任何十进制整数都可以精确地转换成一个二进制整数，但十进制小数不一定可以精确地转换成一个二进制小数。如果需要将一个十进制数（包含整数部分和小数部分）完全转换为二进制，可以先将整数部分和小数部分分别转换，然后再将两部分拼接起来。

知识拓展

快速通过减法法则计算十进制数对应的二进制表示

二进制中的每一位都有一个对应的权重值，从左到右依次是……128、64、32、16、8、4、2、1。要将一个十进制数转换成二进制形式，我们可以通过减法快速计算。例如，将十进制数78转换成二进制数。

步骤 01 首先找到不超过78的最大权重值，也就是64，说明二进制中64所在的位置是1。然后用$78 - 64 = 14$。

步骤 02 接着找到不超过14的最大权重值，显然是8，所以8的位置也是1。继续计算$14 - 8 = 6$。

步骤 03 然后对6重复上述操作，发现不超过6的最大权重值是4，对应的位置为1。再算$6 - 4 = 2$。

步骤 04 最后，2对应的权重就是2，它的位置也是1。再算$2 - 2 = 0$。

至此我们已经完成了计算，得到78的二进制表示是01001110。在网络通信中的子网掩码计算等场景中这种方法比较常见。

（2）十进制数转换为其他进制的形式

前面讲解了十进制与二进制之间的转换，十进制与其他进制的转换，采用的也是类似的方法：十进制整数转换为八进制整数，采用"除八取余"；十进制小数转换为八进制，采用"乘八取整"；十进制整数转换为十六进制，采用"除十六取余"；十进制小数转换为十六进制，采用"乘十六取整"。具体的过程、排序和转换与二进制一致。需要注意十六进制中10～15使用A～F表示。

（3）二进制数转换为八进制或十六进制形式

二进制数转换为八进制形式，如果仅是整数部分，将二进制从右开始向左每3位分成一组，不足3位在最高位补0，凑成3位一组。每一组分别转换为一个八进制的数，然后组合起来即可。如01000101（二进制）转换为八进制时，可以分组为001 000 101，然后每组单独转换（计算方法与二进制转十进制一致），再将得到的数组合起来，得到105（八进制）。

二进制数转换为十六进制形式与此类似，如果仅是整数部分，将二进制数从右向左每4位分成一组，不足4位在最高位补0，凑成4位一组。每一组分别转换为一个十六进制的数，然后组合起来即可。如1001001101（二进制）转换为十六进制形式时，可以分组为0010 0100 1101，然后每组单独转换（计算方法与二进制转十进制一致），再将得到的数组合起来，得到24D（十六进制）。

（4）八进制数或十六进制数转换为二进制形式

八进制数或十六进制数转换为二进制形式，则与上面介绍的方法相反。八进制数的每位转换为3位二进制数，十六进制数的每位转换为4位二进制数。具体的计算方法与十进制整数转换为二进制相同，也就是"除2取余"法。例如八进制数325转换为二进制形式，得到011 010 101，组合起来就是11010101。十六进制数3AC转换为二进制形式，得到0011 1010 1100，组合起来就是1110101100。

知识拓展

八进制与十六进制的转换

可以通过二进制在中间进行过渡，然后进行二次转换。

1.2.4 字符的编码

字符包括西文字符（字母、数字、各种符号）和中文字符，即所有不可进行算术运算的数据。计算机以二进制数的形式存储和处理数据，因此，字符必须按特定的规则进行二进制编码才可输入计算机。

1. 西文字符的编码

用以表示字符的二进制编码称为字符编码。计算机中常用的字符（西文字符）编码有两种。EBCDIC码和ASCII码。最为常见的就是ASCII码。

ASCII码是美国信息交换标准代码（American Standard Code for Information Interchange）的缩写，被国际标准化组织指定为国际标准，它有7位码和8位码两种版本。

微型计算机采用的是ASCII码，国际通用的则是7位ASCII码，即用7位二进制数表示一个字符的编码，共有2^7=128个不同的编码值，相应可以表示128个不同字符的编码。

其中比较常见的如空格的十进制编码为32；数字0～9的编码为48～57；大写字母A～Z的编码为65～90；小写字母a～z的编码为97～122。

2. 中文的编码

我国于1980年发布了国家汉字编码标准GB 2312—80，全称是《信息交换用汉字编码字符集—基本集》，简称GB码或国标码。国标码的字符集共收录了6763个常用汉字和682个符号。每个汉字占用2字节。

知识拓展

> **区位码**
>
> 区位码是中国国家标准GB 2312—80中规定的汉字编码方案，它将常用的汉字和符号排列在一个94×94的矩阵中，每一行称为一个"区"，每一列称为一个"位"，并用4个数字表示每个字符的位置（前2位为区号，后2位为位号）。实际上，区位码也是一种汉字输入码，其最大优点是一字一码，即无重码，最大缺点是难以记忆。

3. 汉字的处理过程

从汉字编码的角度看，计算机对汉字信息的处理过程实际上是各种汉字编码间的转换过程，这些编码主要包括汉字输入码、汉字内码、汉字地址码、汉字字形码等。

4. 汉字编码之间的关系

汉字的输入、输出和处理的过程，实际上是汉字的各种代码之间的转换过程。汉字通过汉字输入码输入到计算机内，然后通过输入字典转换为内码，以汉字内码的形式进行存储和处理。在汉字通信过程中，处理机将汉字内码转换为适合于通信用的交换码，以实现通信处理。

在汉字的显示和打印输出过程中，计算机根据汉字机内码计算出地址码，按地址码从字库中取出汉字字形码，实现汉字的显示或打印输出。

1.3　多媒体技术简介

多媒体技术是指通过计算机对文字、数据、图形、图像、动画、声音等多种媒体信息进行综合处理和管理，使用户可以通过多种感官与计算机进行实时信息交互的技术，又称为计算机媒体技术。

1.3.1　多媒体的特点

多媒体能够同时对两种或两种以上的媒体进行采集、操作、编辑、存储等综合处理，其实质是将以各种形式存在的媒体信息数字化，用计算机对其进行组织加工，并以友好的交互形式提供给用户使用。

与传统媒体相比，多媒体具有集成性、控制性、交互性、非线性、实时性、方便性、动态性等特点。其中，集成性和交互性是多媒体的精髓所在。

- **集成性**：能够对信息进行多通道统一获取、存储、组织与合成。
- **控制性**：多媒体技术是以计算机为中心，综合处理和控制多媒体信息，并按人的要求以多种媒体形式表现出来，同时作用于人的多种感官。

- **交互性**：是多媒体应用有别于传统信息交流媒体的主要特点之一。传统信息交流媒体只能单向地、被动地传播信息，而多媒体技术可以实现人对信息的主动选择和控制。
- **非线性**：多媒体技术的非线性特点将改变人们传统循序性的读写模式。以往人们读写大都采用章、节、页的框架，循序渐进地获取知识，而多媒体技术将借助超文本链接的方法，把内容以一种更灵活、更具变化的方式呈现给读者。
- **实时性**：当用户给出操作指令时，相应的多媒体信息能够得到实时控制。
- **方便性**：用户可以按照自己的需要、兴趣、任务要求、偏爱和认知特点来使用信息，任意选取图、文、声等信息表现形式。
- **动态性**："多媒体是一部永远读不完的书"，用户可以按照自己的目的和认知特征重新组织信息，增加、删除或修改节点，重新建立链接。

1.3.2 媒体的数字化方法

数字化是指将模拟信号（Analog signal）或连续变化的信息转换为数字信号（Digital signal），以便计算机和其他数字设备能够处理、存储和传输。在计算机中，通过A/D转换器将模拟信号转为数字信号（也可以通过D/A转换器将数字信号转为模拟信号）。常见的可以数字化的媒体包括声音以及图像。

1. 声音的数字化技术

音频数字化是较为成熟的技术，多媒体声卡就是采用此技术而设计的，数字音响也是采用了此技术，取代传统的模拟方式来达到理想的音响效果。计算机系统通过输入设备输入声音信号，通过采样、量化技术将其转换成数字信号，然后通过输出设备输出。

- **采样**：每隔一段时间对连续的模拟信号进行测量，每秒的采样次数即为采样频率。采样频率越高，声音的还原性越好，音频文件的数据量也越大，声音的质量也越好。
- **量化**：将采样后得到的信号转换成相应的数值，转换后的数值以二进制的形式表示。量化的位数越多，精度也越高，数字化后的声音的质量也越高，音频文件的数据量也越大。

知识拓展

音频数据量的计算

音频数据量的计算公式为音频数据量(B)=采样时间(S)×采样频率(Hz)×量化位数(b)×声道数/8。单位为字节。例如对某音频信号以10kHz的采样率、16位量化精度进行数字化，则每分钟双声道数字化声音信号所产生的数据量为（60s×10000Hz×16位×2声道）/8=2400000字节，约为2.29MB。

2. 图像的数字化技术

图像是自然界的客观景物通过某种系统的映射，是人们产生的视觉感受。图像又分为静态图像和动态图像两种。

（1）静态图像的数字化

静态图像的数字化通过采样和量化实现。可以使用图像采集设备将一幅图像分解成很多小点（像素），并采集每个点的颜色和亮度。量化时，会使用8位二进制数表示一个点的颜色（可以表示256种不同颜色），并记录下来。在存储和传输时，通过一定的格式进行编码，形成文件。图像采集设备很多，例如扫描仪、数码相机（通过图像传感器采集）。常见的某800万像素的摄像机，就可以将采集的图像用800万像素点表示出来。照片的分辨率也就是这800万像素的排列方式，一般用横向像素点的数量×纵向像素点的数量表示分辨率。

（2）动态图像的数字化

人眼看过一幅图像后，将在视网膜上滞留1/10s，动态图像正是根据这样的原理产生的。动态图像是将静态图像以每秒n幅的速度播放，当$n\geqslant25$时，人眼看来就是连续的画面。

（3）点位图和矢量图

表示或生成图像有两种办法：点位图法和矢量图法。点位图法是将一幅图像分成很多小像素，每个像素都有自己的颜色，用若干二进制位表示该像素的信息。点位图法的图像文件较大，放大后可能会模糊、失真或出现锯齿。而矢量图法是用一些指令或数学公式来描述图像，图像文件小，无论放大多少倍，图像都能保持清晰。

（4）图像文件格式

常见的图像文件格式如下。

- **BMP格式**：Windows采用的图像文件存储格式。
- **GIF格式**：联机图形交换使用的一种图像文件格式。
- **TIFF格式**：二进制文件格式。
- **PNG格式**：图像文件格式。
- **JPEG格式**：目前所有格式中压缩率最高的格式。
- **SVG格式**：一种开放标准的矢量图形格式，广泛用于网页设计。
- **AI格式**：Adobe Illustrator的专有格式，可以包含复杂的矢量图形。
- **PDF格式**：不仅可以包含文本，还可以包含矢量图形和位图图像。

（5）视频文件格式

常见的视频文件格式如下。

- **AVI**：微软公司发布的视频格式，AVI格式调用方便、图像质量好，压缩标准可任意选择，是应用最广泛、应用时间最长的格式之一。
- **WMV**：一种独立于编码方式的、在Internet上实时传播的多媒体技术标准，WMV的优点在于可扩充的媒体类型、本地或网络回放、可伸缩的媒体类型、流的优先级化、多语言支持、扩展性好等。
- **MP4**：一套用于音频、视频信息的压缩编码标准，MP4格式主要用于在网络中发送音频、视频，以及电视广播。
- **MOV**：苹果公司开发的一种音频、视频文件格式，用于存储常用数字媒体类型。

▌1.3.3 多媒体数据压缩

在多媒体计算系统中，信息从单一媒体转换到多种媒体；若要表示、传输和处理大量数字化的声音、图片、影像视频信息等，数据量是非常大的。如果不进行处理，计算机系统几乎无法进行存储和交换。因此，为了得到令人满意的图像、视频画面质量和听觉效果，必须解决视频、图像、音频信号数据的大容量存储和实时传输问题。解决的方法除了提高计算机本身的性能及通信信道的带宽外，更重要的是对多媒体数据进行有效压缩。

1. 数据压缩原理

数据压缩实际上是一个重新编码的过程，即把原始的数据编码按照另一个压缩编码算法重新计算。数据的解压缩是数据压缩的逆过程，即把压缩的编码还原为原始数据。因此数据压缩方法也称为编码方法。数据压缩技术日臻成熟，适应各种应用场合的编码方法不断产生。针对多媒体数据冗余类型的不同，有不同的压缩方法。

2. 无损压缩

无损压缩也叫无失真压缩，是利用数据的统计冗余进行压缩，又称可逆编码。其原理是统计被压缩数据中重复数据的出现次数来进行编码。解压缩是对压缩的数据进行重构，重构后的数据与原来的数据完全相同。无损压缩能够确保解压后的数据不失真，产生原始对象的完整复制。无损压缩在多媒体技术中能保证百分之百地恢复原始数据，但压缩效率比较低，如熵编码、行程编码、算术编码。常用的无损压缩格式有APE、FLAC、TAK、WavPack、TTA等。

3. 有损压缩

有损压缩又称为不可逆编码，有损压缩是指压缩后的数据不能够完全还原成压缩前的数据，与原始数据不同但是非常接近的压缩方法。有损压缩也称为破坏性压缩，以损失文件中某些信息为代价来换取较高的压缩比，其损失的信息多是对视觉和听觉感知不重要的信息，但压缩比通常较高。常用于音频、图像和视频的压缩。典型的有损压缩编码方法有预测编码、变换编码、基于模型编码、分形编码及矢量量化编码等。

4. 两者比较

无损压缩方法的优点是能够比较好地保存图像的质量，不受信号源的影响，而且转换方便。但是占用空间大，压缩比不高，压缩率比较低。有损压缩的优点是可以减少内存和磁盘中占用的空间，在屏幕上观看不会对图像的外观产生不利影响，但若把经过有损压缩技术处理的图像用高分辨率打印出来，图像质量会有明显的受损痕迹。

新手答疑

1. Q: 冯·诺依曼架构的意义是什么?

A: 冯·诺依曼架构使计算机的设计更加简洁、统一,并奠定了现代计算机科学的理论基础。其存储程序的概念提高了计算机的灵活性和可编程性,也为后来的计算机技术发展指明了方向。现代计算机虽然在某些方面(如多核处理器、并行计算等)有所突破,但其核心设计仍然继承了冯·诺依曼架构的思想,成为计算机发展的基石。

2. Q: 什么是嵌入式计算机?

A: 嵌入式计算机是一种为特定功能设计的计算机,通常嵌入到其他设备中,如家电、汽车、工业设备等。嵌入式计算机不需要用户直接操作,其功能由外部设备控制。

3. Q: 网络传输数据的单位是什么? 怎么换算?

A: 网络传输单位有kb/s(千比特每秒)、Mb/s(兆比特每秒)、Gb/s(吉比特每秒)。它们之间的换算关系:

1kb/s(千比特每秒)=1000b/s(比特每秒)

1Mb/s(兆比特每秒)=1000kb/s

1Gb/s(吉比特每秒)=1000Mb/s

这种定义主要是为了简化网络带宽的计算。十进制的换算更接近人们日常使用的计量方式,也便于厂家宣传网络设备的传输速率。例如,1Gb/s通常就表示每秒传输10亿比特。

1Gb/s(125Mb/s)的网速,下载1秒的理论数据大小为125MB(换算关系为1000)。如果存储到计算机中,则大约为119MB(换算关系为1024)。

4. Q: 什么是视频转码? 有哪些常见的工具?

A: 视频转码是指将一个视频文件从一种编码格式、分辨率、码率、帧率或其他参数转换为另一种格式或参数的过程。你可以把它想象成翻译,将一种"视频语言"翻译成另一种"视频语言",以便在不同的设备、平台或网络环境下更好地播放。常见的转码软件可以使用"格式工厂"。

第 2 章

计算机系统的组成

计算机系统由硬件系统和软件系统组成。硬件系统包括运算器、控制器、存储器、输入设备和输出设备，硬件之间通过计算机总线连接。软件系统包括操作系统和应用软件，通过软件系统实现通信。本章将着重介绍计算机系统的工作原理及组成结构。

2.1 计算机系统的工作原理

计算机系统是一套精密而复杂的系统，但又遵循冯·诺依曼提出的规律。计算机的工作过程就是完成各种指令的过程。下面介绍计算机系统的工作原理。

2.1.1 认识指令

计算机指令由计算机可以识别并执行的二进制代码构成，它规定了计算机应当完成的某种具体操作。通常，一条计算机指令由两部分组成：操作码与地址码（也称操作数部分）。这两部分共同描述了指令的含义与执行方式。

指令中的操作码用以指定需要执行的操作类型或功能，例如数据传送、加法、减法、逻辑运算、控制转移等。由于指令以二进制形式表达，因此操作码本身也是由二进制位构成的。对于某一特定的计算机体系结构而言，不同的操作码表示不同的基本操作类型，它们在编码上互不相同。操作码的二进制位数决定了该计算机所支持的指令种类总数。例如，如果操作码为 n 位，则最多可表示 2^n 种不同的操作。

指令中的地址码则用于描述操作的对象，即操作数。地址码可以直接表示操作数本身，也可以表示操作数所在的存储位置，如内存地址或寄存器编号。根据角色不同，操作数可以分为源操作数和目的操作数。源操作数是被处理的数据，目的操作数是操作的结果存放的目标位置。例如，在加法指令中，加数与被加数为源操作数，其和为目的操作数。

通常情况下，指令中的地址码并不直接包含数据本身，而是提供数据的地址。这在某些指令中尤为明显，例如转移指令，其操作码指定执行转移操作，地址码则标识跳转目标地址。这也就是为什么"地址码"常被等同于"操作数部分"。

需要注意的是，不是每条指令都包含地址码。某些操作仅需说明操作类型，不涉及具体数据或地址，例如暂停指令或停机指令，它们通常只包含操作数而不包含地址码。至于一条指令中地址码的个数，取决于指令所执行的功能，不同类型的指令结构可能存在差异。

2.1.2 指令的寻址

在计算机系统中，操作数的真实物理地址称为有效地址，它并不总是直接写在指令中，而是由寻址方式与形式地址（即指令中给出的地址码）共同决定的。寻址方式是指如何通过指令中的地址信息，结合当前处理器状态，最终确定数据或下一条指令的真实地址。由于其设计与硬件结构密切相关，不同体系结构可能支持不同的寻址方式。从功能角度来看，寻址方式可分为两大类：指令寻址方式与数据寻址方式。

1. 指令寻址方式

指令寻址方式用于确定下一条将要执行的指令的地址。常见的方式包括如下两种。

- **顺序寻址**：默认情况下，程序按指令在内存中的排列顺序依次执行，下一条指令地址等于当前指令地址加上指令长度。
- **跳转寻址（转移寻址）**：用于控制流程的转移，如条件跳转、子程序调用等，下一条指令的地址由当前指令明确给出或通过某种计算得出。

2. 数据寻址方式

数据寻址方式则用于确定数据操作中涉及操作数的真实地址。常见的数据寻址方式如下。

- **立即寻址**：操作数直接包含在指令中，不需要访问内存。
- **直接寻址**：指令中给出的地址即为操作数在内存中的位置。
- **隐含寻址**：操作数的位置由指令格式隐含指定，例如累加器指令。
- **间接寻址**：指令中给出的地址不是操作数的最终地址，而是指向存放该地址的位置。
- **寄存器寻址**：操作数位于寄存器中，地址由指令直接指定的寄存器决定。
- **寄存器间接寻址**：指令指定的寄存器中存放的是操作数在内存中的地址。
- **堆栈寻址**：操作数通过堆栈操作隐式获得，通常涉及栈顶指针。

2.1.3 指令系统

指令系统指一台计算机所能执行的全部指令的集合。无论哪种类型的计算机，指令系统都应该具有以下功能指令。

- **数据处理指令**：包括算术运算指令、逻辑运算指令、移位指令、比较指令等。
- **数据传送指令**：包括寄存器之间、寄存器和主存储器之间的传送指令等（有的数据传送指令包含输入/输出指令）。
- **程序控制指令**：包括条件转移指令、无条件转移指令、转子程序指令等。
- **输入/输出指令**：包括各种外围设备的读/写指令等。有的计算机将输入/输出指令包含在数据传送指令类中。
- **状态管理指令**：例如实现存储保护设置、处理器模式切换、中断处理等系统管理指令。

2.1.4 指令执行的过程

计算机在运行时，首先从主存储器（即内存）中依次取出指令，然后由控制器进行译码，并根据指令内容进行相应操作。这些操作通常包括从内存中读取数据、执行算术或逻辑运算、处理输入/输出请求，最后将结果送回存储器或输出设备。接着，计算机会自动读取下一条指令，继续完成程序中规定的操作。整个过程持续进行，直到遇到程序终止指令为止。

在这一过程中，程序与数据都以统一的形式存储在内存中，并由计算机自动按程序设定的顺序逐条取出和执行指令。这种以"指令存储+自动顺序执行"为核心的运行模式，是现代通用计算机普遍采用的工作原理，称为冯·诺依曼体系结构。该体系结构的核心思想可以用八个字概括：存储程序，程序控制。

（1）存储程序

将解决某一问题的操作步骤预先编写成程序（程序由一系列指令组成），并与所需的数据一起存储在主存中。这样，计算机运行时无须人为干预，即可顺序自动执行。

（2）程序控制

计算机从内存中逐条读取指令，通过控制器识别和分析当前指令的操作需求，然后协调运算器、存储器和输入/输出设备等部件，完成相应操作。程序控制过程是自动、循环的，直到所有指令执行完毕。

2.2 计算机的硬件系统

计算机的硬件系统组成了计算机的身体，硬件的档次直接决定了计算机性能的高低。在冯·诺依曼体系结构中，计算机系统由运算器与控制器、存储器、输入设备、输出设备等组成。下面以实际的计算机组成为例，介绍系统的硬件组成和硬件的功能。

2.2.1 运算器与控制器

说到运算器与控制器，就必须提及计算机的核心硬件部件——中央处理器（Central Processing Unit, CPU）。CPU集成了运算器和控制器的功能，是计算机的运算核心与控制核心。它通常由一块超大规模集成电路构成，具备高速处理能力，其主要功能包括解释并执行计算机指令，以及对数据进行处理与控制。现代CPU结构精密、功能强大，是决定计算机性能的关键因素之一。常见的Intel处理器外观如图2-1和图2-2所示。

 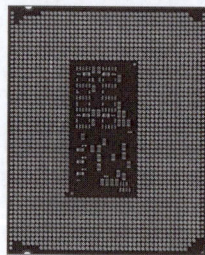

图 2-1　　　　　图 2-2

1. 运算器、控制器及总线

（1）运算器

运算器的基本功能是对各种数据进行加工处理，即数据的算术运算和逻辑运算。运算器主要由算术逻辑单元、通用寄存器组和状态寄存器组成。

- **算术逻辑单元（ALU）**：ALU是运算器的核心部件，负责执行各种定点二进制算术运算（如加、减、乘、除）和逻辑运算（如与、或、非等），还可进行数据移位等操作。其运算能力与CPU的字长密切相关。
- **通用寄存器组**：是一组高速存储单元，用于临时保存运算所需的操作数、运算中间结果或其他临时数据。寄存器直接与ALU交互，具有存取速度快、读写灵活的特点。
- **状态寄存器**：用于记录最近一次算术或逻辑运算的结果状态（如零、正负、溢出、进位等），这些状态信息通常作为条件转移指令的判断依据，因此状态寄存器也常被称为标志寄存器（Flag Register）。CPU无须系统总线，可以直接读取寄存器内的数据，提升处理效率。

算术运算与逻辑运算

算术运算指的是基本的数学运算：加、减、乘、除。逻辑运算主要通过"与""或""非"等逻辑操作实现对数据的分析、判断和选择。二进制数据只有两个取值（0或1），分别对应逻辑中的"假"和"真"。通过逻辑运算，计算机能够对复杂条件进行判断，并实现条件分支、循环控制等操作。常见的有"与"运算（两个操作数都为1，结果为1，否则为0）、"或"运算（只要有一个操作数为1，结果为1；只有当两个操作数都为0时，结果为0）、"非"运算（将一个操作数的值取反，即0变为1，1变为0）、"异或"运算（当两个操作数的值不同时，结果为1；否则，结果为0）。

（2）控制器

控制器是计算机中用于分析指令并协调各部件协同工作的核心部件，它相当于整台计算机的"指挥中枢"或"决策机构"，负责发出各类控制信号，从而保证程序按照既定流程顺利执行。在传统的冯·诺依曼体系中，控制器主要由以下几部分构成。

- **指令寄存器（IR）：**用于存放当前正在执行的指令代码。
- **指令译码器（ID）：**负责解析指令寄存器中保存的指令，识别其操作类型和操作方式。
- **程序计数器（PC）：**存储下一条即将执行的指令的地址，随着程序执行不断递增，实现程序顺序控制。
- **操作控制器（CU）：**根据译码结果生成各种控制信号和时序信号，用于驱动运算器、存储器、输入/输出部件等完成指令操作。

（3）总线

总线是指计算机系统中各部件之间传输信息时所依赖的共享通信线路，它连接了中央处理器（CPU）、内存、输入/输出设备等部件，是实现数据交换的关键桥梁。可以将总线比作多车道高速公路，通道越多，数据的并行传输能力就越强，从而提高系统运行效率。根据功能不同，总线通常可以分为以下几类。

- **数据总线：**用于在各部件之间传输实际的数据内容。
- **地址总线：**用于传递数据或指令在内存或设备中的地址。
- **控制总线：**用于传输控制和管理信号，如读写命令、时钟信号等。

在微处理器的发展历程中，总线的宽度不断扩展。例如，早期微型计算机通常采用8位总线结构，意味着每次只能传输8位（二进制位）数据。现代计算机多采用32位或64位总线，一次可传输的数据量分别是8位总线的4倍和8倍，这显著提升了系统的整体运行速度和吞吐能力。

执行指令过程中，CPU通过总线不仅可以访问主存（内存），还能够与输入/输出设备进行通信。在现代计算机架构中，CPU与内存之间往往通过高速的专用总线（如系统总线或内存总线）进行连接，以减少延迟、提高访问速度。同时，输入/输出设备的访问则通过外部总线（如PCIe、USB、SATA等）完成，实现计算机各部件的高效协同工作。

2. CPU 的主要产品

由于CPU的制造是一个极为精密而复杂的过程，目前在桌面级CPU领域，Intel和AMD两家公司的产品占据市场的主流。Intel公司的CPU主要包括服务器的至强（XEON）系列；物联网设备使用的Quark系列；手持设备、移动设备、嵌入式系统等低功耗平台使用的凌动（ATOM）系列；入门级使用的赛扬（Celeron）处理器；中低需求的奔腾（Pentium）处理器；以及主流的酷睿（Core）处理器。在计算机中常见的桌面级处理器中，酷睿系列处理器的发展一共经历了十四代，每一代都采用不同的架构，并根据性能档次分为i3、i5、i7、i9系列产品。推出了历代酷睿处理器后，Intel公司继续创新，并于2023年发布了全新的Intel Core Ultra系列。Intel Core Ultra系列处理器不仅继承了酷睿系列强大的性能，同时还加入了前所未有的硬件加速功能，尤其是在人工智能和机器学习任务中表现出色。常见的Intel Core Ultra系列处理器主要分为5、7、9三类。

AMD公司的主要产品包括服务器使用的EPYC（霄龙）、皓龙系列处理器；台式机使用的FX系列、速龙系列、A系列、锐龙系列、锐龙高端的线程撕裂者系列。锐龙系列是AMD的主打系列，和Intel的酷睿系列一直是竞争产品。和Intel酷睿的命名类似，AMD的锐龙系列也分为R3、R5、R7、R9，以及高端的线程撕裂者系列，以针对不同的客户群和不同的需求者。

3. CPU 的主要参数

- **主频**：主频（Clock Frequency）是CPU中最基本的性能指标之一，表示CPU每秒钟发出的时钟脉冲数，单位通常是MHz（兆赫兹）或GHz（千兆赫兹）。主频越高，CPU每秒可以完成的操作周期越多，理论上处理速度越快。
- **MIPS**：每秒百万条指令（Million Instructions Per Second）是衡量CPU执行效率的重要指标，表示CPU每秒能执行多少万条机器指令。也可以代表计算机的运算速度。
- **缓存**：CPU内部集成的高速缓存（如L1、L2、L3 Cache）用于提高指令和数据访问速度，减少访问内存的延迟。缓存容量越大，CPU性能表现越好；其中L1最小但最快，L3最大但速度慢。

知识拓展

睿频技术

睿频其实就是CPU支持的，临时的超频。注意是临时，而后会随应用负荷降低而将频率降回去。

2.2.2 存储器

存储器是计算机系统的核心部件之一，负责存储计算机程序、数据及运行过程的中间结果。计算机中的所有信息，包括输入的原始数据、程序、计算结果等，都需要存放在存储器中。根据存储器的不同用途和特性，存储器可分为主存储器（也称为内部存储器，简称为内存）和辅助存储器（也称为外部存储器，简称外存）两大类。在实际计算机系统中，为了提高计算机的处理速度，主存储器与高速缓冲存储器相互配合工作，达到加速数据存取的效果。

注意事项 内部存储器与内存

内部存储器是一个广义概念，指的是计算机中能够被CPU直接访问的存储器，主要包括RAM（随机存取存储器）、ROM（只读存储器）和高速缓冲存储器（Cache）等。其中RAM就是日常所说的"内存"。虽然在某些场景中，内部存储器可以被简称为内存，但严格来讲两者在指代对象和范围上是不同的。

1. 主存储器（内存）

主存储器（内存）是计算机中用于存放程序和数据的核心部件。内存直接与CPU连接，CPU通过内存存取程序代码及数据。内存通常由多种不同类型的存储单元组成，主要包括只读存储器、随机存取存储器和高速缓冲存储器。

（1）只读存储器

只读存储器（Read-Only Memory，ROM）是一种在制造时就将数据写入其中，并且无法修改的存储器。ROM中的数据在计算机断电后仍能保存，因此通常用于存放计算机的基本引导程序和硬件启动信息。现在很多电子设备内部会使用只读存储器来存储该设备的操作系统。

- **可编程只读存储器（PROM）：** 可用专门的设备对其进行编程，但编程后不可修改（只能写入一次）。
- **可擦除可编程只读存储器（EPROM）：** 数据可以通过紫外线进行擦除，再重新编程（擦写次数有限）。
- **电可擦除可编程只读存储器（EEPROM）：** 数据可以通过电信号擦除，允许多次编程，例如常见的闪存就是EEPROM的一种，被广泛用于U盘、固态硬盘等设备。

▌注意事项 只读存储器并非真的只读

ROM最初被设计用于存储永久性的数据，例如计算机的启动程序（BIOS）。早期，ROM主要是指掩模ROM，是真的只读。尽管后来出现了可擦写和可编程的ROM，但"只读存储器"的名称仍然被沿用，不是为了保持与传统概念的一致性，而是强调ROM的主要用途是读取数据，不是频繁写入数据。

（2）随机存取存储器

随机存取存储器（Random Access Memory，RAM）是与CPU直接进行沟通的桥梁，也叫主存储器（内存）。计算机中的所有程序都是在内存中运行的。其主要作用就是调取并暂时存储CPU运算所需的常用数据，同时与硬盘等外部存储器进行数据交换，断电时存储的内容全部消失。

之所以称为"随机"，主要是因为它与早期的顺序存取存储器（如磁带）在访问数据的方式上有根本区别。随机存取存储器（RAM）允许CPU直接访问存储器中的任何一个存储单元，无须按照特定的顺序。RAM的随机存取特性使得CPU能够快速、高效地访问内存中的数据，这对于计算机的运行至关重要。

RAM有两个特点：第一个特点是CPU可以随时直接对其读写，当写入时，原来存储的数据被冲掉。第二个特点是易失性，即电源断开（关机或异常断电）时，RAM中的内容立即丢失，因此计算机每次启动时都要对RAM进行重新装配。RAM包括静态随机存储器（Static RAM，SRAM）和动态随机存储器（Dynamic RAM，DRAM）。

所谓"静态"，是指这种存储器只要保持通电，里面存储的数据就可以恒久保持。相比之下，DRAM存储的数据需要周期性更新，特点是速度快、集成度低，是高速缓冲存储器。静态存储单元存储信息比较稳定，且为非破坏性读出，不需要重写或刷新操作。

DRAM只能将数据保持很短的时间（速度快）。为了保持数据，DRAM使用电容存储，所以必须隔一段时间刷新一次，如果存储单元没有被刷新，存储的信息就会丢失，关机也会丢失数据。DRAM靠电容存储电荷的原理存储信息，相比于SRAM，DRAM具有集成度更高、功耗更低的特点。常见的DDR5内存外观如图2-3所示。

图 2-3

（3）高速缓冲存储器

高速缓冲存储器（Cache）主要是为了解决CPU和主存储器（主要是RAM）速度不匹配，提高存储器速度而设计的。CPU向RAM中写入或读出数据时，这个数据也被存储到高速缓冲存储器中。当CPU再次需要这些数据时，CPU就从高速缓冲存储器中读取数据，而不是访问速度相对较慢的RAM，如果需要的数据在高速缓冲存储器中没有，CPU会再去读取RAM中的数据。根据存储级别的不同，通常Cache分为L1、L2和L3缓存，L1缓存速度最快，L3缓存速度较慢。

知识拓展

几种存储器的速度

前面介绍了几种常见的存储器，经常使用的有寄存器、内存（RAM）、高速缓存，以及下面介绍的外部存储器、固态硬盘和机械硬盘。几种存储器的速度为寄存器（CPU内部）>高速缓存（Cache）>内存（RAM）>固态硬盘（SSD）>机械硬盘（HDD）。

2. 辅助存储器（外存）

辅助存储器通常指的是计算机中的外部存储设备（简称外存），用于存放大量的程序和数据。外存具有较大的存储容量且非易失性，即便断电后数据依然能够保留。CPU无法直接访问外存，必须先将外存中的数据加载到内存中，才能被CPU读取。常见的外存储器有机械硬盘（HDD）、固态硬盘（SSD）和闪存（如USB闪存驱动器）。

（1）机械硬盘

机械硬盘由磁盘片、读写控制电路和驱动机构组成。机械硬盘是一块覆盖了磁性材料的盘面，在中心马达的带动下高速旋转，通过读写磁头进行读写。一个硬盘可能有多个盘片或者多个磁头。机械硬盘的优势在于容量大，价格相对便宜，但其缺点是速度较慢，且容易受到外界震动影响。一般台式计算机使用的是3.5英寸的机械硬盘，如图2-4所示。笔记本电脑一般使用2.5英寸的机械硬盘，如图2-5所示。

图 2-4

图 2-5

关于机械硬盘，下面一些专业术语需要读者了解。

- **盘片**：机械硬盘内部有一个或多个高速旋转的圆形盘片，通常由铝合金或玻璃制成，表面涂有磁性材料，用于存储数据。
- **磁头**：每个盘片的正反两面都配备一个或多个磁头，用于读取和写入盘片上的数据。磁头悬浮在高速旋转的盘片上方，通过磁力的变化改变盘片上的磁性状态，从而实现数据的读写。

- **磁道**：盘片表面以盘片中心为圆心，划分成许多同心圆。每个同心圆就是一个磁道。数据沿着这些磁道以环状方式存储。
- **柱面**：在多盘片的硬盘中，所有盘片相同半径的磁道构成一个圆柱，这个圆柱被称为柱面。柱面是组织硬盘数据的逻辑单元，常用于寻址。
- **扇区**：每个磁道又被划分为若干个扇形的区域，每个扇形区域就是一个扇区。扇区是硬盘上最小的物理存储单元，也是操作系统对磁盘进行读/写的物理单位。传统上每个扇区存储512字节的数据，较新的硬盘开始采用4096字节（4KB）的扇区，称为高级格式化。

知识拓展

簇

簇是文件系统分配和管理存储空间的最小逻辑单元。一个簇可以包含一个或多个连续的扇区。

（2）固态硬盘

固态硬盘从原理上和闪存类似，没有机械部分，通过存储颗粒进行存储，不怕碰撞，速度比机械硬盘快得多。固态硬盘正在逐渐蚕食机械硬盘的市场份额。计算机使用的固态硬盘主要分为M.2接口固态硬盘（图2-6）以及2.5英寸的SATA接口固态硬盘（图2-7）。

（3）闪速存储器

闪速存储器（Flash Memory）简称闪存，闪速存储器属于非易失性存储器，兼有

图 2-6   图 2-7

EPROM的价格低、集成度高和电可擦除等特点，且速度非常快。相对于磁盘，具有抗震、节能、体积小、容量大和价格低等特点，作为便携式存储得到了广泛的使用。

3. 存储器的参数

组装计算机时，常用的内存、硬盘需要注意以下参数，以方便比较。

（1）内存的参数

内存的主要参数有如下几种。

- **频率**：内存的工作频率决定了其数据传输速度，通常以MHz为单位。频率越高，内存性能越强。
- **代数**：内存从SDRAM、DDR发展到了DDR5，现在使用的基本上都是DDR5内存，通过外观和防呆缺口，很容易分辨出来。
- **容量**：主流的配置一般16GB起步，游戏及专业用户的设备一般为32GB。
- **双通道**：在CPU芯片里设计了两个内存控制器，这两个内存控制器可相互独立工作，每个控制器控制一个内存通道。这两个内存控制器通过CPU可分别寻址、读取数据，从而使内存的带宽增加一倍，数据存取速度也相应增加一倍（理论上）。

- **时序：** 内存时序（Memory Timings）是衡量内存性能的一个重要参数，它定义了内存模块执行各种操作所需的时间。

知识拓展

XMP

XMP（Extreme Memory Profile）是一种由Intel推出的内存超频技术，旨在通过简化内存超频的设置过程来提高内存性能。它允许用户在无须手动调整复杂的BIOS设置的情况下，通过选择预设的配置文件来优化内存频率、时序和电压等参数。

（2）机械硬盘的参数

机械硬盘的参数和固态硬盘不同，需要注意以下几方面。

- **容量：** 硬盘最主要的参数，机械硬盘现阶段的一大优势就是容量大。现在硬盘的容量以TB为单位，1TB=1024GB。但硬盘厂商在标称硬盘容量时通常取1TB=1000GB，因此在计算机中实际看到的硬盘容量会比厂家的标称值小。

- **转速：** 影响硬盘性能的重要参数之一，指的是硬盘盘片每分钟旋转的次数，通常以转每分钟（rpm）表示。常见的机械硬盘转速有5400rpm和7200rpm两种。更高的转速意味着硬盘能够更快地读取和写入数据，性能较好。家用的普通硬盘的转速一般为5400rpm、7200rpm，高转速硬盘是台式机用户的首选；对于笔记本电脑用户则是以4200rpm、5400rpm为主。

- **传输速度：** 指硬盘的读写速率，单位是MB/s。一般7200rpm的SATA接口机械硬盘，传输速率为120～160MB/s，而且还要看传输的文件是大文件还是零散的小文件。5400rpm的SATA接口的笔记本机械硬盘传输速率能达到80～100MB/s。10000rpm及以上的硬盘，传输速率为160～200MB/s或更高。

- **缓存：** 当硬盘存取零碎数据时，需要不断地在硬盘与内存之间交换数据。缓存则可以将零碎数据暂存在缓存中，减小系统的负荷，同时也提高数据的传输速率。目前主流的硬盘缓存容量为64MB。

（3）固态硬盘的主要参数

根据存储原理的不同，固态硬盘的主要参数有如下几种。

- **主控：** 固态硬盘的主控是基于ARM架构的处理核心。其功能、规格、工作方式等都是该芯片控制的，主要是面向调度、协调和控制整个SSD系统而设计的。主控芯片一方面负责合理调配数据在各闪存芯片上的负荷，另一方面承担了整个数据中转，连接闪存芯片和外部SATA接口的功能。除此之外，主控还负责ECC纠错、耗损平衡、坏块映射、读写缓存、垃圾回收以及加密等一系列的功能。

- **容量：** 存储容量是固态硬盘的一个重要参数，直接影响硬盘能够存储多少数据。常见的SSD容量从250GB、500GB到1TB、2TB、4TB等。不同容量的固态硬盘适用于不同的使用场景。

- **闪存颗粒类型：** 闪存颗粒是固态硬盘存储数据的关键模块，闪存颗粒以电荷的方式将数据存储在每个存储单元中。NAND闪存中包含了多个存储单元，主控芯片可以直接定位到存储单元中的数据，这也是SSD速度快的主要原因。一个存储单元可以存储一个数据或多个数据。通常闪存颗粒类型有SLC、MLC、TLC、QLC、PLC 5种类型。PLC最便宜，可以存储的数据最多，但使用频率也最高，寿命最短。从使用频率来说，PLC>QLC>TLC>MLC>SLC，从寿命来说，SLC>MLC>TLC>QLC>PLC，从价格来说则刚好相反。

- **协议及速度**：SATA固态硬盘使用SATA接口、SATA数据通道、AHCI协议，最高速率约为600MB/s。而M.2接口的固态硬盘使用了PCI-E×4通道，以及NVMe协议。如果此时用的是PCI-E 5.0总线接口，那么速率可达12000MB/s。

> **注意事项** 固态硬盘的耐用性
>
> TBW（Total Bytes Written）表示固态硬盘在其生命周期内可以稳定承受的最大写入数据量。例如，一款SSD的TBW为600TB，则意味着硬盘在其正常使用寿命内总共可以稳定写入600TB的数据。超过则无法享受质保。

2.2.3　输入/输出设备

输入/输出设备是在用户日常使用计算机过程中接触最频繁的硬件设备。它们作为计算机与用户之间的交互桥梁，实现信息的输入和结果的输出，是实现"人机对话"的重要媒介。

1. 输入设备

输入设备是向计算机输入数据和控制信息的装置，主要负责将来自用户或其他设备的模拟或数字信号转化为计算机可处理的数字数据。常见的输入设备包括鼠标、键盘、扫描仪、摄像头、语音输入设备、绘图板、游戏控制器等。其中，鼠标和键盘是最常用、最基本的输入设备。

（1）鼠标

鼠标是一种通过移动和点击来控制屏幕上光标位置和操作对象的输入设备。光电鼠标是当前主流鼠标类型，其内部结构包括一个发光二极管和图像传感器。光线照射到桌面并反射回传感器，传感器采集连续的图像数据，由内部的数字信号处理器（DSP）分析这些图像中位置的变化，进而判断鼠标的移动方向与距离，完成光标定位。

（2）键盘

键盘主要用于输入字符、数字、控制命令等，是最基本的文字和命令输入设备。常见的键盘类型有薄膜键盘和机械键盘。

- **薄膜键盘**：采用电路膜控制按键输入，优点是制造成本低、噪声小、结构轻薄。但长期使用容易出现手感下降、橡胶老化等问题。
- **机械键盘**：每个按键由独立的机械开关（轴体）控制，具有反馈明确、手感舒适、使用寿命长等特点。其价格较高，但在游戏、编程等场景中更受欢迎。

2. 输出设备

输出设备的作用是将计算机处理后的信息转换为人类可以感知的形式（如图像、文字、声音等），从而展现运算结果。常见的输出设备包括显示器、打印机、语音输出系统、绘图仪等。下面介绍常用的输出设备。

（1）显示器

目前显示器一般为液晶显示器，液晶显示器内部由驱动板（主控板）、电源电路板、高压电源板（有些与电源电路板设计在一起）、接口以及液晶面板组成。由于显卡只有DP和HDMI两种接口，所以选择显示器时尽量选择该接口的显示器。

（2）打印机

打印机用于将计算机中的文字、图像等信息输出到纸张等实体媒介上，常见于办公和资料输出场景。按工作原理，打印机分为如下几类。

- **针式打印机**：通过针头撞击色带完成打印（属于击打式打印机），适用于票据、表格类输出。现在主要用在一些专业领域。
- **喷墨打印机**：通过喷头将墨水喷射到纸面上，适合打印照片、彩色图像。设备便宜但耗材较贵，使用成本高。
- **激光打印机**：使用激光束成像，通过静电吸附碳粉转印并加热定影，打印速度快、质量高，是办公环境中的主流设备。设备较贵，但耗材比较便宜。

2.2.4　其他设备

现在的计算机硬件，除了冯·诺依曼的体系结构中提到的核心内容外，还有一些其他重要的设备，只有这些设备协同运作，计算机才能正常运行。

1. 主板

主板是计算机中最基本、最重要的硬件平台，用于连接和协调各组件的工作。它为CPU、内存、显卡、硬盘等硬件提供物理插槽和数据通路，实现电气连接与数据通信。主板通常为一块矩形电路板，上面集成了BIOS芯片、I/O控制芯片、供电电路、接口插槽、指示灯插针、扩展插槽以及南桥/北桥等关键控制芯片。

2. 显卡

显卡主要负责图形图像的处理与显示输出。显卡分为集成显卡（又称核显，集成在CPU或主板上）和独立显卡（通过PCI-E插槽扩展）。独立显卡拥有独立的显存和图像处理单元，图像处理能力强，常用于游戏、图形设计、视频剪辑等对图像性能要求较高的场景。当前主流的高性能显卡通常需要额外供电，功耗较大。

知识拓展

显卡与人工智能

显卡（GPU）最初是为图形渲染而生，但其强大的并行计算能力使其在人工智能领域，特别是在深度学习中发挥着至关重要的作用。显卡能够加速神经网络的训练和推理过程，推动了人工智能技术的快速发展。

3. 电源

电源是为计算机各组件供电的设备。计算机的内部组件无法直接使用220V交流电，只有通过电源的转换功能，变成不同电压的直流电才能为各设备供电。电源的好坏直接关系到计算机的稳定性，尤其是安装中高端CPU和显卡后，必须配备一块额定功率比较高的电源。

4. 散热器

CPU在工作时会产生大量的热，越是高端的CPU发热量越大，必须及时将热量散发出去，否则会影响计算机的整体性能，所以配备一款高性能的散热器是十分必要的。CPU的散热器常见的有风冷以及水冷两种。

5. 机箱

机箱的作用是负责安放各组件，以及隔离辐射、建立散热风道等。

2.2.5　计算机总线

计算机的硬件不是孤立存在的，在使用时需要相互连接以传输数据，计算机各部件之间的连接是通过各种总线。

1. 总线

总线（Bus）是计算机系统中用于连接各功能部件、实现数据传输的公共通信线路。可以理解为多种设备共享的传输通道。总线通常由导线线束构成，是一种点对多点的数据传输路径。所有连接到总线上的设备都可以发送或接收信息，但在同一时间，只允许一个主设备发送数据。总线与主板上的各类插槽、芯片组等都有直接关系。总线结构使得不同设备之间可以共享信息传输资源，从而简化计算机的结构，提高效率和可扩展性。

2. 总线分类

总线根据功能和实现方式的不同，可以分为片内总线、通信总线和系统总线。

（1）片内总线

片内总线是芯片内部用于连接内部模块的数据路径，如CPU内部连接寄存器、算术逻辑单元等。

（2）通信总线

通信总线用于计算机系统之间或计算机与外部设备之间的数据通信，主要分为串行通信总线（如USB）和并行通信总线。

（3）系统总线

系统总线用于计算机各部件之间的信息传输，分为数据总线、地址总线和控制总线3类。

- 数据总线用于传送数据信息。因为数据总线是双向三态形式的总线，所以它既可以把CPU的数据传送到存储器或输入/输出接口等其他部件，也可以将其他部件的数据传送到CPU。其宽度（并行导线的位数）决定了一次可以传输多少位数据，也称为字长。例如，32位数据总线表示一次可传输32位数据。
- 地址总线又称为位址总线，用于指定数据在内存或输入/输出设备中的地址位置，是单向传输。地址总线的宽度决定了最大寻址范围。例如，32位地址总线可以寻址的内存空间是2^{32}字节，即4GB。
- 控制总线主要用来传送控制信号和时序信号。控制信号中既有微处理器送往存储器和输入/输出设备接口电路的信号，也有其他部件反馈给CPU的信号。因此，控制总线的传送方向由具体控制信号确定，一般是双向的，控制总线的位数要根据系统的实际控制需要确定。

3. 总线标准

总线标准是计算机系统中各模块之间进行数据通信时所使用的接口规范。合理的总线设计能确保设备之间高效、稳定地传输数据。目前主流的总线标准包括 ISA、EISA、VESA、PCI、PCI-Express 等。

- **PCI（Peripheral Component Interconnect）：** 一种支持32位或64位数据传输的局部总线，具备即插即用功能，适用于网卡、声卡等扩展设备。
- **PCI Express（PCI-E）：** 是新一代串行通信总线，采用点对点连接，每个设备独享带宽，支持全双工传输与热插拔，性能明显优于传统PCI，是现代显卡、固态硬盘等设备的主流接口。

常见设备总线标准还包括以下几种。

- **IDE：** 并行硬盘接口，现已淘汰。
- **SATA：** 串行硬盘接口，SATA 3.0的传输速率最高为600MB/s。
- **USB：** 通用串行总线，支持热插拔，适用广泛。
- **RS-232C：** 早期串口通信标准。
- **AGP：** 用于老式显卡的专用接口。
- **SCSI：** 高性能外设接口，常用于服务器。
- **PCMCIA：** 笔记本电脑专用扩展卡接口，现已较少使用。

知识拓展

主板中的常见总线

不同CPU架构使用不同的系统总线连接主板与处理器，这些系统总线影响CPU与内存、芯片组之间的通信效率，是主板性能的重要因素。

- **Intel系列：** 从早期的FSB发展到QPI，现主流为DMI。
- **AMD系列：** 主要采用HT（HyperTransport）总线，具有低延迟和高速特性。

2.3 计算机的软件系统

只有硬件而没有软件的计算机是无法使用的，这就如同人只有身体却没有灵魂。计算机的软件系统相当于计算机的"灵魂"，它控制着硬件系统的运作，实现用户的操作请求。软件系统包括各种用于运行、管理和维护计算机的程序、数据与文档，是整个计算机系统中不可或缺的组成部分。软件不仅协调各类硬件组件的工作，还为用户提供了与硬件交互的桥梁。

2.3.1 软件与程序

软件是计算机的灵魂，是用户与硬件的接口，用户通过软件来使用计算机的硬件资源。了解软件时，需要先了解程序、进程以及程序设计语言等。

1. 程序

程序是实现计算任务的指令集合，它们按照特定顺序执行，用于控制计算机完成特定的逻辑功能与操作任务。程序本身是静态的，但在执行时被加载到内存中，就形成了动态的"进程"。

> **注意事项** **软件与程序的关系**
>
> 软件由程序和文档共同组成，且软件运行必须有程序的支持。软件是一系列按照特定顺序组织的计算机数据和指令的集合，而程序是计算机可识别和执行的指令，即程序是软件的一个组成部分（子集）。

2. 进程

顾名思义，进程是指进行中的程序。进程是操作系统中的一个核心概念，进程=程序+执行，是一块包含了某些资源的内存区域，操作系统会利用进程把工作划分为一些功能单元。当一个程序正在执行时，进程把该程序加载到内存空间，系统就会创建一个进程，程序执行结束后，该进程也就消失了。进程是动态的，程序是静态的，进程有一定的生命期，而程序可以长期保存；一个程序可以对应多个进程，而一个进程只能对应一个程序。

3. 程序设计语言

程序设计语言是人与计算机"沟通"使用的语言种类。程序设计语言是软件的基础和组成部分，也称为计算机语言，用来定义计算机程序的语法规则，由单词、语句、函数和程序文件等组成。按其指令代码的类型分为机器语言、汇编语言和高级语言。

（1）机器语言

在计算机中，指挥计算机完成某个基本操作的命令称为指令。所有的指令集合称为指令系统，直接用二进制代码表示指令系统的语言称为机器语言。机器语言是唯一能被计算机直接识别和执行的唯一语言。因此，机器语言无须"翻译"，所以处理效率最高，执行速度最快。但机器语言的编写、调试、理解、修改、移植和维护都非常烦琐，因此不适合编程使用。

（2）汇编语言

汇编语言是对机器语言的符号化表示，通过助记符来代替二进制代码，程序员可以更直观地编写程序。但使用汇编语言编写的程序计算机不能直接识别，要由一种程序将汇编语言翻译成机器语言（目标程序），这种起翻译作用的程序叫汇编程序。翻译后，再链接成可执行程序在计算机中执行（如.exe程序等）。

（3）高级语言

高级语言是最接近自然语言和数学表达式的编程语言，如C、C++、Java、Python等，具备良好的可读性和可移植性。由于高级语言不能直接被计算机执行，必须借助翻译程序进行转换，常用的翻译程序有"编译"和"解释"两种。

- **编译程序**：一次性将源程序全部翻译成目标程序，再执行目标程序。适用于效率要求高的程序。
- **解释程序**：逐句读取源程序，边翻译边执行，不生成目标程序，执行效率相对较低，但调试灵活。

▌2.3.2 软件的分类

计算机软件可以分为两类：系统软件和应用软件。系统软件负责提供基本的运行环境，而应用软件则面向用户的具体需求。

1. 系统软件

系统软件是指控制和协调计算机及外部设备，支持应用软件开发和运行的软件。系统软件的主要功能是调度、监控和维护计算机系统，合理分配系统资源，管理计算机系统中各独立硬件，使它们协调工作，确保计算机正常高效地运行。

常见的系统软件主要有操作系统、语言处理系统、数据库管理系统和系统辅助处理程序等。其中最主要的是操作系统，它负责提供软件的运行环境。

（1）操作系统

操作系统（Operating System，OS）是最重要的系统软件，负责管理硬件资源（如CPU、内存、输入/输出设备）、调度程序运行，并为应用程序提供运行环境。常见操作系统有Windows、Linux、macOS和UNIX等。

（2）语言处理系统

语言处理系统是用于将高级语言或汇编语言转换为机器语言的翻译系统，包含编译程序、解释程序、汇编程序等子类型。它是软件开发过程中不可或缺的工具，使程序员编写的源代码得以被计算机识别。

（3）数据库管理系统

数据库管理系统是用于组织、存储和管理数据的软件系统，支持数据的查询、插入、更新、删除等操作。常见功能包括数据库调用、重组、重构、安全管理和数据备份等，常见软件如MySQL、Oracle、SQL Server等。

（4）系统辅助处理程序

系统辅助处理程序主要是指一些为计算机系统提供服务的工具软件和支撑软件，如调试程序、系统诊断程序、编辑程序等。这些程序的主要作用是维护计算机系统的正常运行，方便用户在软件开发和实施过程中的应用。

2. 应用软件

应用软件是为了满足用户特定任务需求而开发的软件，直接为用户服务。它可以由程序员使用程序设计语言编写。常见的应用软件如下。

- **办公软件**：如Microsoft Office、WPS等。
- **多媒体处理软件**：如Photoshop、剪映等。
- **Internet工具软件**：如Web服务器软件、浏览器、下载工具等。
- **即时通信软件**：如QQ、微信等。

知识拓展

软件系统和硬件系统的关系

计算机通过软件系统来控制和管理硬件系统的工作，而强大的硬件系统又是软件系统高效运行的平台，两者相辅相成，组成了整个计算机系统，为使用者提供强大的运算和数据处理能力。

2.4 操作系统

计算机操作系统是一类特殊的软件，是用户和硬件的接口，是计算机中最基础、最关键的系统软件之一。

2.4.1 操作系统的概念

操作系统是一组控制和管理计算机硬件与软件资源，协调用户和程序运行，合理组织计算机的工作流程，提供公共服务的系统软件集合。

它直接运行在计算机硬件之上，负责整个系统资源的统一调度与管理，为程序运行提供支持和环境。另外还向用户提供良好的接口和友好界面，方便用户使用计算机。操作系统是最基础的系统程序，无论是个人计算机、服务器，还是嵌入式设备，操作系统都是其高效运行的重要保障。根据不同的分类标准，操作系统可以分为以下几类。

- **按任务处理方式：** 如单道批处理操作系统、多道批处理操作系统、分时操作系统、实时操作系统等。
- **按网络结构：** 如网络操作系统、分布式操作系统。
- **按应用场景：** 如桌面操作系统、服务器操作系统、嵌入式操作系统。
- **按设备类型：** 如个人计算机操作系统（如Windows、Linux）、移动终端操作系统（如Android、iOS）。

2.4.2 操作系统的功能

操作系统的功能可以归纳为以下几点。

1. 处理机管理

处理机管理也称为处理器管理，主要负责对计算机中央处理器（CPU）的调度与分配。在多道程序环境中，同时存在多个程序竞争CPU资源，操作系统通过进程控制和调度来实现公平与高效的执行，主要作用如下。

- **进程控制：** 负责创建、终止和切换进程，确保系统能管理多个正在运行的程序。
- **进程调度：** 决定哪个进程获得处理器执行权，常用策略包括先来先服务、时间片轮转等。
- **进程同步：** 协调多个进程在共享资源（如打印机）上的使用，避免冲突。
- **进程间通信：** 提供机制使不同进程间能够交换信息，如共享内存、消息传递等。

2. 存储器管理

存储器管理的主要任务是对内存资源进行有效的分配与回收，同时为用户程序提供清晰、简洁的使用接口，并通过技术手段提升内存的利用效率，具体包括如下几类。

- **内存分配与回收：** 按需为进程分配内存空间，并在其退出后及时回收。
- **地址转换与保护：** 实现逻辑地址与物理地址间的映射，并防止越界访问。
- **内存扩展：** 采用虚拟存储技术，将磁盘空间作为"扩展内存"，提高系统并发能力。
- **多道环境支持：** 为多个程序提供隔离与并发运行的存储空间。

3. 设备管理

设备管理负责对计算机中所有输入/输出设备（如打印机、磁盘、鼠标等）进行统一管理，确保资源共享与高效使用。设备管理模块通常包含以下任务。

- **设备分配与释放**：根据进程需求分配设备，使用完毕后及时回收。
- **设备驱动程序管理**：操作系统调用对应设备的驱动程序与之通信，实现设备控制。
- **缓冲与中断处理**：设置缓冲区以提高I/O效率，处理中断请求以响应外设操作。
- **设备共享与保护**：多个进程可并发访问设备，操作系统需协调与隔离。

4. 文件管理

文件管理是操作系统对信息资源的管理，主要负责文件的创建、存储、检索、共享、读写、保护等操作。计算机中的数据多数以文件形式保存在外部存储设备上，操作系统通过文件管理模块，按照文件名的形式，为用户和程序提供便捷的数据操作接口。文件管理功能如下。

- **文件组织与目录管理**：以逻辑结构（如树形目录）管理文件，支持路径访问。
- **文件存储与检索**：管理文件在磁盘中的物理存储位置，实现快速读取与修改。
- **访问控制与共享**：对文件设置权限，允许多用户合理共享文件。
- **文件保护与恢复**：避免文件被非法访问或损坏，支持数据备份与恢复机制。

5. 作业管理

作业管理是操作系统与用户之间的重要接口，负责接收用户提交的"作业"请求，并安排其执行。在早期批处理系统中，这一模块尤为重要。在现代操作系统中，其功能已被整合进进程管理和资源调度模块中。作业管理主要包括如下几类。

- **作业输入与输出控制**：接收用户提交的多个作业，并对结果进行输出管理。
- **作业调度与控制**：确定作业执行的先后次序，并监督其运行状态。
- **资源需求分析**：在作业进入系统前，评估其资源需求，为后续调度提供依据。
- **错误处理与反馈**：对作业运行中出现的问题及时处理，并将结果反馈给用户。

2.4.3　操作系统的发展

操作系统的发展伴随着计算机硬件技术的进步，从最初的人工控制到现在的智能系统，操作系统经历了6个重要阶段。每个阶段的系统设计都体现了当时对"资源利用率"和"用户便利性"的不同需求。

（1）单一操作员单一控制端系统（20世纪40年代）

早期计算机，如ENIAC并无完整操作系统，操作员通过控制台输入命令，执行程序。操作系统只是一些辅助命令的集合。

（2）单道批处理系统（20世纪50年代）

引入批处理思想，一次提交多个任务，由操作系统按顺序自动执行。此时操作系统增加了作业控制功能，但仍一次只运行一个程序。

（3）多道批处理系统（20世纪60年代）

允许多个作业同时驻留内存，系统在等待输入/输出时可切换执行其他任务，极大地提高了

CPU利用率，操作系统具备进程切换、存储保护、输入/输出调度等高级功能。

（4）分时系统（20世纪70年代）

多个用户可通过终端同时登录，系统为每个用户分配短时间片，依次轮转执行，使每位用户感觉计算机"专属服务"，强调交互性和公平性。

（5）实时操作系统（20世纪70年代）

为满足对响应时间要求极高的场景（如导弹控制、工业控制），实时系统必须保证任务在规定时间内完成。实时操作系统分为软实时与硬实时系统，区别在于时间延误是否可接受。

（6）现代操作系统（20世纪80年代至今）

现代操作系统趋于多样化与智能化，支持多任务、多用户、网络通信、图形界面、虚拟化技术等。代表系统有早期的DOS、UNIX，以及现在比较常见的Windows、macOS、Linux、Android等，服务类型更丰富，用户体验更友好。

2.4.4　操作系统的种类

操作系统种类繁多，根据应用对象和运行环境的不同，大致可以分为桌面级操作系统、服务器操作系统和智能终端操作系统三类。不同类型的操作系统在功能设计、资源调度策略、界面形式等方面各具特点。

1. 桌面级操作系统

桌面级操作系统通常运行在个人计算机上，为用户提供图形用户界面（GUI）和应用程序运行环境，支持用户进行日常办公、学习、娱乐等操作。常见的桌面级操作系统有Windows、Linux和macOS。

（1）Windows系统

Windows 是由微软公司开发的桌面操作系统，市场占有率极高。Windows系统（图2-8）界面直观，操作简便，支持触控操作并强化了系统安全性。系统融合了云服务、语音助手、移动互联等现代特性，适配生物识别、高分屏等新型硬件。

（2）Linux系统

Linux是一种类UNIX的自由开源操作系统，严格意义上Linux指的是内核，完整的系统由内核加上图形界面与软件组件共同构成。常见的Linux桌面发行版包括Ubuntu、Debian、Fedora等。Ubuntu（图2-9）界面友好，适合初学者使用，广泛应用于教学、开发、服务器管理等领域。

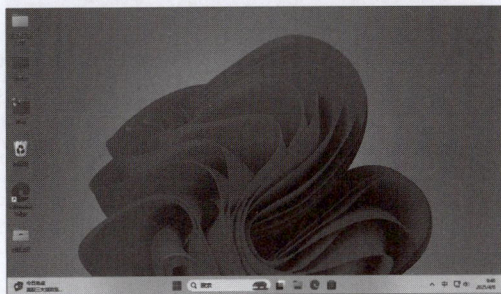

图 2-8

图 2-9

（3）macOS系统

macOS（图2-10）是苹果公司为Mac计算机设计的专属操作系统，基于UNIX内核开发，界面美观，系统稳定。其特点包括系统安全性强、资源管理优秀、不易碎片化等。但由于生态封闭、兼容性有限，不适用于大规模的第三方应用部署，主要适合设计类、创意类等专业领域用户。

图 2-10

2. 服务器操作系统

服务器操作系统专为数据处理、服务发布与多用户管理设计，强调高稳定性、强扩展性和安全性。此类操作系统一般无图形界面，以命令行或远程管理方式控制，常用于Web服务、数据库服务、云计算等平台。

（1）Windows Server系列

Windows Server系统（图2-11）是微软公司专为服务器开发的操作系统系列，包括Windows Server 2003、2008、2012、2016、2019、2022、2025等版本。其支持Web、FTP、DNS、DHCP、AD域控制等企业常用服务，可与Windows桌面系统无缝集成，便于管理与维护。

（2）Linux系列

Linux 在服务器领域的应用更为广泛，具有稳定性高、资源占用少、免费开源等优势。Red Hat Enterprise Linux（RHEL）（图2-12）是红帽公司开发的企业级发行版，广泛应用于云计算、虚拟化平台及企业后台。其他流行版本还包括CentOS Stream、Ubuntu Server、Debian等。

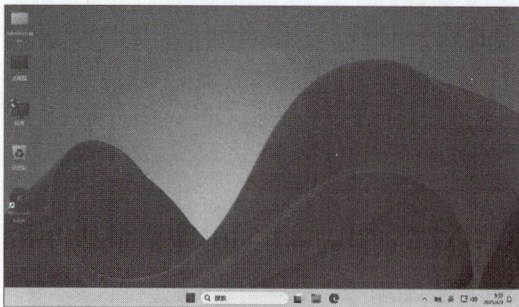

图 2-11

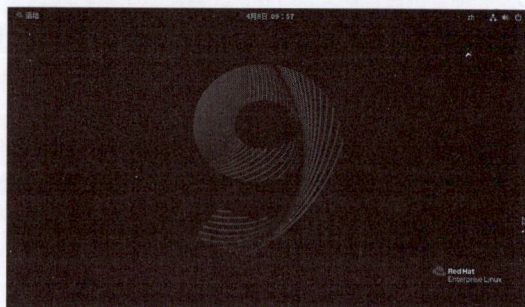

图 2-12

3. 智能终端操作系统

智能终端操作系统运行于各种嵌入式设备，如智能手机、平板电脑、电视盒子、可穿戴设备等。此类操作系统需在资源受限的硬件环境中，提供稳定流畅的人机交互和丰富的应用支持。

（1）Android 系统

Android是Google公司推出的基于Linux内核的移动设备操作系统，开源性强，支持设备种类广泛。Android设备拥有庞大的生态系统，支持APK安装、第三方商店等特性，成为全球用户量最多的智能终端系统。国内基于Android内核自主研发的系统有很多，例如常见的小米澎湃系统，如图2-13所示。

（2）iOS 系统

iOS是苹果公司为iPhone、iPad等设备开发的专用操作系统，如图2-14所示。界面简洁流畅，系统封闭、安全性高。iOS与macOS在底层架构上具有一定关联，强调软硬件深度协同，适合普通用户与专业创作者。

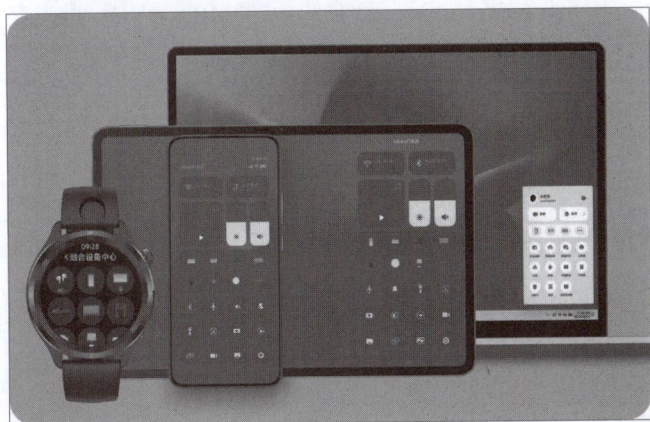

图 2-13

图 2-14

（3）鸿蒙系统（HarmonyOS）

鸿蒙是华为公司自主研发的分布式操作系统，如图2-15和图2-16所示。支持手机、平板电脑、电视、车机等多终端设备。该系统具有"一个系统，多设备共享"的特性，在物联网场景下表现突出。当前版本兼容Android应用，逐步推进独立生态建设。

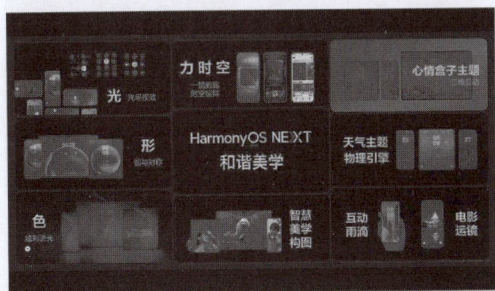

图 2-15

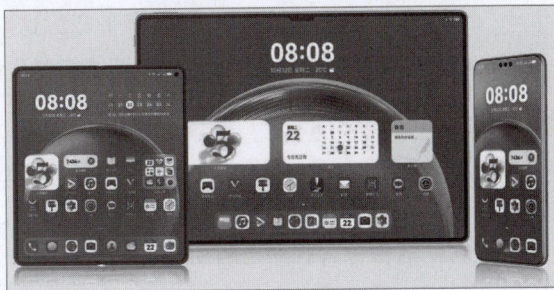

图 2-16

Q&A 新手答疑

1. Q: 什么是指令集?

A: CPU的指令集是CPU能够理解和执行的所有基本操作的集合,它定义了处理器可以执行的各种指令,例如算术运算、逻辑运算、数据传输、控制流等。指令集架构(ISA)是软件和硬件之间的接口,决定了程序员如何通过汇编语言或高级语言来控制CPU的行为。不同的CPU架构(如x86、ARM、RISC-V)拥有不同的指令集。

2. Q: 什么是光盘?

A: 光盘是一种用于存储数字数据的扁平圆形塑料盘片。数据通过激光技术以微小的凹坑(Pits)和平面(Lands)的形式记录在盘片表面的螺旋形轨道上。读取数据时,激光束照射盘片表面,通过反射光的不同强度来识别0和1,从而还原存储的信息。读取光盘需要一种叫作"光驱"的设备。光盘的类型包括CD:最早的光盘类型,主要用于存储音乐、软件等,数据在生产时写入,用户无法更改,容量通常约为700MB。DVD:用于存储电影、软件等,容量通常为4.7GB(单层单面)或8.5GB(双层单面)。近年来U盘、移动硬盘和网络存储越来越普及,光盘只在某些领域仍然应用。

3. Q: 什么是串行总线和并行总线?

A: 并行总线像多车道高速公路,一次并行传输多位数据,速度潜力大但线路复杂、成本高、易受高频干扰;串行总线像单车道高速公路,按顺序一位一位传输,速度受时钟限制但线路简单、成本低、抗干扰强且易于提升频率和扩展,现代计算机系统因其可靠性和扩展性更青睐高速串行总线。

4. Q: 为什么GPU在人工智能领域的计算能力要高于CPU?

A: 并不是说CPU不能进行人工智能领域计算,而是GPU更具有优势。主要是因为它们的设计理念和架构上的差异,使GPU在处理并行计算密集型任务时更具优势。GPU拥有成百上千个更小、更简单的核心(CUDA核心或流处理器),这些核心可以同时处理大量独立的数据。GPU的设计目标是高效地渲染图像,而图像渲染本身就是一个高度并行的任务,需要同时处理屏幕上成千上万个像素。在深度学习中,大量的矩阵运算(如卷积、矩阵乘法)可以分解成许多独立的小任务,非常适合在GPU的众多核心上并行执行。GPU通常配备有非常高的内存带宽,这对于快速加载和处理大量数据至关重要。而且GPU还拥有专门为并行计算设计的指令集和编程接口。

5. Q: 绿色软件是什么?

A: 绿色软件(Green Software)也常被称为便携软件(Portable Software)或免安装软件(No-Install Software),指的是不需要经过传统安装过程,可以直接运行的计算机程序。它们通常包含程序运行所需的所有文件和库,并且不会在操作系统中留下明显的配置信息或注册表项。

6. Q: 普通计算机能安装其他操作系统吗?

A: 通常情况下,普通计算机是可以安装其他操作系统的。这也是很多计算机爱好者和开发者经常做的事情,例如在Windows计算机中安装Linux系统或者服务器系统,或者使用模拟器安装Android系统。

第3章

Windows 操作系统的基本使用

Windows是微软公司于1985年正式发布的操作系统，经过多年的发展和版本的更迭，现在是桌面市场占有率最高的系统。本章将着重介绍Windows的相关操作知识和技巧。通过本章内容的学习，读者将能够更全面地认识并熟练地使用该操作系统。

3.1 Windows基本操作

学习计算机操作系统的使用，首先要学会开机进入系统以及退出系统的操作。下面首先介绍Windows的启动和退出。

3.1.1 启动及登录Windows

计算机开机后，会进行BIOS加电自检，如图3-1所示。硬件通过自检后，初始化固件并引导加载程序，读取硬盘分区表，进入启动分区读取启动信息。如果安装了系统，就会读取系统内核，然后加载整个系统，启动各种服务。完成系统启动后会读取登录用户信息和桌面环境信息，如果设置了密码，则需要输入密码，如图3-2所示，密码正确则加载用户桌面环境，进入系统环境。

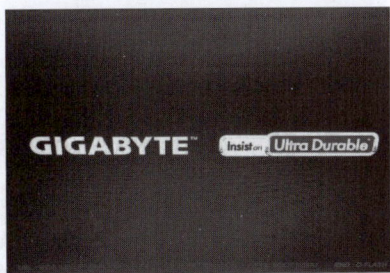

图 3-1

图 3-2

3.1.2 退出Windows

Windows的退出操作包括长时间不使用计算机时执行的关机操作；一段时间不使用计算机时执行的睡眠或休眠操作；临时走开执行的锁定计算机的操作；以及切换不同账户登录系统的操作等。

1. 关机

计算机的关机过程包括存储必需的数据、关闭程序和服务、注销用户等，最后断开电源。计算机的关机方法有很多种，最常用的是在桌面左下角的"开始"菜单中单击▦按钮，在弹出的菜单中选择"关机"选项，如图3-3所示。

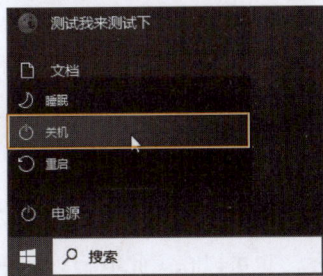

图 3-3

知识拓展

其他关机操作

在桌面上使用Alt+F4组合键调出"关闭Windows"对话框来关闭计算机，如图3-4所示。

图 3-4

注意事项 关机注意事项

新版本的Windows的关机操作均无再次确认机制，单击后就启动关机流程，所以用户需要特别小心。

2. 注销

注销时，系统会将当前用户的数据保存，清除缓存等数据，退出当前用户桌面环境，并返回系统的欢迎界面。注销的方式也很多，可以在桌面左下角▦图标上右击，在弹出的快捷菜单中执行"关机或注销"|"注销"命令，如图3-5所示。

3. 计算机睡眠

计算机在睡眠时电源只为内存提供电力，保障内存中的数据不会丢失，而其他组件停止工作，从而保障计算机以低功耗运转。当移动鼠标或者键盘，即有输入时会唤醒计算机，快速进入睡眠前的状态。如需手动启动计算机睡眠，可以单击▦图标，在弹出的菜单中执行"电源"|"睡眠"命令，如图3-6所示。

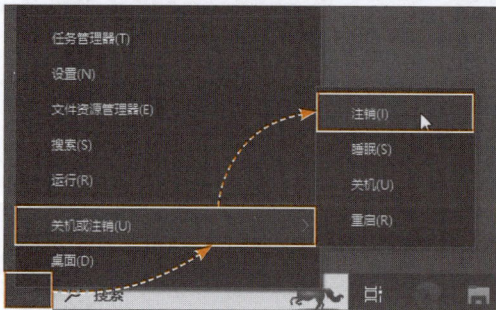

图 3-5

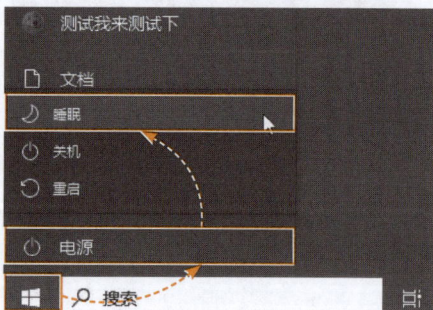

图 3-6

3.1.3 Windows窗口的操作

之所以称为Windows系统，是因为Windows操作系统的各种功能界面均类似于窗口。Windows系统的各种功能的启动与设置，与窗口的操作是密不可分的，下面介绍Windows窗口的各种常见操作。

1. 打开及关闭窗口

在桌面找到"此电脑"图标，双击该图标即可打开Windows资源管理器窗口，如图3-7所示。也可以在"此电脑"上右击，在弹出的快捷菜单中执行"打开"命令，如图3-8所示。

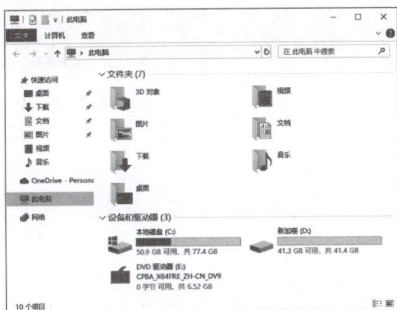

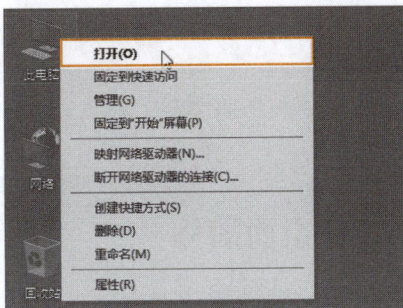

图 3-7   图 3-8

用户可以单击界面右上角的×按钮关闭当前窗口，或使用Alt+F4组合键快速关闭当前的活动窗口。

2. 最大化与最小化窗口

×按钮旁边就是最大化与最小化窗口按钮。单击"最大化"按钮可以让当前的活动窗口铺满整个屏幕，可以显示更多内容。单击"最小化"按钮，可以将当前选择的窗口隐藏到任务栏。待需要使用时，在任务栏单击该窗口，可以将窗口还原到最小化之前的大小。

3. 调整窗口尺寸及位置

可以将光标悬停在窗口的四边或者四角上，当光标变成双向箭头时，使用鼠标拖曳的方法调整窗口的大小，如图3-9所示。如果要移动窗口，将光标放到窗口标题栏上，就可以将窗口拖动到其他位置，如图3-10所示。

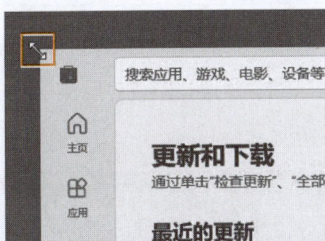

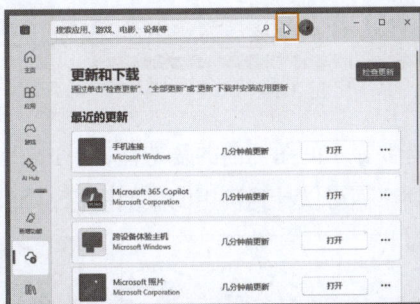

图 3-9   图 3-10

4. 使用组合键切换窗口

用户可以手动切换当前的活动窗口，大多数用户使用组合键进行切换。按住Alt键再按Tab键可以在窗口之间切换，如图3-11所示。或者使用Win+Tab组合键，在弹出的"时间线"界面选择需要的窗口，如图3-12所示。

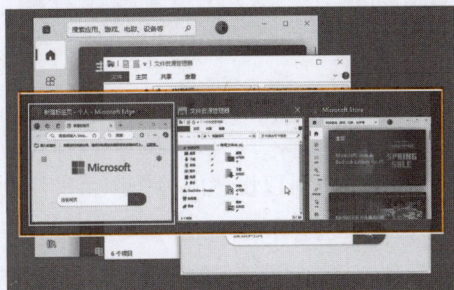

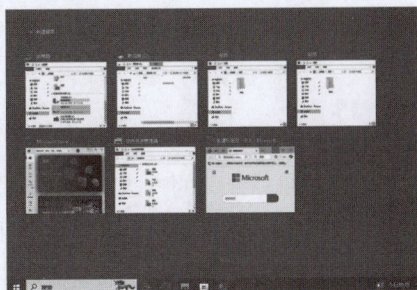

图 3-11   图 3-12

3.2 设置Windows

Windows界面包括桌面图标、背景、桌面分辨率、窗口颜色和外观、任务栏、时间日期等，本节将对主要的设置操作进行介绍。

3.2.1 设置桌面图标

桌面图标的设置包括调出常见图标、调整图标顺序、调整图标大小等。

1. 调出常见图标

安装了Windows系统后，桌面只有"回收站"图标和Microsoft Edge浏览器图标。下面介绍如何调出常用的"此电脑""网络"等图标。

步骤 01 在桌面上右击，在弹出的快捷菜单中执行"个性化"命令，如图3-13所示。

步骤 02 在"设置"界面的"主题"选项中单击"桌面图标设置"链接，如图3-14所示。

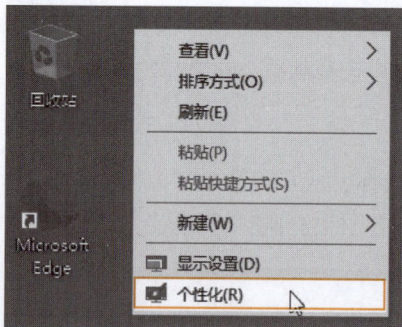

图 3-13

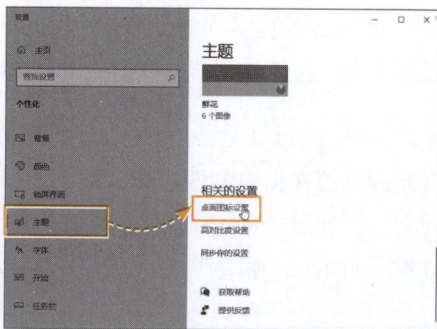

图 3-14

步骤 03 勾选要显示的图标前的复选框，单击"确定"按钮，如图3-15所示。

步骤 04 返回桌面可以看到常用的桌面图标，如图3-16所示。

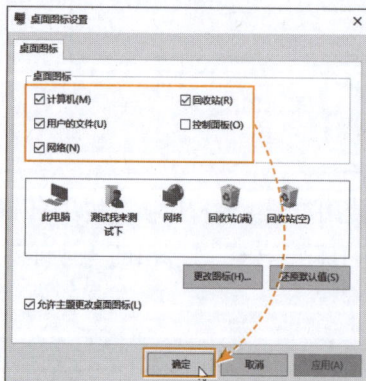

图 3-15

图 3-16

2. 调整图标顺序

用户可以使用鼠标拖曳的方式调整桌面图标的顺序，也可以设置图标按照某种规则排列，一般是按照名称进行排序。该方法也适合文件及程序图标的排列。

步骤 01 在桌面上右击，在弹出的快捷菜单中执行"排序方式"|"名称"命令，如图3-17所示。

步骤02 完成后，可以看到图标已经变成了常见的排列方式，如图3-18所示。如果顺序反了，再按同样的步骤操作一遍即可。

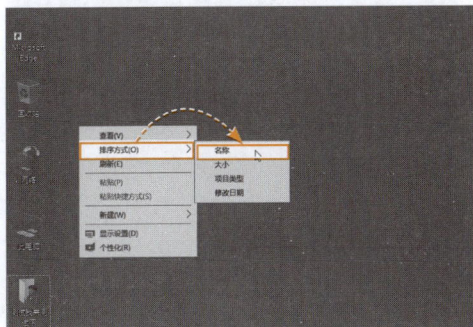

图 3-17

图 3-18

3. 调整图标大小

在桌面上右击，在弹出的快捷菜单中执行"查看"|"大图标"命令，如图3-19所示。此时，桌面图标会以大图标的样式显示，如图3-20所示。

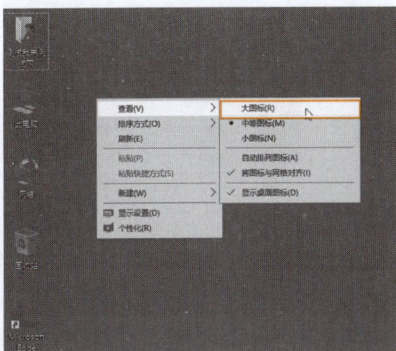

图 3-19

图 3-20

知识拓展

快速调整桌面图标大小

单击桌面空白处，按住Ctrl键拖动鼠标滚轮，调整桌面图标的大小。该方法也适用于在文件夹中以不同方式查看文件及文件夹。

3.2.2　更改Windows主题

Windows主题指Windows的界面风格，包括桌面背景、窗口、开始菜单、提示音、控件等内容。可以使用内置的成套主题，也可以手动更换。

1. 更换成套的 Windows 主题

Windows提供多种成套内置主题供用户直接使用。

步骤01 在桌面空白处右击，在弹出的快捷菜单中执行"个性化"命令，如图3-21所示。

步骤02 选择"主题"选项，并在右侧的"主题"界面单击需要更换的主题样式，如图3-22所示。

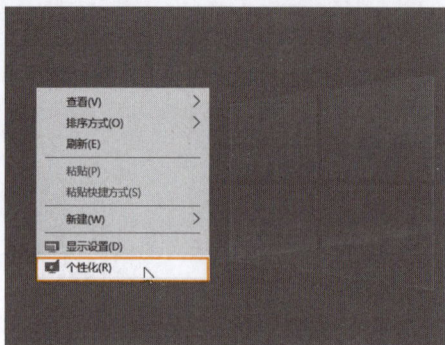

图 3-21

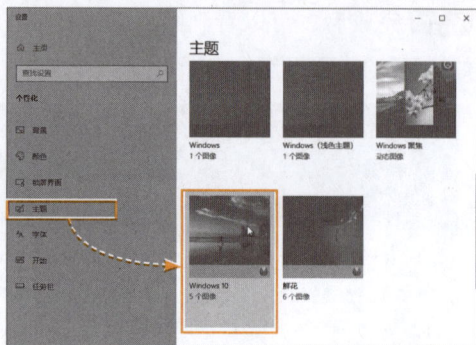

图 3-22

2. 设置桌面背景

桌面背景是主题的主要组成部分，用户可以手动更换桌面背景。进入"个性化"设置界面，在"背景"选项中可以看到当前的背景图片，选择其他的背景图片，就完成了更换，如图3-23所示；或者单击"浏览"按钮，选择下载的背景图；还可以在下载的背景图片上右击，在弹出的快捷菜单中执行"设置为桌面背景"命令，如图3-24所示。

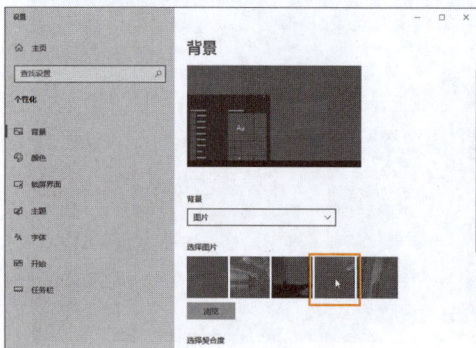

图 3-23

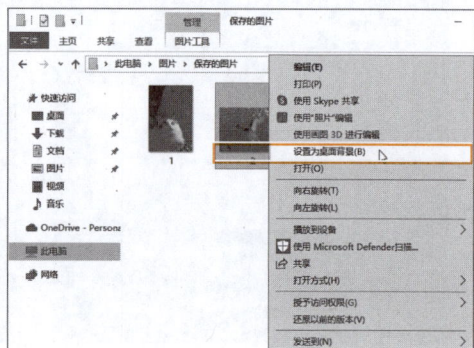

图 3-24

知识拓展

幻灯片放映

在图3-23中单击"图片"下拉按钮，在下拉列表中选择"幻灯片"选项，选择文件夹后，Windows可以将背景定时更换成文件夹中的图片。

3. 设置锁屏界面

Windows的锁屏界面包括欢迎界面以及屏幕保护程序，欢迎界面就是用户输入密码并登录系统的界面。屏幕保护程序是用户一段时间未操作计算机后自动启动并锁定计算机的界面。下面讲解如何设置这两个界面。

步骤 01 在"个性化"设置界面中选择"锁屏界面"选项，在右侧单击"Windows聚焦"下拉按钮，在下拉列表中选择一个锁屏后显示的内容选项，如"Windows聚焦"（微软推出的可自动更换的一种特殊主题）、"图片"（用户手动选择背景图片）或者"幻灯片"（选择文件夹，自动轮换显示其中的图片），还可以设置锁屏界面显示的内容组件，如图3-25所示。

步骤 02 设置屏幕保护，可以在该界面下方单击"屏幕保护程序设置"链接，如图3-26所示。

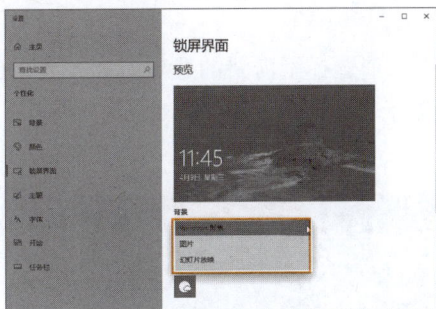

图 3-25

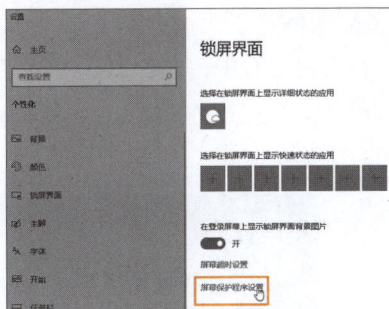

图 3-26

步骤 03 在"屏幕保护程序设置"界面单击"无"下拉按钮，在下拉列表中选择喜欢的样式，这里选择"彩带"选项，如图3-27所示。

步骤 04 设置等待时间，取消勾选"在恢复时显示登录屏幕"复选框，单击"确定"按钮完成配置，如图3-28所示。此处可以预览以及配置屏幕保护程序的详细参数。

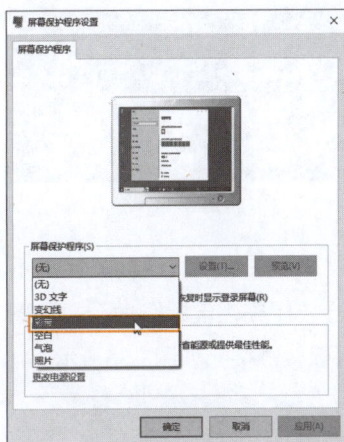

图 3-27

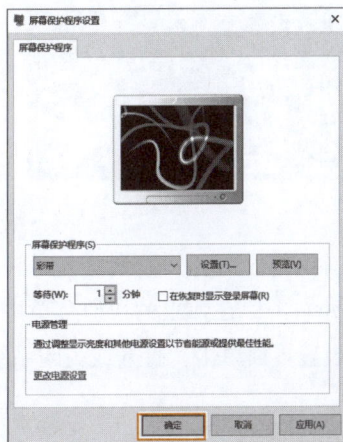

图 3-28

3.2.3 设置Windows任务栏

任务栏默认在Windows桌面下方，显示"开始"按钮、程序、各种系统图标等元素的矩形区域。任务栏是最常使用的功能组件，优化任务栏能提高用户的工作效率。

1. 更改任务栏位置

在任务栏空白处右击，在弹出的快捷菜单中取消选择"锁定任务栏"选项，如图3-29所示。使用鼠标拖曳的方式可将任务栏拖至界面上方、左侧或右侧，如图3-30所示。

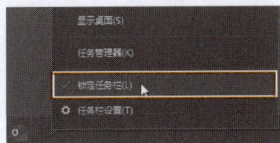

图 3-29

图 3-30

2. 隐藏任务栏图标

在任务栏空白处右击，在弹出的快捷菜单中取消选择不需要的选项，如"显示Cortana按钮"及"显示'任务视图'按钮"等，如图3-31所示，并执行"搜索"|"隐藏"命令，将搜索框隐藏，如图3-32所示。

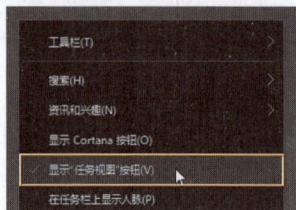
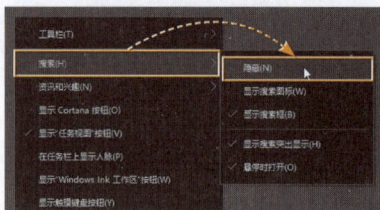

图 3-31   图 3-32

用户可以将程序的快捷方式拖动到任务栏中，创建任务栏图标，如图3-33所示。也可以在图标上右击，在弹出的快捷菜单中执行"从任务栏取消固定"命令删除图标，如图3-34所示。

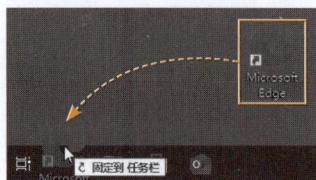

图 3-33   图 3-34

任务栏右侧有网络、声音、输入法、时间、通知等系统默认图标。如果不希望其显示，可以在任务栏空白处右击，在弹出的快捷菜单中执行"任务栏设置"命令，如图3-35所示。在弹出的"任务栏"设置界面单击"打开或关闭系统图标"链接，如图3-36所示。

知识拓展

程序图标的排列

程序图标可以通过鼠标拖曳的方式更改固定位置。当打开了很多窗口时，可以通过该方法使图标的排列顺序更符合使用习惯，以增加工作效率。

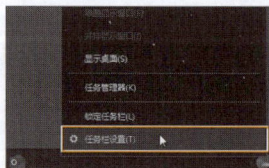

图 3-35

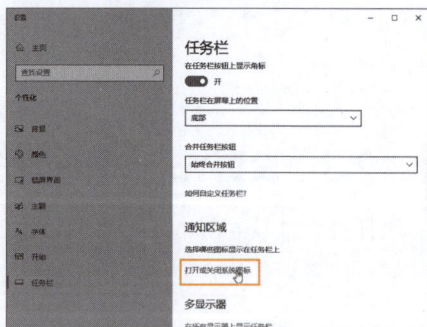

图 3-36

在弹出的"打开或关闭系统图标"设置界面中找到不想显示的图标，如"时钟"，单击后面的"开"按钮，可以关闭其显示，如图3-37所示。

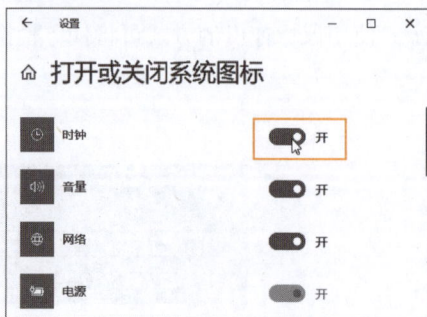

图 3-37

隐藏托盘图标

用户可以使用鼠标拖曳的方法将图标拖入隐藏组中，如图3-38所示，需要查看时可在该组中直接查看。也可以将其再拖曳出来显示。

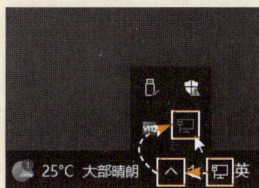

图 3-38

动手练 取消任务栏合并

默认情况下，任务栏会将相同类型的程序实例合并到同一个任务栏图标中，用户使用时需要选择，比较不方便，如图3-39所示。

启动"任务栏设置"界面，在"合并任务栏按钮"下拉列表中选择"从不"选项，如图3-40所示。

图 3-39

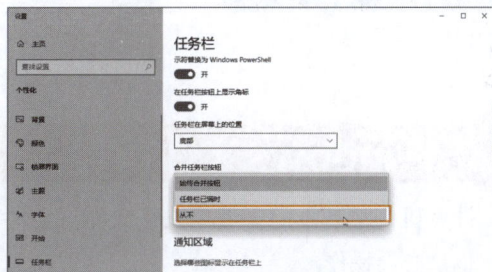

图 3-40

完成后，任务栏中的程序就变成了独立的显示模式，如图3-41所示。

图 3-41

3.2.4 设置日期和时间

Windows系统可以同时与服务器同步，以精确显示时间，供用户查看。用户也可以手动设置时间来进行一些特殊的操作。下面介绍日期和时间的设置。

1. 查看日期和时间

将光标移动到界面右下角，悬停到时间和日期上，会显示日期、星期等信息，如图3-42所示。单击后会出现日历表，如图3-43所示。可以查看更详细的信息，包括农历日期以及日程安排等。

图 3-42

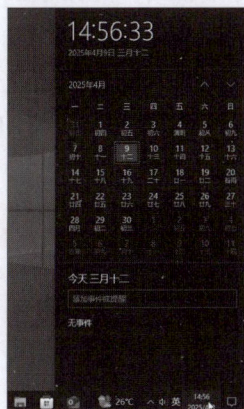

图 3-43

动手练 调整时间和日期

如果要修改当前日期和时间，可以按照下面的方法进行。

步骤 01 在时间和日期上右击，在弹出的快捷菜单中执行"调整日期/时间"命令，如图3-44所示。

步骤 02 当前是自动获取时间，如果要手动设置，可以关闭"自动设置时间"开关，单击"更改"按钮，如图3-45所示。

步骤 03 在弹出的界面手动设置当前的日期及时间，完成后单击"更改"按钮，如图3-46所示。

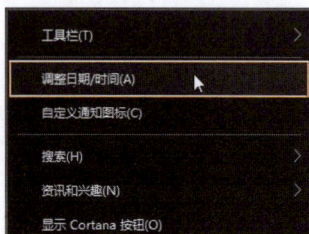

图 3-44

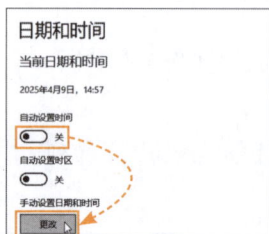

图 3-45

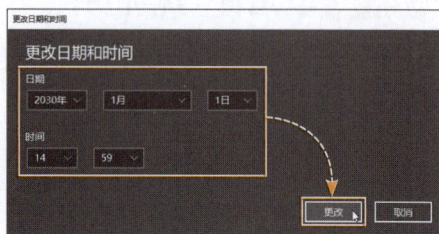

图 3-46

3.3 Windows文件管理

计算机中最基本的管理单位是文件与文件夹。对文件与文件夹的操作是计算机中的常用操作，也是必会操作。

3.3.1 认识文件与文件夹

在介绍具体操作前，需要先了解文件及文件夹的基本概念和命名注意事项。

1. 文件

这里的文件主要指计算机中的文件，如办公文档、表格、演示文稿、图片、电影、网页文件、批处理文件、动态链接库文件、日志文件、可执行程序、图标文件等。这些文件都是以二进制格式，长期或临时保存在硬盘上，随时可以读取和编辑的数据流。文件的属性包括文件类型、文件长度、文件的存放位置、文件的创建时间等。文件通过文件名进行区分。文件名包括主文件名与文件扩展名，格式为"文件名.文件扩展名"。主文件名是文件的名称，文件扩展名确定文件的类型、打开或使用方式及关联的打开程序。常见的扩展名及含义如表3-1所示。

表3-1

扩展名	文件类型	扩展名	文件类型
EXE	可执行文件	ISO	镜像文件
RAR、ZIP	压缩文件	DOC、DOCX	Word文件
HTML、HTM	网页文件	XLS、XLSX	Excel文件
RM、AVI、MP4	视频文件	PPT、PPTX	演示文稿文件

（续表）

扩展名	文件类型	扩展名	文件类型
JPG、PNG、BMP	图片文件	TXT	记事本文件
WMA、MP3、WAV	音频文件	PDF	PDF文件

2. 文件夹

文件夹是用来组织和管理计算机文件的一种结构，用来协助使用者管理计算机中的文件。文件夹没有扩展名，文件夹中可以包含文件，也可以包含子文件夹。

3. 库

"库"功能最早在Windows 7中引入，广泛用于Windows 8/10/11系统中。它允许用户将不同位置的文件聚合到一个逻辑"集合"中进行统一访问，无须移动文件的实际位置。例如，用户可以在"文档库"中同时查看C盘中"我的文档"和D盘中"学习资料"两个位置的文件，而这些文件依然保留在原来的文件夹中。库与文件夹的对比如表3-2所示。

表3-2

对比项	库	文件夹
实体位置	虚拟集合，不实际存储文件	文件真实保存在文件夹中
文件管理方式	可整合多个文件夹的内容	管理单一路径下的文件
文件操作	支持打开、重命名、删除等常规操作	同样支持文件的常规操作
可扩展性	可添加多个文件夹路径作为源	文件夹路径固定，扩展性较差

Windows 系统通常默认提供以下4个库，用户也可以自行创建其他库。

- **文档库：**用于集中访问和管理各种文档、文字资料等。
- **图片库：**管理照片和图片资源，可整合多个图片文件夹。
- **音乐库：**用于统一访问保存在不同路径的音频文件。
- **视频库：**汇总不同文件夹中的视频资源，便于查找和播放。

用户可以双击"此电脑"图标，进入"文件资源管理器"界面查看"库"，如未显示，可以单击"查看"选项卡，在"导航窗格"下拉列表中选择"显示库"选项，就可以在左侧看到"库"了，如图3-47所示。如果要将文件夹添加到库中，可以在文件夹上右击，在"包含到库中"级联菜单中选择包含的具体库即可，如图3-48所示。

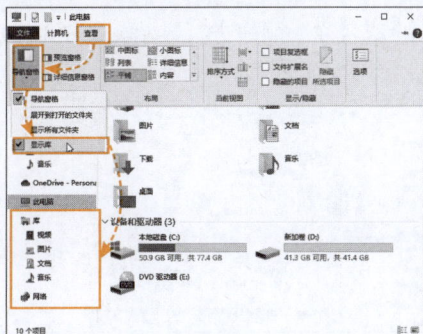

图 3-47

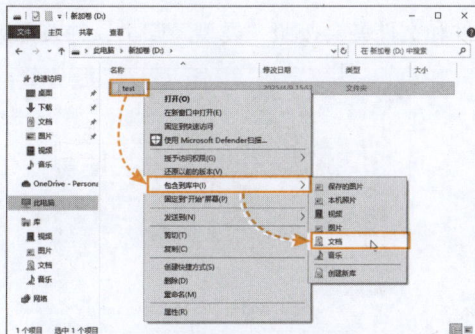

图 3-48

3.3.2 文件与文件夹的查看

下面介绍文件与文件夹的查看方式和查看技巧。

1. 使用资源管理器查看文件及文件夹

Windows资源管理器（全称是"文件资源管理器"）是Windows用来管理系统中的文件、文件夹和驱动器（分区）的工具。双击"此电脑"就可以打开资源管理器，进入某分区或文件夹后，可以查看当前目录中的文件及文件夹，如图3-49和图3-50所示。

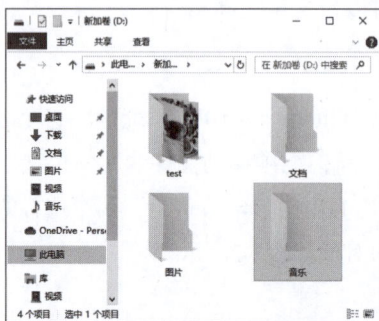

图 3-49

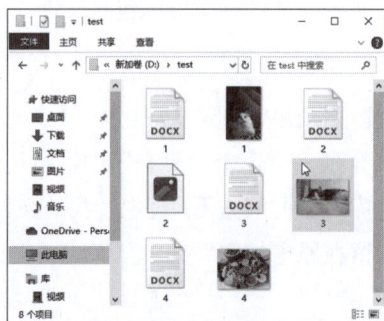

图 3-50

2. 更改文件或文件夹的查看方式

在当前文件夹中，使用的是"详细信息"查看方式。如果想要使用其他查看方式，可以在文件夹空白处右击，在弹出的快捷菜单中执行"查看"|"大图标"命令，如图3-51所示。在"大图标"显示模式中，文件及文件夹使用了预览功能，如图3-52所示。

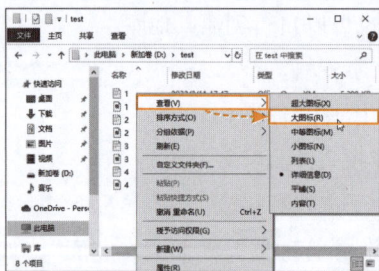

图 3-51

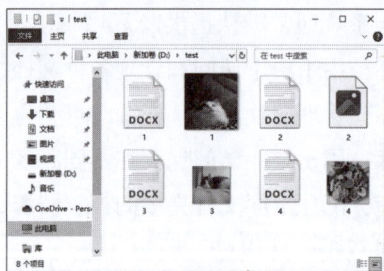

图 3-52

3. 文件或文件夹分组显示

在文件夹空白处右击，在弹出的快捷菜单中执行"分组依据"|"类型"命令，如图3-53所示。文件和文件夹会按照"类型"归类，并按照默认的"名称"顺序进行显示，如图3-54所示。

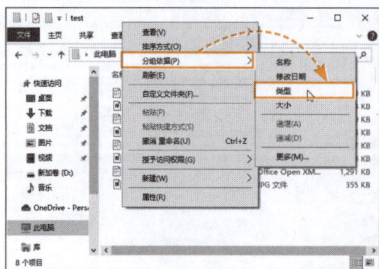

图 3-53

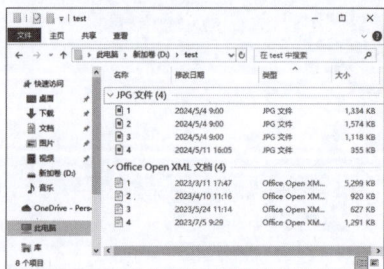

图 3-54

4. 查看文件或文件夹的属性信息

在 Windows 中，"属性"是操作系统提供的一种用来描述、管理和控制文件或文件夹状态的手段。通过属性设置，用户不仅可以查看文件的创建时间、大小、类型等基础信息，还可以设置文件的隐藏状态、是否只读，或管理其权限、共享、版本控制等。默认情况下，通过"详细列表视图"，可以查看文件及文件夹的"名称""修改日期""类型""大小"（文件夹不显示大小），如图3-55所示。

想了解更详细的信息，用户可以在某文件或文件夹上右击，在弹出的快捷菜单中执行"属性"命令，如图3-56所示。

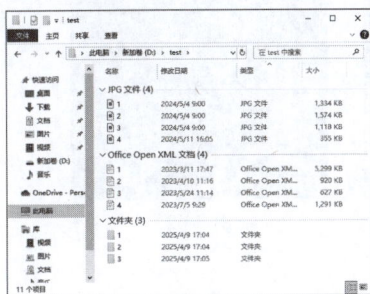

图 3-55

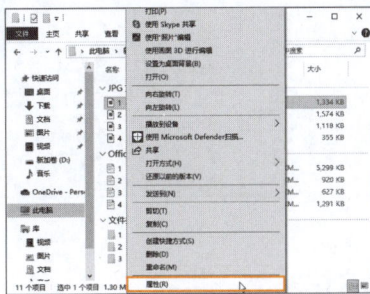

图 3-56

在弹出的界面中，可以查看文件的名称、类型、打开方式、位置、大小、占用空间大小、创建时间、修改时间、访问时间以及各种属性信息，如图3-57所示。在"详细信息"选项卡中，根据不同的文件类型，还可以看到不同的属性信息。例如对图片文件来说，还可以看到图片的"分辨率"、宽度和高度、水平和垂直分辨率、位深度等参数内容，如图3-58所示。在"安全"选项卡中，可以查看及修改当前的文件权限信息。

文件夹及驱动器的属性查看与操作，都是通过右击对应图标，在弹出的快捷菜单中执行"属性"命令。在文件夹的"属性"中可以查看文件夹的相关信息，与文件的属性类似，如图3-59所示。对于驱动器（C盘、D盘等），可以查看驱动器的文件系统类型、容量、已用和可用空间，如图3-60所示。

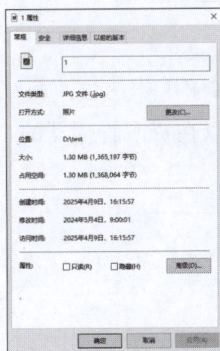

图 3-57

图 3-58

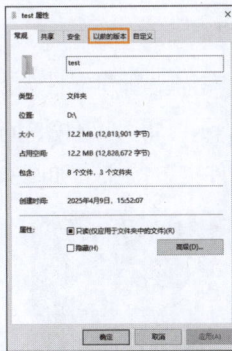

图 3-59

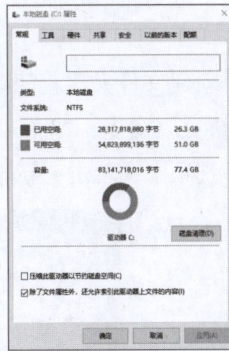

图 3-60

3.3.3　文件与文件夹的操作

前面介绍了文件及文件夹的查看、排序等操作，本节介绍文件或文件夹的基本操作方法。

1. 打开文件或文件夹

文件或文件夹的打开操作包括双击打开文件或文件夹，或者在文件或文件夹上右击，在弹出的快捷菜单中执行"打开"命令。如果要更换文件的打开程序，需要在文件上右击，在弹出的快捷菜单中的"打开方式"选项中选择新的打开程序，如图3-61所示。

文件或文件夹既可以在文件夹中打开，也可以通过快捷方式打开。快捷方式可以在桌面上、文件夹中、开始菜单中（图3-62）、任务栏中。

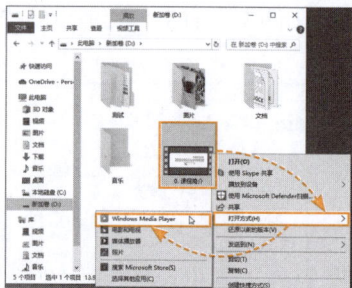

图 3-61

图 3-62

2. 新建文件或文件夹

文件的新建可以通过"新建"级联菜单选择对应的文件类型完成，如图3-63所示，为文档重命名后，双击启动对应的应用程序进行编辑。大部分情况是先打开应用程序，编辑好之后，通过执行"文件"|"另存为"命令保存成文件，如图3-64所示。

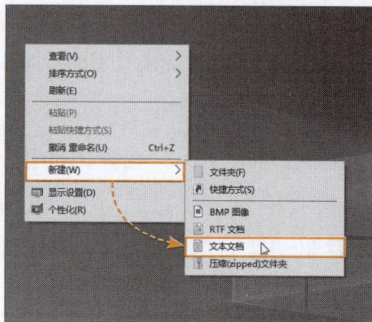

图 3-63

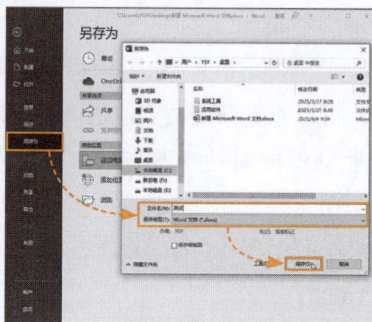

图 3-64

新建文件夹比较简单，在需要新建文件夹的位置右击，在弹出的快捷菜单中执行"新建"|"文件夹"命令，如图3-65所示，再为文件夹重命名，即完成新建。也可以在资源管理器的"主页"选项卡中单击"新建文件夹"按钮，如图3-66所示。

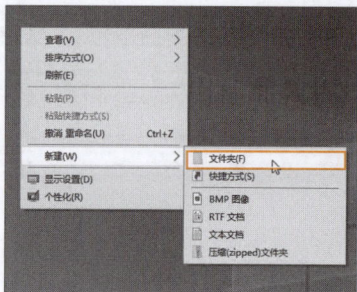

图 3-65

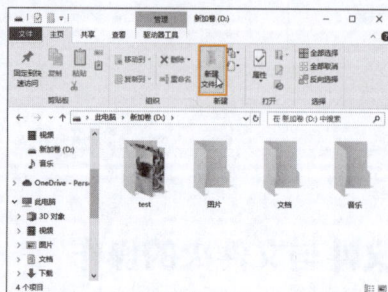

图 3-66

3. 重命名文件或文件夹

右击需要重命名的文件或文件夹，在弹出的快捷菜单中执行"重命名"命令（也可以选中文件或文件夹，按F2键），如图3-67所示。文件或文件夹名称变为可编辑状态，输入文件或文件夹的新名称，如图3-68所示。按Enter键或者单击其他位置，完成重命名。

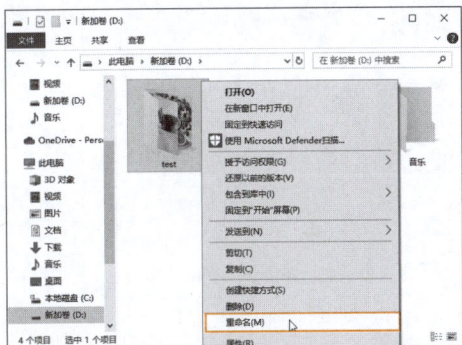

图 3-67

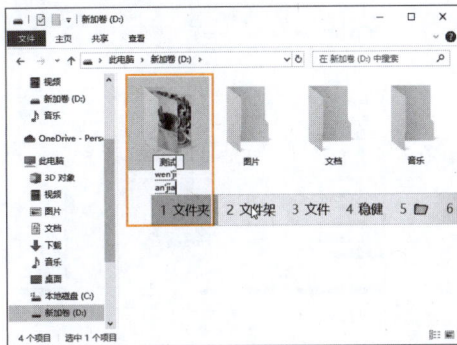

图 3-68

注意事项 重命名文件

一般只重命名文件名，而不修改扩展名，否则可能造成文件无法打开或者使用错误的程序打开的情况。

4. 选择文件或文件夹

可以单击文件或文件夹完成选取，选取后的文件或文件夹图标会处于选中状态。如果要全选文件或文件夹，可以使用光标框选的方式将全部文件选中。还可以使用Ctrl+A组合键选中文件夹中的所有文件及文件夹。

如果要选择连续的文件及文件夹，可以选择第一个文件或文件夹，按住Shift键的同时单击最后一个文件或文件夹，如图3-69所示。系统会将两者及两者间的所有文件和文件夹选中。

不连续的情况选择起来稍微有些麻烦，基本思路是先使用上面的功能，尽可能多地选中一部分文件或文件夹。其他不连续的文件或文件夹，按住Ctrl键的同时单击选中，如图3-70所示。

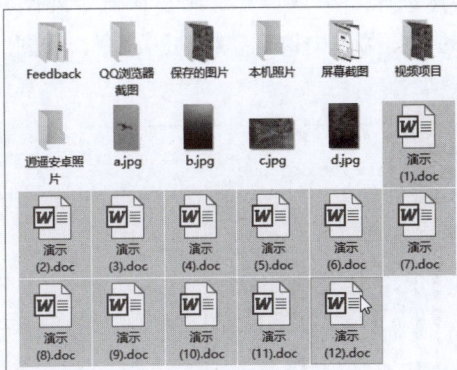

图 3-69

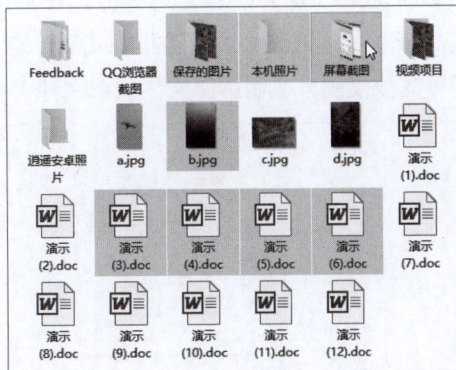

图 3-70

知识拓展

去除不需要的选择

选中多个文件后，可以按住Ctrl键的同时单击不需要的文件或文件夹，就可以取消其选中状态。

5. 删除文件或文件夹

删除文件或文件夹可以在选中后右击，在弹出的快捷菜单中执行"删除"命令，如图3-71所示。也可以直接按Delete键删除。删除后可以在"回收站"找到删除的文件或文件夹，如图3-72所示。

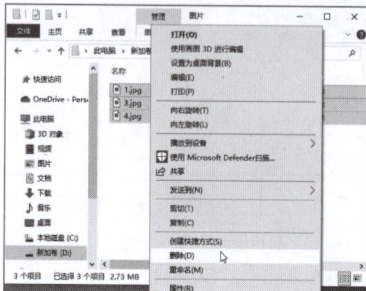

图 3-71

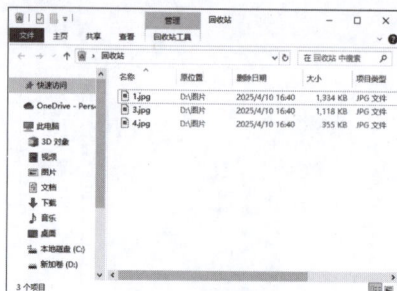

图 3-72

彻底删除可使用Shift+Delete组合键，或者按住Shift键的同时在右键快捷菜单中执行"删除"命令。这样删除后无法在"回收站"中找回。

如果要恢复回收站中的文件，可以双击回收站图标进入回收站，找到并选中需要还原的内容，然后在右键快捷菜单中执行"还原"命令进行恢复。如果在"回收站"执行"删除"或者"清空回收站"命令，会彻底删除文件或文件夹，无法再找回，和彻底删除的结果一样。

6. 移动或复制文件或文件夹

移动及复制文件或文件夹是Windows中经常需要进行的操作，用户可以使用右键快捷菜单或快捷键完成这些操作，对于文件或文件夹操作是一样的。需要操作的文件或文件夹称为源文件或源文件夹。

（1）复制文件或文件夹

复制文件或文件夹时需要先进入其所在目录，选中需要复制的文件或文件夹，在其上（任意一个选中的文件或文件夹上）右击，在弹出的快捷菜单中执行"复制"命令，如图3-73所示。然后进入目标文件夹，在这里右击，在弹出的快捷菜单中执行"粘贴"命令，如图3-74所示，即可完成复制，复制后源文件或源文件夹会保留。

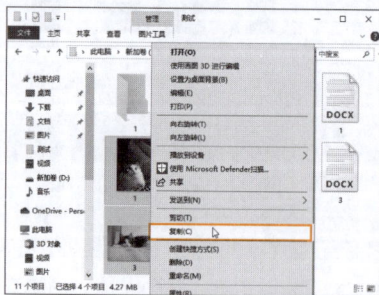

图 3-73

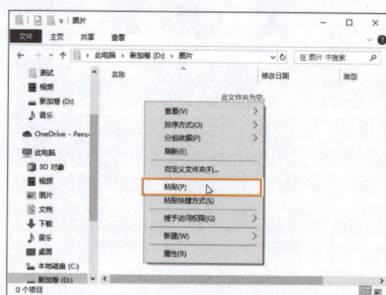

图 3-74

（2）移动文件或文件夹

移动文件或文件夹，也需要先选中源文件或源文件夹，在其上右击，在弹出的快捷菜单中执行"剪切"命令，如图3-75所示。来到目标文件夹中，右击，在弹出的快捷菜单中执行"粘贴"命令，如图3-76所示，即可完成文件或文件夹的移动。移动后，源文件或源文件夹会消失，这是与复制最大的区别。执行剪切操作后，文件或文件夹会变成半透明状态，提示用户执行的移动操作，移动后，源文件或目录会消失。

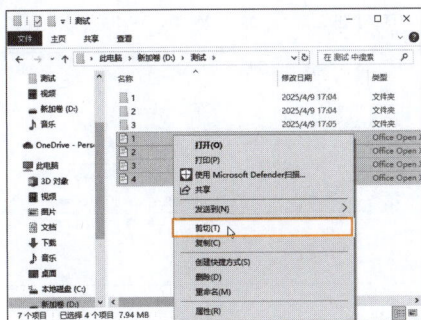

图 3-75

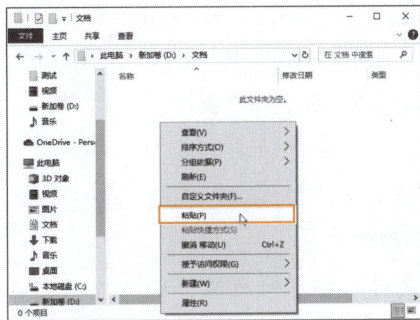

图 3-76

知识拓展

其他操作方法

　　除了使用右键快捷菜单，用户也可以使用快捷键进行操作。在选中文件或文件夹后，可以使用Ctrl+C组合键进行"复制"源文件操作，使用Ctrl+X组合键进行"剪切"源文件操作。在目标目录中使用Ctrl+V组合键来执行粘贴操作。

　　除了使用功能选项和快捷键，用户还可以使用鼠标拖曳的方式进行操作。用户可以提前打开源文件或源文件夹所在的文件夹，以及目标文件夹，然后通过鼠标拖曳的方式将源文件或源文件夹拖曳到目标位置。但这里需要注意，如果是不同驱动器（如D盘向C盘），该操作就是复制文件或文件夹（在拖曳时会有提示）。

7. 搜索文件及文件夹

　　Windows提供"搜索"功能，在系统的目录中搜索用户所需要的各种文件或文件夹。文件或文件夹搜索操作一致，用户可以打开资源管理器，进入所要搜索的驱动器中（本例为D盘），在资源管理器右上角的搜索框中输入要搜索的文件或文件夹的名称或关键字，系统就会将包含该关键字的文件或文件夹罗列出来，如图3-77所示。

　　用户可以双击打开文件或文件夹。也可以在搜索到的文件或文件夹上右击，在弹出的快捷菜单中执行"打开文件所在的位置"命令（文件夹为"打开文件夹位置"选项），如图3-78所示，进入文件或文件夹所在的目录（文件夹）中。

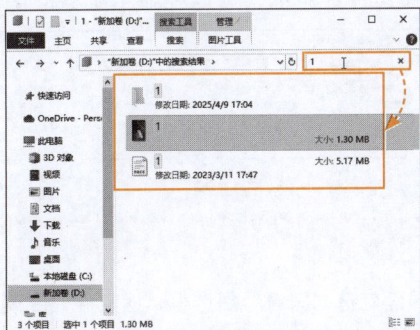

图 3-77

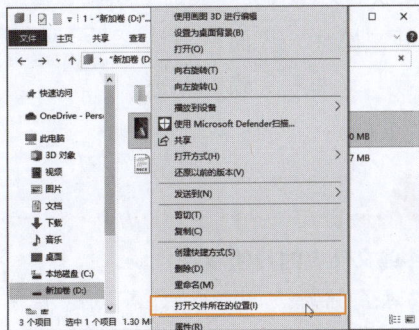

图 3-78

8. 显示文件扩展名

文件扩展名也称为文件的后缀名，是操作系统用来标记文件类型的一种机制。扩展名几乎是每个文件必不可少的一部分。通过扩展名，系统才能知道该文件用什么程序打开。修改扩展名可能会导致文件无法使用正确的程序打开。出于安全考虑，Windows默认隐藏了文件扩展名。

用户可以进入任意文件夹中，单击"查看"按钮，从功能区中找到并勾选"文件扩展名"复选框，如图3-79所示。

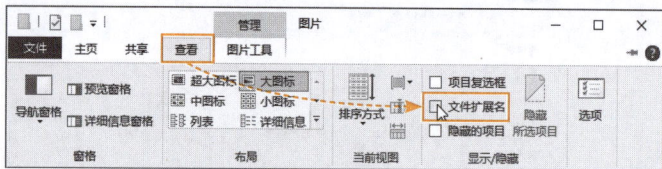

图 3-79

这样就可以显示所有文件的扩展名，如图3-80所示。如果要隐藏文件扩展名，只要再次进入"查看"功能区，取消勾选"文件扩展名"复选框即可。

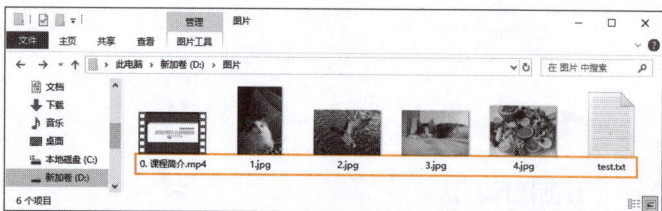

图 3-80

9. 隐藏及显示文件或文件夹

文件或文件夹有"隐藏"属性，当文件或文件夹设置为"隐藏"时，默认情况下是无法看到的。用户可以手动显示隐藏文件来查看这些隐藏的项目。

用户可以在文件或文件夹上右击，在弹出的快捷菜单中执行"属性"命令，在"属性"界面勾选"隐藏"复选框，单击"确定"按钮，如图3-81所示，即可隐藏该文件夹（或文件），此时图片处于半透明显示，如图3-82所示，稍等片刻后消失，此后就看不到该文件或文件夹了。

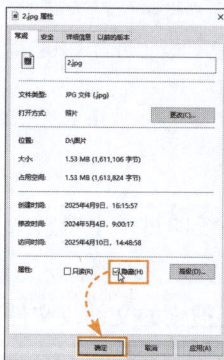

图 3-81

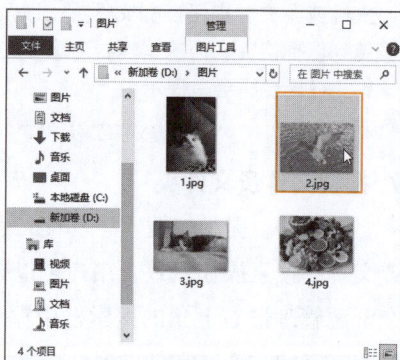

图 3-82

如果要显示隐藏文件，可以单击"查看"按钮，从功能区中找到并勾选"隐藏的项目"复选框，如图3-83所示，就可以显示所有隐藏的文件或文件夹。

如果想取消文件或文件夹的"隐藏"属性，将其一直显示，可以在显示隐藏的文件或文件夹后进入其"属性"界面，取消勾选"隐藏"复选框，确定并退出即可。

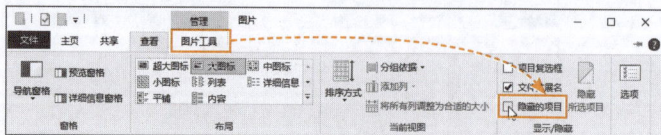

图 3-83

知识拓展

文件或文件夹的其他属性

文件除了"隐藏"属性外，还可以在"属性"界面勾选"只读"复选框，让文件只能读取和查看，而无法修改。

动手练 文件及文件夹的管理

下面以一个实际的应用案例巩固文件及文件夹管理的相关知识。

1. 路径

首先需要了解的一个概念是路径，路径指明了文件或文件夹所在的位置，方便查找和引用。例如在D盘创建了一个文件夹，名称为a，然后在文件夹a中又创建了一个文件夹b，在文件夹b中又创建了一个文本文档c.txt。那么：

文件夹a的路径就是D:\a。

文件夹b的路径就是D:\a\b。

文本文档c的路径就是D:\a\b\c.txt。

"D:"代表的是用户创建这些文件夹和文件所在的驱动器盘符，这里是D盘。"\"（反斜杠）用作路径中的分隔符，用于分隔不同的文件夹或驱动器和文件夹。因此，要访问c.txt文件，用户需要依次进入D盘，然后进入a文件夹，再进入b文件夹，最后才能找到c.txt文件。

从驱动器开始的路径叫作绝对路径。如果用户当前处于某个文件夹中，例如a中，那么路径的表示就变为：

文件夹b的路径就是b。

文本文档c的路径就是b\c.txt。

这种表示方法就叫相对路径，是从用户当前所在的文件夹开始的，这在一些程序的引用时非常常见。在一些题目中会出现相对路径，用户需要知道这是从当前文件夹开始计算的。

2. 文件及文件夹的综合操作

用户打开素材文件夹并进入其中，按照下面的要求对文件或文件夹进行操作。

- 将"test1\a"文件夹中的"1.txt"文件设置为隐藏属性。
- 将"test2\b"文件夹中的"2.txt"文件删除。
- 在"test3"文件夹中新建文件夹，并重命名为d。
- 复制"test3\c"文件夹中的3.txt，粘贴到"test3\d"文件夹中，重命名为"4.txt"。
- 将"test1\a"文件夹中的e文件夹移动到"test3"文件夹中，并重命名为f。

3.4 Windows自带工具的使用

为了方便用户使用，Windows自带了多种工具，下面介绍一些常见的小工具的使用方法。

3.4.1 截图工具的使用

通过截图工具，可以将当前计算机的状态、工作需要的内容、出现问题的状态等，通过图片的形式记录下来。截图比口述更能说明问题，可以更快地解决问题。Windows本身就带有截图工具，不使用第三方软件就可以快速截取图片，非常方便。

1. 启动截图工具

启动截图工具的方式有很多种，在Windows菜单中，可以找到并启动截图工具，如图3-84所示；也可以搜索截图，启动"截图工具"，如图3-85所示；还可以使用Win+Shift+S组合键启动。

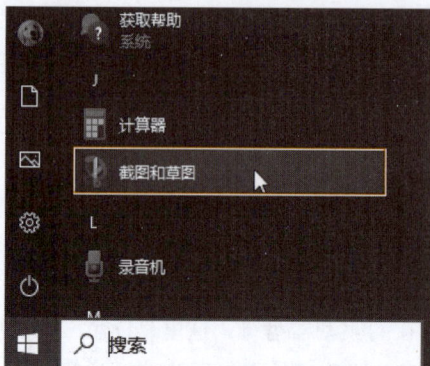

图 3-84

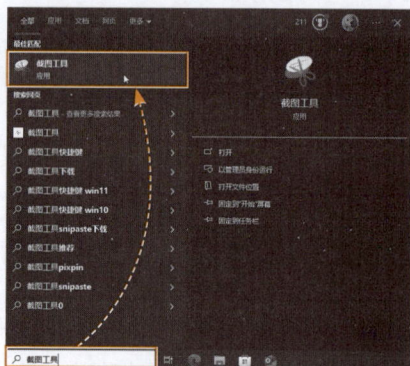

图 3-85

2. 矩形截图

最常见的截图是矩形截图，启动了截图功能后，默认可以截取看到的任意区域。

如使用快捷键启动截图，屏幕变为灰色，使用鼠标拖曳的方法选中需要截取的部分，如图3-86所示，截取的部分为彩色显示。截取后，在需要粘贴的位置使用Ctrl+V组合键进行粘贴，如图3-87所示。

图 3-86

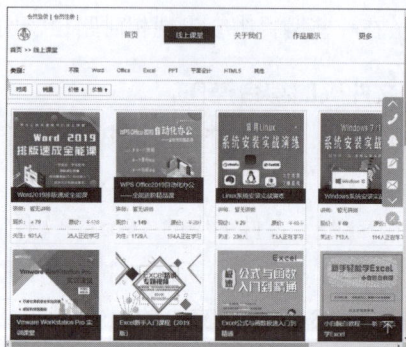

图 3-87

3.4.2 记事本及写字板的使用

如果没有安装Office软件，要在Windows中进行文字录入及排版处理，可以使用系统自带的写字板及记事本。

1. 记事本的使用

临时记录一些信息或者进行纯文字的处理，可以使用记事本，特点是简单高效。记事本文档也叫TXT文档。

单击■按钮，执行"Windows 附件"|"记事本"命令，或者在桌面空白处右击，在弹出的快捷菜单中执行"新建"|"文本文档"命令，如图3-88所示。重命名文本文档，双击打开记事本就可以进行文本的输入了，如图3-89所示。文字输入完成后，可以调整字体和字号，最后保存即可。

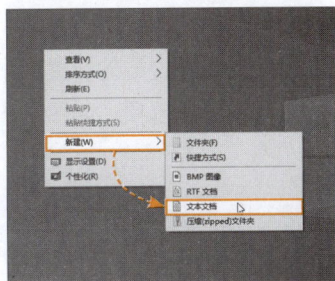

图 3-88

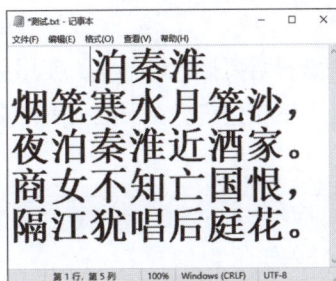

图 3-89

2. 写字板的使用

写字板可以说是Word的雏形，可以进行图文混排的编辑，保存的RTF文件可以使用Word打开，也可以直接保存成DOCX格式的文件。写字板也可以打开Word文档，但还是略有兼容性问题，不过不影响用户的使用。下面介绍写字板的使用方法。

单击■按钮，执行"Windows 附件"|"写字板"命令，如图3-90所示。启动的界面和Word有些类似，此时可以输入文字信息。输入完毕后可以对文字进行排版、美化，包括调整字体、字号、对齐方式、段落间距、文字颜色等，如图3-91所示。

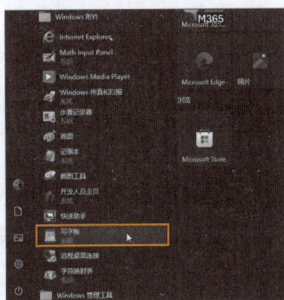

图 3-90

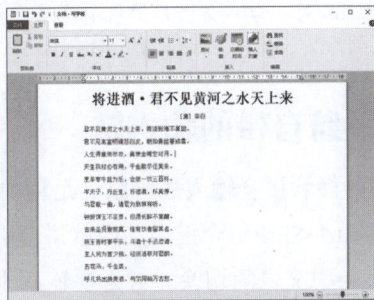

图 3-91

3.4.3 画图工具的使用

Windows除了提供文本编辑外，还自带画图工具，可以实现简单的图片编辑功能。下面介绍画图工具的使用。

1. 启动画图

单击■按钮，执行"Windows附件"|"画图"命令，如图3-92所示。在"画图"主界面中执行"文件"|"打开"命令，如图3-93所示，找到图片文件打开即可。

图 3-92

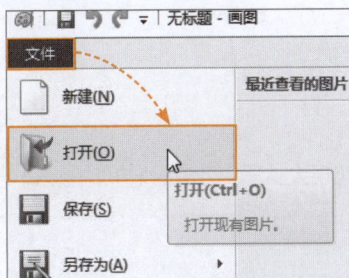

图 3-93

2. 编辑图片

在形状列表中选择需要插入的形状，使用鼠标拖曳的方法在合适的位置画出图形，如图3-94所示。单击"填充"下拉按钮，在下拉列表中选择"普通铅笔"选项，如图3-95所示，可以对形状进行填充。

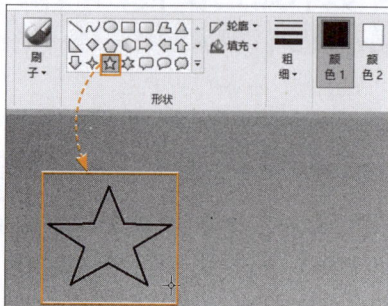

图 3-94

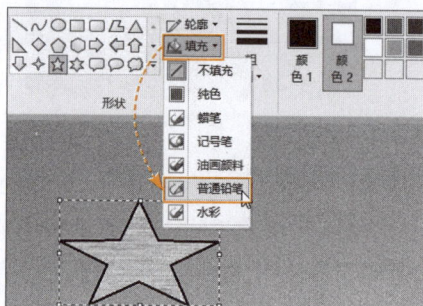

图 3-95

知识拓展

添加文本信息

可以使用"添加文字"功能为图片添加文本框，并输入文本信息。

动手练 使用系统自带的输入法

Windows自带的微软拼音输入法可以满足用户输入文字的需要。用户可以在编辑界面中，使用Ctrl+空格或者Ctrl+Shift组合键启动微软拼音输入法，如图3-96所示。如果要输入英文，可以按Shift键在英文与中文之间切换。如果要输入不认识的字，可以按U键，使用笔画输入，如图3-97所示。相应的功能有提示信息和示例，非常方便用户使用。

图 3-96

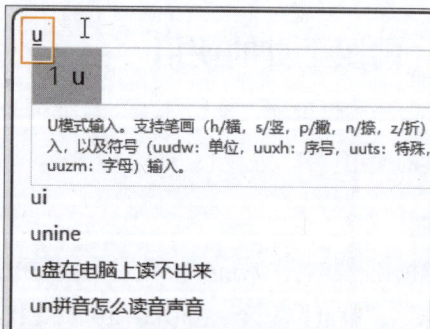

图 3-97

知识拓展

V键的作用

按V键可以实现大小写、公式、时间的输入。

3.5　Windows系统的优化

在使用时，为了更好地使用系统，可以对系统功能按照个人习惯进行优化配置，让系统更符合个人的使用习惯。下面介绍一些常见的优化配置。

3.5.1　安装输入法

如果系统自带的输入法不能满足用户需求，用户可以自行下载并安装自己熟悉的其他输入法。下面介绍输入法的安装及设置。

1. 下载与安装 QQ 输入法

下面以QQ输入法为例介绍输入法的下载与安装。

步骤01 用户可以打开Edge浏览器，通过百度网站搜索"QQ输入法"，如图3-98所示。进入QQ输入法官网后找到下载按钮，启动下载，如图3-99所示。

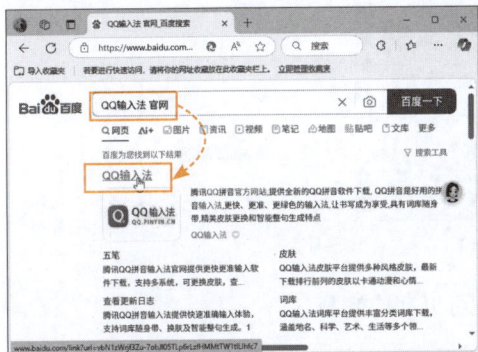

图 3-98

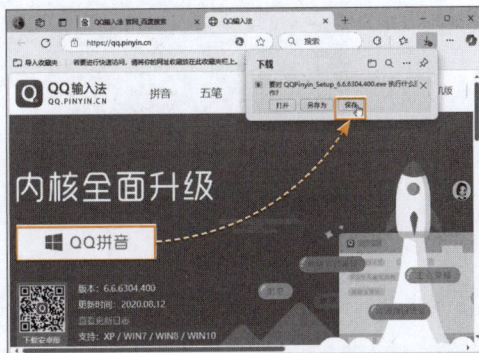

图 3-99

步骤02 下载完毕后，双击输入法安装包安装启动，如图3-100所示。在安装向导中设置安装位置，如图3-101所示。

图 3-100

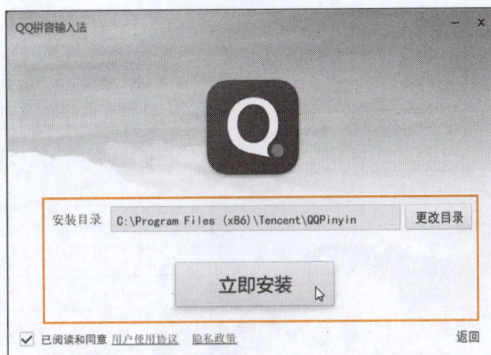

图 3-101

2. 使用 QQ 输入法

安装完毕后就可以使用了，可以在右下角单击"输入法"图标，选择QQ输入法，如图3-102所示。也可以使用Ctrl+Shift或Win+空格组合键切换系统自带输入法和QQ输入法。打开需要输入文字的应用程序，就可以使用QQ输入法来输入文字了，如图3-103所示。

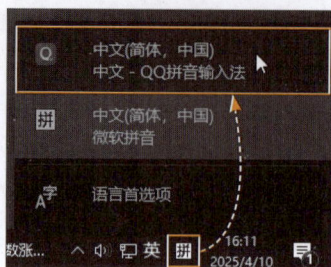

图 3-102

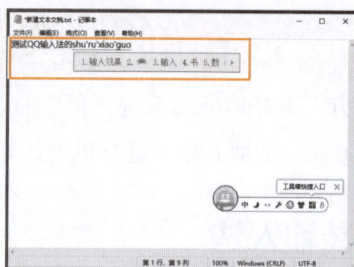

图 3-103

3. 卸载 QQ 输入法

如果不再使用，可以和卸载其他应用一样将其卸载掉。用户可以按Win键直接输入文字，搜索"添加或删除程序"，如图3-104所示。打开后，找到并展开QQ输入法，单击"卸载"按钮，如图3-105所示。

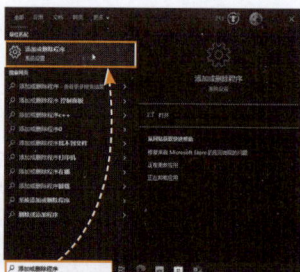

图 3-104

图 3-105

接下来会启动卸载向导，用户按照向导提示就可以完成卸载。

3.5.2　清理系统垃圾

Windows在使用时会产生很多临时文件，用户可手动清理，从而增加磁盘的可用空间，并在一定程度上提高计算机的运行效率。用户可在"设置"的"存储"中找到并进入"临时文件"，如图3-106所示。选需要清理的内容，单击"删除文件"按钮启动清理，如图3-107所示。

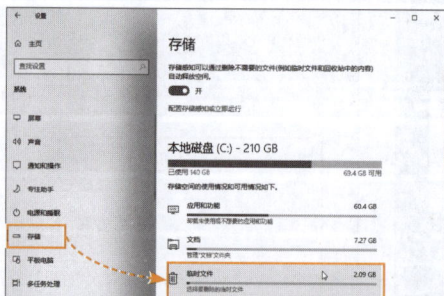

图 3-106

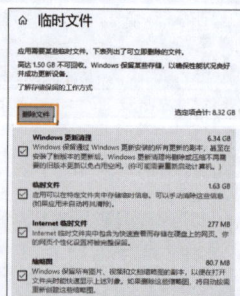

图 3-107

3.5.3　配置存储感知

存储感知会自动侦测系统中的磁盘空间，当磁盘空间不足时会自动运行，并自动清理文件。进入"存储"设置界面，单击"配置存储感知或立即运行"链接，如图3-108所示。单击"关"按钮启动存储感知，可设置存储感知运行时间及临时文件的保存时间，如图3-109所示。

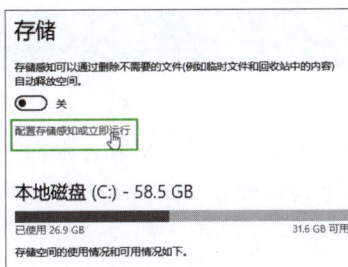

图 3-108

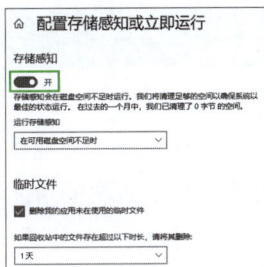

图 3-109

动手练 **禁用自启动软件**

有些软件会随计算机启动而自动运行，不仅占用了系统资源，还拖慢了系统开机速度，可以通过系统自带的管理功能禁止自启动。下面介绍具体步骤。

步骤 01 使用Win+I组合键启动"Windows 设置"界面，单击"应用"按钮，如图3-110所示。

步骤 02 在"设置"界面选择左侧的"启动"选项，如图3-111所示。

图 3-110

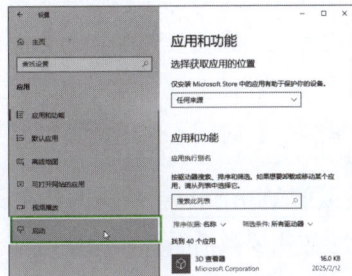

图 3-111

步骤 03 在列表中找到需要关闭开机启动的应用，单击"开"按钮，如图3-112所示。关闭后如图3-113所示。

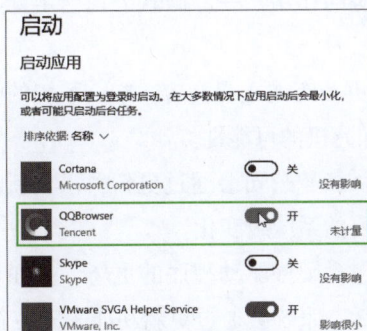

图 3-112

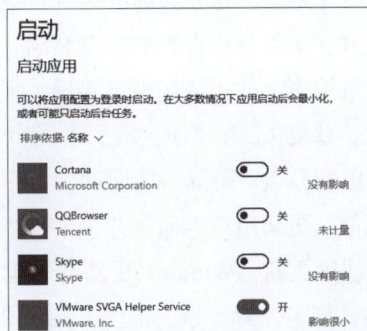

图 3-113

知识拓展 **根据影响考虑是否禁用**

开关右侧列出了该启动项对于系统的影响。一般禁用第三方软件对系统运行没有影响。如果是系统软件、使用了系统功能的软件、必须开机启动的软件则需要谨慎考虑是否可禁用。当然，禁用后如果对开机或者系统造成的影响较大，可以再次设置其开机启动。

Q&A 新手答疑

1. Q：睡眠和休眠有什么不同？

A： Windows除了提供睡眠外，还提供休眠。Windows的睡眠和休眠都是计算机的低功耗状态，旨在不完全关闭计算机的情况下使其快速恢复工作。

睡眠状态会将当前打开的应用程序和数据保存在内存（RAM）中，然后关闭大部分硬件组件的电源，例如硬盘、显示器等。但内存仍然保持供电，以维持数据的存储。睡眠状态消耗少量的电力，因为需要维持内存的运行。从睡眠状态恢复非常快速，通常只需几秒，因为数据直接从内存中加载，速度很快。如果在睡眠状态下突然断电，内存中的数据可能会丢失，因为内存依赖电力来保持数据。睡眠适用于短时间内的暂停工作，例如暂时离开计算机，或者晚上短暂休息后继续工作。

休眠状态会将当前打开的应用程序和数据完整地保存到硬盘上的一个特殊文件（hiberfil.sys）中，然后完全关闭计算机的电源，包括内存。休眠状态下不消耗任何电力，因为计算机已经完全关闭。从休眠状态恢复相对较慢，通常需要十几秒到几十秒不等，具体取决于内存大小和硬盘速度，因为需要从硬盘读取之前保存的数据并加载到内存中。由于数据保存在硬盘上，即使断电，数据也不会丢失。休眠适用于长时间的暂停工作，例如晚上睡觉、长时间不使用计算机但又不想关闭所有程序和数据的情况。

2. Q：我新安装的 Windows 系统为什么无法进行个性化设置，包括调出桌面常用图标？

A： 个性化设置需要激活系统才能使用。

3. Q：系统更新有什么用，需不需要关闭？

A： Windows 更新是微软公司向运行Windows 操作系统的计算机提供的服务，其主要作用是为了保持计算机安全、稳定、功能最新和性能良好。更新的主要内容如下。

● **修复安全漏洞：** 这是Windows更新最关键的作用之一。微软公司会定期发现并修复操作系统和相关组件中存在的安全漏洞。

● **提高系统稳定性：** 通过修复错误、质量更新有助于提高Windows系统的整体稳定性和可靠性，修复Bug和错误，减少系统崩溃和死机的可能性。

● **功能更新：** 通常每隔一段时间发布一次。微软公司会通过更新引入全新的功能、改进现有功能、更新用户界面，并带来一些重要的系统级变化。

● **驱动程序更新：** Windows更新有时也会包含硬件驱动程序的更新，例如显卡驱动、网卡驱动、打印机驱动等。而且接入新硬件后，系统会通过更新功能来安装新设备驱动。

4. Q：怎么禁止弹窗广告？

A： 可以使用一些第三方的安全软件，这些软件中都有禁止弹窗广告的组件，如图3-114所示，开启该功能即可预防常见软件的弹窗广告骚扰。

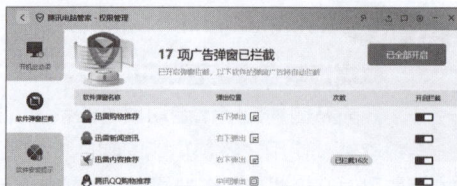

图 3-114

第 4 章

计算机网络与 Internet 应用

计算机网络是随着计算机技术的发展而产生的，现已成为重要的生产力工具。Internet是全球性的计算机网络，也是当今世界上最大、使用最广泛的计算机网络。本章将着重介绍网络与Internet的相关知识以及应用。

4.1 计算机网络简介

计算机网络（以下简称为"网络"）的定义为"利用通信线路将地理位置分散的多台独立计算机（或终端设备）互联起来，在特定的网络协议下，实现彼此之间资源共享和信息传递的系统"。这里的通信线路包括各种线缆、无线技术等。协议包括网络通信协议、网络操作系统、网络管理系统等。目标是实现网络设备之间的快速通信，以及硬件、软件、数据等各种资源的共享。

从结构上看，网络由处于核心的网络通信设备（主要是路由器）、各种线缆以及其中的各种网络协议和通信软件组成，叫作通信子网，主要目的是传输及转发数据。所有互联的设备，无论是提供共享资源的服务器，还是各种访问资源的终端，统称为资源子网，负责提供及获取资源。

4.1.1 网络的形成与发展

网络不是凭空出现的，是在计算机科学技术发展到一定阶段，有了需要互相传递的数据和共享的需求才产生的。一般可将网络的发展分为4个阶段。

（1）第一阶段：计算机终端阶段

第一阶段的主要特征是以大型计算机为中心，将终端设备通过通信线缆连接到中心计算机，构成以中心计算机为中心的、最简单的网络体系。

（2）第二阶段：计算机互联阶段

随着大型主机、程控交换技术的出现与发展，提出了对大型主机资源远程共享的要求。该阶段的网络已经摆脱了中心计算机的束缚，多台独立的计算机通过通信线路互联，任意两台主机间通过约定好的"协议"传输信息。这时的网络也称为分组交换网络，该时期的网络多以电话线路以及少量的专用线路为基础。

（3）第三阶段：计算机网络标准化阶段

随着网络的规模变得越来越大，通信协议也越来越复杂。各计算机厂商以及通信厂商都采用自家的通信协议，所以在网络互访方面给用户造成了很大的困扰。基于此原因，1984年，由国际标准化组织（ISO）制定了一种统一的网络分层结构——OSI参考模型，将网络分为七层。在OSI七层模型中，规定了设备在对应层之间必须能够沟通，符合该标准的计算机之间就可以实现通信。

（4）第四阶段：信息高速公路建设阶段

20世纪90年代中期开始，互联网进入高速发展阶段，出现以Internet为代表的第四代网络。第四代网络也可以称为信息高速公路（高速、多业务、大数据量）。

知识拓展

新时代的网络

进入21世纪，随着云计算、大数据、物联网（IoT）等技术的发展，网络已不仅仅是数据传输的工具，更成为智能设备互联互通的平台。如今，5G技术的普及加速了移动互联网的发展，并为实时数据传输和智能应用提供了更强大的支持。人工智能（AI）与大规模数据分析相结合，也使得网络更加智能化，从自动驾驶到智慧城市，网络已经渗透到社会的各角落。

4.1.2　网络的分类

网络按照覆盖范围，可以分为局域网、城域网和广域网。

（1）局域网

局域网（Local Area Network，LAN）的范围一般为10km以内，如一个校园园区、一幢办公大楼、一个运动中心等，最常见的是家庭局域网和公司局域网。特点是分布距离近、范围相对较小、用户相对较少、传输速率高、组建费用较低、易于实现、维护方便。速率为100～1000Mb/s。

（2）城域网

城域网（Metropolitan Area Network，MAN）是一种覆盖城市级别范围的大型局域网，范围为10～100km。如某高校在某地的多个校区、某公司在城区的所有分公司、某连锁机构的所有门店，甚至一整座城市，都叫城域网。城域网中数据传输延时相对较小，主要的传输载体为光纤及无线技术。城域网传输扩展距离更长、覆盖更广、规模更大、传输速率高、技术先进且安全。但实现费用较高，需要运营商的支持。

（3）广域网

广域网（Wide Area Network，WAN）范围通常为几十千米到几千千米，可以连接多个城市甚至国家。通过海底光缆的架设，地理位置可以跨几个洲，形成洲际型网络。广域网采用的技术包括分组交换、卫星通信、无线分组交换网等。广域网是现在覆盖范围最广、通信距离最远、技术最复杂、建设费用最高的一种网络。人们日常接触的Internet就是广域网的一种，也是最大的广域网。

知识拓展

个域网

个域网（Personal Area Network，PAN）是围绕个人而搭建的网络，范围在10m以内，通常包含计算机、智能手机或其他终端设备、个人外设等。可以通过线缆、无线等进行设备间的连接，用来传输各种音视频文件、数据等。

4.1.3 网络的拓扑结构

拓扑学是几何学的一个分支，拓扑结构是一种逻辑结构，通常使用拓扑图表示拓扑结构。网络拓扑图是指在不考虑距离远近、线缆长度、设备大小等物理条件的情况下，通过简单的示意图形，绘制出整个网络结构。通过网络拓扑图可以对网络进行规划、设计、分析，方便交流以及排错。网络按照拓扑结构可以分为以下4种。

（1）总线型拓扑

总线型拓扑使用单根传输线作为传输介质，所有节点都直接连接到传输介质上，如图4-1所示，这根线就叫总线。总线型拓扑的工作原理是采用广播的方式，一台节点设备开始传输数据时，会向总线上所有的设备发送校验包和数据包，其他设备接收后，通过检查校验包的目的地址是否和自己的地址一致，如果相同，则保留，如果不一致，则丢弃。其缺点是所有共享带宽随着设备的增加，网络带宽下降严重，线路发生故障后，排查困难。

（2）星形拓扑

星形拓扑以网络设备为中心，其他节点设备通过中心网络设备传递信号，如图4-2所示，中心网络设备执行集中式通信控制。常见的中心网络设备就是交换机。星形拓扑的优点是结构简单、添加删除节点方便、维护容易、升级方便，一个节点故障不影响其他设备通信。其缺点是对中心网络设备依赖度高，如果中心节点发生故障，整个网络将会瘫痪。

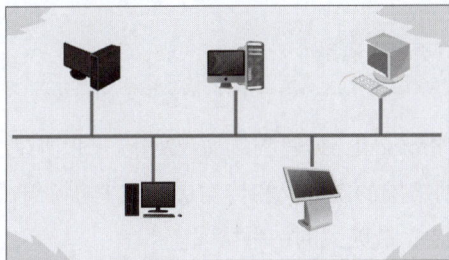

图 4-1

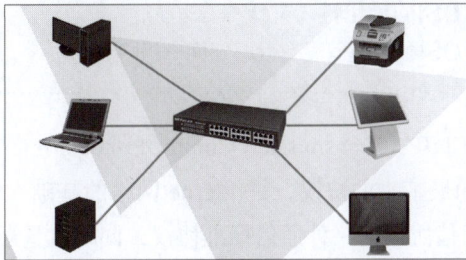

图 4-2

（3）环形拓扑

如果把总线型拓扑首尾相连，就是一种环形拓扑结构，如图4-3所示。其典型代表是令牌环局域网。在通信过程中，同一时间，只有拥有令牌的设备可以发送数据，然后将令牌交给下游的节点设备。从而开始新一轮的令牌传输。环形拓扑不需要网络设备，实现简单、投资小。但缺点是如果任意一个节点坏掉网络就无法通信，且排查困难，扩充或删除节点时网络必须中断。

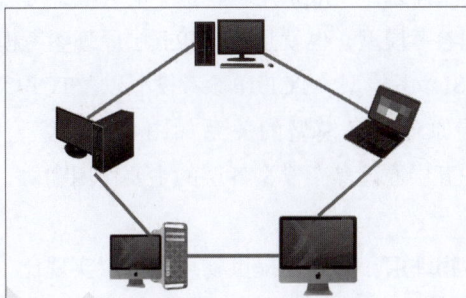

图 4-3

（4）树形拓扑

树形拓扑属于分级集中控制，在大中型企业中比较常见。将星形拓扑按照一定标准组合起来，就变成了树形拓扑结构，如图4-4所示。该拓扑结构通信线路总长度较短、成本较低、节点易于扩充。网络中任意两个节点之间不会产生环路，且支持双向通信，某个节点故障也不会影响其他节点正常工作。而且网络中可以采取一些冗余备份技术，安全性和稳定性相对较高。

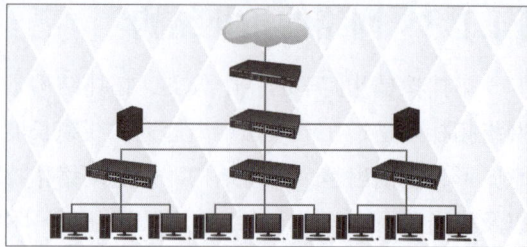

图 4-4

4.1.4 网络的体系结构

网络体系结构的建立，最主要作用就是让不同类别的网络之间可以互相通信，其中实现通信功能的就是各种网络协议。

网络体系结构是指网络层次结构模型，它是各层的协议以及层次之间的端口的集合。在网络中实现通信必须依靠网络通信协议，广泛采用的是国际标准化组织于1997年提出的开放系统互联（Open System Interconnection，OSI）参考模型，习惯上称为OSI参考模型。网络体系结构是网络及其部件所应该完成功能的精确定义。

知识拓展

OSI的通用性

OSI参考模型没有考虑任何一组特定的协议，所以更具有通用性。

TCP/IP（Transmission Control Protocol/Internet Protocol，传输控制协议/网际互联协议），是Internet最基本的协议，是Internet网络的基础，由网络层的IP协议和传输层的TCP协议组成。是网络通信协议的一种通信标准协议，同时也是最复杂、最庞大的一种协议。

OSI参考模型是在协议开发前设计的，具有通用性。TCP/IP参考模型是先有协议集然后建立模型，不适用于非TCP/IP网络。OSI参考模型有七层结构，而TCP/IP参考模型有四层结构。为了学习完整体系，一般采用一种折中的方法：综合OSI参考模型与TCP/IP参考模型的优点，采用一种原理参考模型，也就是TCP/IP五层原理参考模型。

OSI参考模型、TCP/IP参考模型以及TCP/IP五层原理参考模型的关系如图4-5所示。TCP/IP五层原理参考模型各层的主要作用和协议如下。

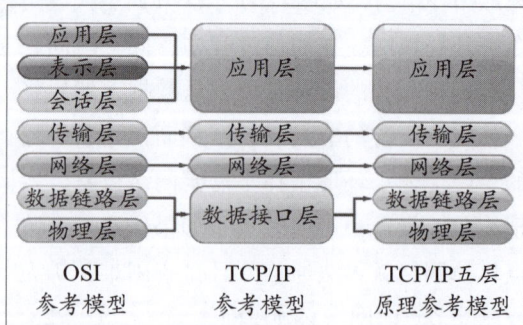

图 4-5

- **物理层**：为上层提供物理连接，实现比特流的透明传输。物理层定义了通信设备与传输线路接口的电气特性、机械特性、应具备的功能等。

- **数据链路层**：该层将来自网络层的数据按照一定格式分割成数据帧，然后将帧按顺序送出，等待由接收端送回的应答帧。该层的主要作用是链路的建立、拆除以及分离。该层使用的协议有SLIP、PPP、X.25和帧中继等。

- **网络层**：处理来自传输层的分组发送请求，进行数据包的封装与解封；用于异构网络的连接，选择去往目的地的最优路径，然后将数据包发往适当的网络接口，并且管理流控、拥塞等问题。网络层的协议有IP协议[①]、ICMP协议、IGMP协议等。
- **传输层**：是一个端到端，即主机到主机的层次。传输层负责将上层数据分段，并提供端到端的、可靠的（TCP）或不可靠的（UDP）传输。此外，传输层还要处理端到端的差错控制和流量控制问题。该层使用的协议包括TCP、UDP协议。
- **应用层**：参考模型的最高层，是用户与网络的接口。用于确定通信对象，并确保有足够的资源用于通信。该层使用的协议包括文件传输（FTP）、远程操作（Telnet）、电子邮件服务（SMTP）和网页服务（HTTP）等。

4.1.5　网络的组成

和计算机系统类似，网络的组成也包括网络硬件以及网络软件。

1. 网络硬件

网络硬件包括通信设备、传输介质、服务器、网络终端设备。

（1）通信设备

通信设备也就是常说的网络设备，包括交换机、路由器、网卡、无线设备、调制解调器等。

- **交换机（Switch）**：一种用电（光）信号转发数据的网络设备。它可以为接入交换机的任意两个网络节点提供独享的电信号通路。交换机工作在数据链路层，最常见的交换机是以太网交换机。
- **路由器**：路由器作为网络层的设备，是互联网的枢纽设备，是连接因特网中局域网、广域网必不可少的。它会根据网络的情况自动选择和设定路由表，以最佳路径发送数据包。
- **网卡**：是所有联网设备所必须具备的，网卡的作用有连接网络、链路管理、帧的封装与解封、数据缓存、数据收发、串行/并行转换、介质访问控制等。
- **无线设备**：主要依靠无线电进行数据传输，不需要传输介质，更具灵活性。无线设备包括无线接入点（AP）、无线控制器（AC）、无线网桥和无线网卡等。
- **调制解调器**：用来将计算机的数字信号转化为模拟信号，从而在同轴电缆、双绞线以及光纤设备中传输。到达对端后，再将模拟信号转换为数字信号，交给计算机进行处理。

（2）传输介质

计算机网络使用的传输介质包括最常见的传输电信号的同轴电缆（性价比低，主要用在特殊领域）、双绞线（性价比高、适用范围广、安装及使用方便）、传输光信号的光纤（性价比高、传输效率高、传输距离远、抗干扰能力强、功耗低）等。

知识拓展

无线设备的传输介质

无线设备传输时，可以使用无线电波、微波、红外线等。

[①]为了便于读者理解，本书采用IP协议、TCP协议等叫法。

（3）服务器

服务器是计算机的一种，它比普通计算机更专业，运行更稳定，网络吞吐量更高。服务器在网络中为其他终端设备（如普通计算机、网络智能设备）提供计算或者应用服务。服务器具有长时间可靠运行、冗余备份系统、强大的I/O外部数据吞吐能力以及更好的扩展性。

（4）网络终端设备

日常接触比较多的是网络终端设备。人们使用各种网络终端设备连接网络，相互间进行网络通信，并可以使用各种网络共享资源。

2. 网络软件

网络软件包括通用和专用的网络操作系统、各种网络通信协议。用户接触比较多的是各种网络应用软件。网络软件除了保证设备本身的资源管理、调配外，还通过各种网络协议保证网络的连接和数据的有效传输。

4.1.6 结构化布线与组网方法

结构化布线与组网方法是网络规划过程中需要特别考虑的。

1. 结构化布线

大中型企业的网络布线设计需要考虑很多因素：怎样设计布线系统，这个系统有多少信息量、多少语音点，怎样通过水平干线、垂直干线、楼宇管理子系统把它们连接起来，需要选择 哪些传输介质（线缆），需要哪些线材（槽管）以及材料价格如何，施工有关费用需要多少等。一般的线路系统由以下几种系统组成。

- **工作区子系统**：信息插座到用户终端设备这一段。
- **水平布线子系统**：楼层配线间到信息插座，通常由超五类双绞线组成。需要高速的可采用六类及以上线路，过远的可以考虑光纤。
- **建筑物主干子系统**：整栋楼的配线间至各楼层配线间，包括配线架、跳线等。一般采用光纤或者超六类及以上的双绞线组成。
- **建筑群布线子系统**：建筑群配线间至各建筑总配线间，多采用光纤。

布线施工应当与装修同时进行，尽量将电缆管槽埋藏于地板或装饰板之下，信息插座也要选用内嵌式，将底盒埋藏于墙壁内。

在布线设计时，应当综合考虑电话线、有线电视电缆、电力线和双绞线的布设。弱电线和电力线不能离双绞线太近，以避免对双绞线产生干扰，但也不宜离得太远，相对位置保持20cm左右即可。如果在房屋建设时已经布好网络，并在每个房间预留了信息点，则应根据这些信息点的位置，考虑和计算机的位置的配对关系等要求。

在布线过程中，要根据信息点的数量和未来的发展趋势，选择含有冗余量的产品，并根据未来的发展留下冗余接口。

注意事项 信息点的位置选择

选择信息插座的位置时也要非常注意，既要便于使用，不能被挡住，又要比较隐蔽，不太显眼。信息插座与地面的垂直距离应不小于20cm。

2. 中小型局域网组建

中小型局域网的网络拓扑图如图4-6所示。

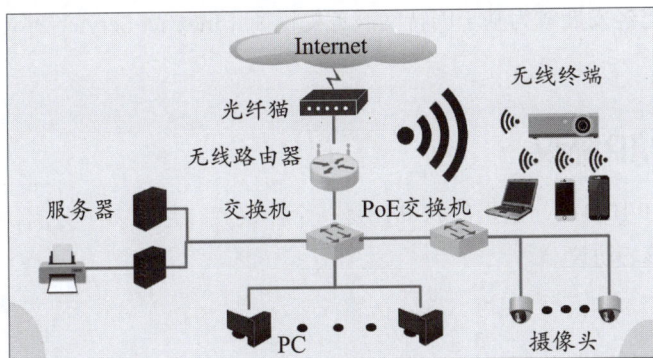

图 4-6

实际连接设备时，光纤接入光纤猫中，光纤猫的网线接入路由器（通常使用无线路由器）的WAN口，路由器的LAN口连接到交换机的LAN口上，其他有线设备都接入交换机的其他LAN口上。无线设备可以直接接入无线路由器中，PoE交换机可以为摄像头提供网络连接和电能，并接入交换机中。

在软件设置时，通过手机或计算机进入无线路由器配置界面，设置拨号上网用户名及密码就可以连接Internet。

4.2 Internet基础知识

日常使用的Internet（因特网）是广域网的一种，下面对Internet的概念、协议、组成等相关知识进行介绍。

4.2.1 Internet简介

具有现代意义的网络出现在20世纪60年代，美国国防部高级研究计划局（Advanced Research Projects Agency，ARPA）提出一种分散性的指挥系统，互相独立，且地位相等。随后ARPA资助并建立了ARPAnet（ARPA网），1969年，ARPA资助并建立的ARPAnet将美国加利福尼亚大学洛杉矶分校、斯坦福大学研究学院、加利福尼亚大学圣巴巴拉分校和犹他大学的四台主要计算机相连，形成网络的雏形，也是Internet的雏形。此后ARPAnet的规模不断扩大，到20世纪70年代节点超过60个，主机有100多台。连通了美国东西部的许多大学和科研机构，并通过卫星与夏威夷和欧洲地区的网络互联互通。该阶段通过专门的通信交换机和线路进行连接，采用分组交换技术。

20世纪70年代，人们开始意识到网络互联的问题，1983年，TCP/IP协议成为ARPAnet的标准协议，任何使用该协议的网络都可以互相通信。

1990年，ARPAnet的实验任务完成，正式宣布关闭，取代它的是美国国家科学基金会（National Science Foundation，NSF）围绕6个大型计算机中心建设的国家科学基金网（NSFnet）。它由主干网、地区网、校园网三级结构组成，覆盖主要的大学和研究所，而后逐渐转为私营。从1993年开始，NSFnet逐渐被多个商用Internet主干所代替，并于1995年停止工作，彻底商业化。1994年万维网技术在Internet上被广泛使用，极大地推动了Internet的发展。

目前，Internet已经发展成为基于因特网服务提供商（Internet Service Provider，ISP）的多层次结构互联网络。

4.2.2　TCP/IP协议

Internet采用TCP/IP协议，这里的TCP/IP是一个协议族，包含多个分层协议，IP协议和TCP协议是其中的两个核心协议。

1. IP 协议

IP协议是TCP/IP体系中的网络层协议，是为终端在网络中相互连接进行通信设计的协议，定义了如何在互联网上传输数据包。IP协议为每一个连接到网络的设备分配一个唯一的地址，并将数据从源设备路由到目标设备。IP协议的作用一是解决网络互联问题，实现大规模、异构网络的互联互通；二是分隔顶层网络应用和底层网络技术之间的耦合关系，以利于两者的独立发展。

IP协议是面向无连接的、尽力而为的传输协议。现在的网络设备只需包括网络层、数据链路层、物理层，也遵循每一层相应的协议，就可以认为它们之间能够互相通信，实际上也是如此。不管其他上层协议如何，只需要这三层，数据包就可以在互联网中畅通无阻，这就是TCP/IP协议的魅力所在。当然，IP协议仅是尽最大努力保证包能够到达，至于包的排序、纠错、流量控制等，在不同的体系中都有其对应的解决方案。

正因为IP协议的优势，因特网才得以迅速发展成为世界上最大的、开放的计算机通信网络。

2. TCP 协议

在TCP/IP协议中，另一个非常重要的协议就是TCP协议。该协议工作在传输层，包括两种重要协议：TCP协议和UDP协议。TCP（Transmission Control Protocol，传输控制协议）是一种面向连接的、可靠的、基于字节流的传输层通信协议，是为了在不可靠的互联网络上提供可靠的端到端传输而专门设计的一个传输协议。而UDP（User Datagram Protocol，用户数据报协议）是一种简单的、无连接的传输层协议，适用于对传输速度要求较高但不需要严格可靠性的应用。

4.2.3　IP地址与域名服务

在Internet中，通过路由器将成千上万个不同类型的网络连接到一起，形成一个超大规模的网络。为了保证数据能在Internet中传输并到达指定的目的节点，必须给每个节点一个全局唯一的地址标识，这就是IP协议中的IP地址。另外，为了方便在Internet中访问万维网资源，需要域名服务的支持。

1. IP 地址

IP地址是IP协议提供的一种统一的地址格式，它为互联网上的每一个网络和每一台主机分配一个逻辑地址，以此来屏蔽物理地址的差异。

最常见的IP地址是IPv4地址，IPv4地址通常用32位的二进制表示，通常被分隔成4个8位的二进制数，也就是4字节。IP地址通常使用点分十进制的形式表示（a.b.c.d），每位的范围是0～255，例如192.168.0.1。Internet委员会定义了5种IP地址类型，以适应不同容量、不同功能的网络。根据地址的第一段进行划分，其中0～126为A类，128～191为B类，192～223为C类，224～239为D类，240～255为E类。

在互联网上进行通信，每个联网的设备都需要从A、B、C类地址中获取一个正常的、可以通信的IP地址，这个地址就叫外网地址或公网地址。但是由于网络的飞速发展，需要联网并需要使用IP地址的设备已经不是IPv4地址池所能满足的。为了满足如家庭、企业、校园等需要大量IP地址的局域网的要求，Internet地址授权机构IANA在A、B、C类地址中各挑选一部分作为内部网络地址使用，也叫私有地址或者专用地址，也就是常说的内网IP地址。它们不会在广域网中使用，只具有本地意义，需要经过网关设备转换后才能联网。这些地址如下。

- A类：10.0.0.0～10.255.255.2555。
- B类：172.16.0.0～172.31.255.255。
- C类：192.168.0.0～192.168.255.255。

32位的IP地址通过分段划分为网络位和主机位。根据不同划分方法，网络位与主机位的长度并不是固定的。

- **网络位也叫网络号码**，用来标明该IP地址所在的网络，在同一个网络或者网络号中的主机是可以直接通信，不同网络的主机只有通过路由器转发才能进行通信。
- **主机位也叫主机号码**，用来标识终端的主机地址号码。

网络号可以相同，但同一个网络中的主机号不允许重复。网络位和主机位的关系就像以前的座机号码，例如010-12345678。其中010是区号，后面是本区的电话号码。如标准的IP地址192.168.0.1，该IP地址的前三段为网络位，最后一段为主机位。网络位与主机位的划分与IP地址的分类及子网的划分均有关。

IPv4地址已经分配完毕，现在开始向IPv6地址过渡，另外可以采用网络地址转换技术，将保留IP地址转换为公网可以传输的IP地址。IPv6采用128位地址长度，几乎可以不受限制地提供地址。

知识拓展

IPv6协议的新功能

在IPv6的设计过程中除解决了地址短缺问题以外，还考虑了性能的优化，例如，端到端IP连接、服务质量（QoS）、安全性、多播、移动性、即插即用等。

动手练 查看及设置IP地址

查看及设置计算机的IP地址是经常使用的网络操作。查看计算机IP地址的方法有很多种，包括在"设置"中查看、在"网络"中查看、使用命令查看等。接下来介绍在"网络"中查看及设置IP地址的操作。

步骤 01 在桌面的"网络"图标上右击，在弹出的快捷菜单中执行"属性"命令，如图4-7所示。

步骤 02 单击"更改适配器设置"链接，如图4-8所示。

步骤 03 双击网卡图标，这里双击"Ethernet0"，如图4-9所示。

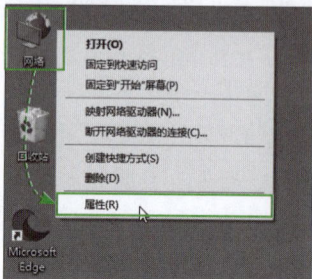
图 4-7

图 4-8

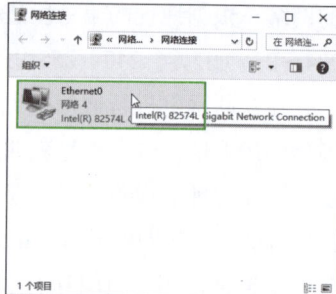
图 4-9

步骤 04 在"Ethernet0状态"界面单击"详细信息"按钮，如图4-10所示。

步骤 05 可以看到当前的网络参数信息如图4-11所示，包括是否DHCP分配、IP地址、子网掩码、网关地址、DHCP服务器地址、DNS服务器地址等。

步骤 06 如需手动设置IP地址，可以在图4-10中单击"属性"按钮，在网卡属性界面选择"Internet协议版本4（TCP/IPv4）"选项，单击"属性"按钮，如图4-12所示。

步骤 07 选中"使用下面的IP地址"单选按钮，按照需要输入IP地址、子网掩码、网关、DNS服务器地址，最后单击"确定"按钮返回即可，如图4-13所示。

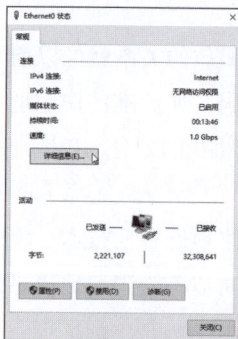
图 4-10

图 4-11

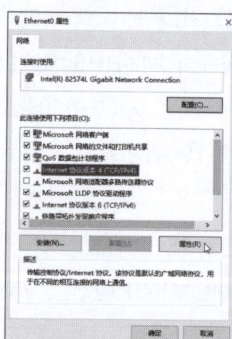
图 4-12

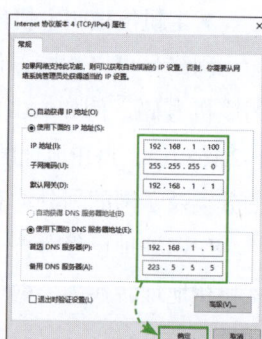
图 4-13

知识拓展

使用命令查看IP地址

用户也可以在桌面左下角输入"cmd"命令来启动命令提示符界面，使用命令"ipconfig/all"来查看IP地址等网络信息，如图4-14所示。

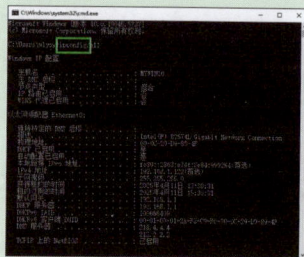
图 4-14

2. 域名服务

可以通过IP地址访问主机。但随着主机越来越多，点分十进制的数字表示的服务器不容易被记住，而且容易产生错误，所以人们发明了一种命名规则，用字符与某IP地址相对应，通过字符串就可以访问该服务器资源。这种有规则的字符串就叫域名。记录字符串与IP对应表所存放的并提供转换服务的服务器就叫DNS（Domain Name System）服务器。

Internet采用树状层次结构的命名方法，任何一个连接在Internet上的主机或路由器，都有一个唯一的层次结构的名字，即域名。域名的结构由标号序列组成，各标号之间用点隔开，例如"主机名.…….二级域名.顶级域名."。

比较常见的顶级域名有com（公司和企业等商业机构）、net（网络服务机构）、org（非营利性组织）、edu（教育机构）、gov（政府部门）。另外国家级别的有cn（中国）、us（美国）、uk（英国）等。

企业、组织和个人都可以去申请二级域名，如常见的baidu、qq、taobao等，都属于二级域名。

通过上面的域名就可以确定一个域。通常输入的www指的其实是主机的名字。因为习惯的问题，常常将提供网页服务的主机标识为www；提供邮件服务的叫mail；提供文件服务的叫ftp。使用时，主机名加上本区的域名，如www.baidu.com、www. taobao.com等。

4.2.4 常见的网络服务模式

在Internet中，常见的网络服务模式有客户机/服务器（Client/Server，C/S）模式、浏览器/服务器（Browser/Server，B/S）模式。

1. 客户机 / 服务器模式

C/S模式是一种传统的分布式计算模型，它将应用程序划分为两个主要部分。

- **客户端（Client）**：通常是用户直接操作的应用程序，负责用户界面、数据输入和结果显示。客户端需要安装专门的应用程序。
- **服务器（Server）**：负责存储、管理和处理数据，并响应客户端的请求。服务器通常运行在功能更强大的计算机上。

客户端向服务器发送请求，服务器接收并处理请求，然后将结果返回给客户端。该模式性能高、交互性强、安全性高，但部署和维护复杂，用户数量受限。

2. 浏览器 / 服务器模式

B/S模式是随着互联网技术的发展而兴起的一种网络应用架构。它也可以看作C/S模式的一种特殊形式，其中Web浏览器充当通用的客户端。

- **浏览器（Browser）**：用户通过Web浏览器访问应用程序，无须安装额外的客户端软件。
- **服务器（Server）**：负责处理业务逻辑、存储数据和生成网页内容。

用户通过浏览器发送HTTP（或HTTPS）请求到Web服务器，Web服务器处理请求后将包含用户界面的HTML、CSS、JavaScript等内容发送回浏览器，浏览器解析并呈现给用户。如果有进一步的操作，浏览器会再次发送请求到服务器。

该模式部署和维护简单、跨平台性好、易于扩展。但性能相对较低、交互性受限、安全性较低、网络性强。

常见的浏览器有Google Chrome、Safari、Microsoft Edge、Mozilla Firefox、Internet Explorer。

4.2.5 Internet常见接入技术

用户可以使用多种技术连接到Internet中，如DSL接入、以太网接入、光纤接入和无线接入等。

- **DSL接入**：一种通过电话线传输数字信号的宽带接入技术。DSL技术在数据传输过程中，能够保证语音信号和数据传输信号不互相干扰。DSL技术种类多样，其中较为常见的是ADSL（非对称数字用户线路），其上行和下行速度不对称，适用于家庭用户上网需求。电话线的低频段用于语音传输，而较高频段用于数据传输。由于固定电话的逐步消失，DSL接入技术逐步被其他接入方式取代，现在主要用在一些特殊领域。

- **以太网接入**：也叫小区宽带，网络服务商会采用光纤到小区或到楼，然后使用双绞线接入到用户家中，直接连接用户的路由器而不需要调制解调器。就像局域网中使用交换机和路由器共享上网一样，这种接入方式共享网络出口，在用户较多时会影响用户的网速。另外出于传输距离、运营成本、升级、管理、设备安全及耗能的原因，以太网接入技术已经逐渐被光纤接入技术取代。

知识拓展

以太网

以太网并不是一种网络，而是目前使用最广泛的局域网（LAN）技术之一，广泛应用于家庭网络、办公网络、校园网以及各种企业内部网络中。它提供一种规则和机制，使得多个设备可以在同一个物理媒介上传输数据而不会互相干扰，包括已经淘汰的总线型以太网和现在主流的交换式以太网。

- **光纤接入**：由于光纤传输具有通信容量大、质量好、性能稳定、防电磁干扰、保密性强等优点，被高速普及，光纤接入技术是现在最为流行的宽带接入技术。光纤接入的带宽下行速率通常为100Mb/s～1000Mb/s，甚至更高。光纤速度极快、延迟低、承载量高，适合大规模数据传输、高清视频、云计算等。而且光纤的使用成本低、安全稳定，将会作为未来主要的接入技术。

- **无线接入**：无线接入技术为用户提供了无须布线的灵活接入方式，常见的无线接入技术包括WiFi、4G/5G等，它们能够通过无线信号连接到互联网，适用于各种移动设备和场所。WiFi技术通过无线电波传输互联网信号，是家庭和办公环境中常见的接入方式。无线接入技术不仅便捷，而且支持多设备同时连接。

4.3 使用简单的Internet应用

在日常访问Internet中，使用浏览器查看网页，使用电子邮件收发网络信件，使用工具下载网络资源，使用通信软件传输信息等，都是Internet的应用。下面介绍相关的概念以及应用的具体方法。

4.3.1 万维网简介

在Internet中有一类特殊的网络，叫万维网（World Wide Web，WWW），日常浏览的网站其实都属于万维网的一种应用，下面介绍万维网及相关的概念。

1. 万维网

万维网是存储在网络计算机中、数量巨大的文档的集合。这些文档称为页面，它是一种超文本（Hypertext）信息，可以用于描述文本、图形、视频、音频等超媒体（Hypermedia）。Web上的信息是由彼此关联的文档组成的，而使其连接在一起的是超链接（Hyperlink）。

2. 超文本与超链接

超文本（Hypertext）由一个叫网页浏览器的程序显示。网页浏览器从网页服务器取回称为"文档"或"网页"的信息并显示。通常显示在计算机显示器上。超文本是把一些信息根据需要连接起来的信息管理技术，人们可以通过一个文本的链接打开另一个相关的文本，只要单击文本中带下画线的条目，便可获得相关的信息。网页的出色之处在于能够把超链接嵌入网页中，使用户能够从一个网页站点方便地转移到另一个相关的网页站点。

超链接是万维网的一种链接技巧，内嵌在文本或图像中。通过已定义好的关键字和图形，只要单击某个图标或某段文字，就可以自动链接到相对应的其他文件。文本超链接在浏览器中通常带下画线，而图像超链接是看不到的；如果用户的光标经过该图像文件，光标形状通常会变成手指状（文本超链接也是如此）。

3. 统一资源定位器

统一资源定位器(Uniform Resource Locator, URL）俗称网址或网页地址，是互联网上用于唯一标识和定位特定资源（如网页、图片、视频、文件等）的文本字符串。它可以告诉浏览器或其他应用程序在哪里可以找到用户想要访问的资源。统一资源定位器的格式为"协议://IP地址或域名/路径/文件名"。常见的协议有HTTP、HTTPS、FTP等。IP地址或域名就是上面介绍的包含主机名的完整域名；而"路径/文件名"类似于访问Windows的目录或文件（符号是"\"），但是符号是"/"。例如，http://www.test.com/www/index.html就是一个网页的完整的URL。通过浏览器访问该地址就可以获取到该主页的内容。

4.3.2 网页浏览器的使用

Microsoft Edge浏览器是微软公司在Windows中推出的一款新型浏览器，取代了传统的Internet Explorer浏览器。Microsoft Edge浏览器功能很全面，可以通过登录微软账号同步浏览器设置和收藏夹。而且Microsoft Edge浏览器还支持插件扩展、网页阅读注释等特色功能，为用户带来高效便捷的网页浏览体验。下面介绍Microsoft Edge浏览器的常用功能。

1. 浏览网页

在桌面上双击Microsoft Edge浏览器图标，打开浏览器，如图4-15所示。在地址栏输入要访问的网站地址，如"www.dssf007.com"（http或https可以省略，但有些情况需要输入完整的URL），按Enter键就可以加载网页，如图4-16所示。

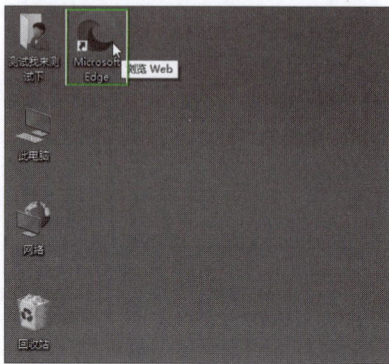
图 4-15

图 4-16

2. 设置主页

打开浏览器，单击右上角的"设置及其他"按钮，在下拉列表中选择"设置"选项，如图4-17所示。在"启动、主页和新建选项卡页"选项组中选中"打开以下页面"单选按钮，单击"添加新页面"按钮，如图4-18所示。

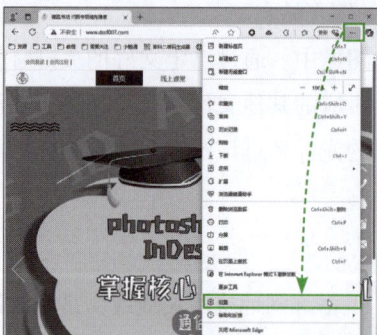
图 4-17

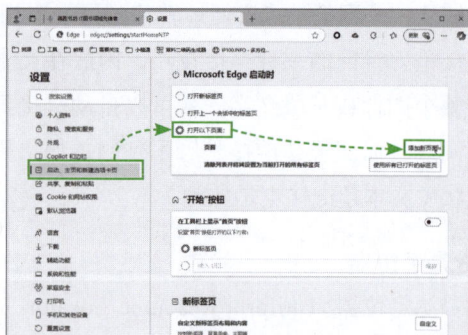
图 4-18

在"添加新页面"界面输入作为主页的网站域名，单击"添加"按钮，如图4-19所示。再打开Microsoft Edge浏览器，会自动转到设置的页面。

3. 下载文件

浏览器的主要功能是浏览网页、下载资源。在网站上单击下载链接或者下载按钮，如图4-20所示。如果没有安装下载软件，会在网页右上方弹出下载对话框，选择直接打开，保存到默认位置（"下载目录"）。或单击"另存为"按钮，在弹出的"另存为"对话框中选择保存位置，设置文件名后即可保存，如图4-21所示。

图 4-19

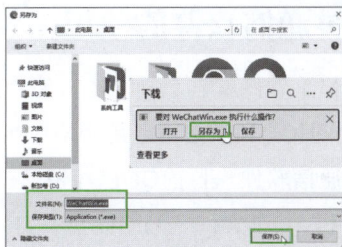

图 4-20　　　　　　　　　　　图 4-21

4. 下载图片

如果在网上发现了好看的图片，可以手动下载该图片到本地来使用。用户可以在图片上右击，在弹出的快捷菜单中执行"将图像另存为"命令，如图4-22所示。随后弹出"另存为"对话框，选择保存位置，可重命名文件，单击"保存"按钮即可保存该图片，如图4-23所示。

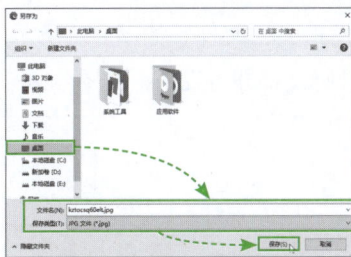

图 4-22　　　　　　　　　　　图 4-23

动手练 收藏网页

打开要收藏的网站后，在Microsoft Edge浏览器的地址栏后方单击"收藏"按钮，如图4-24所示。在弹出的"已添加到收藏夹"界面设置该页面的收藏名称和位置，单击"完成"按钮，如图4-25所示。

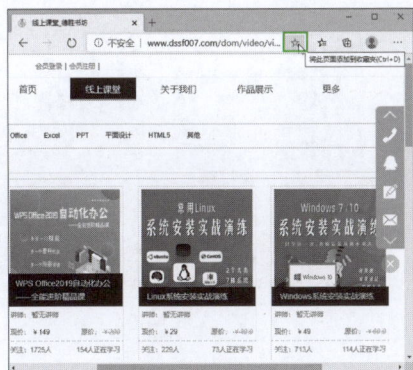

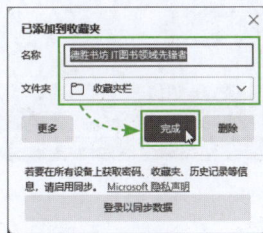

图 4-24　　　　　　　　　　　图 4-25

知识拓展

始终显示收藏夹

用户可单击浏览器右上角的"设置和其他"按钮，在"收藏夹"的级联菜单中选择"显示收藏夹"选项，并继续从其级联菜单中选择"始终"选项，这样收藏夹就会始终显示在浏览器上。

▌4.3.3 即时通信软件的使用

即时通信（IM）软件就是上网交流时使用的应用软件。随着网络沟通渠道的丰富，各种聊天软件层出不穷，但QQ和微信肯定是必不可少的。下面介绍QQ的一些使用技巧。QQ是一款基于Internet的即时通信软件。目前QQ已经覆盖多种主流平台。QQ支持在线聊天、视频通话、点对点断点续传文件、共享文件、网络硬盘、自定义面板、QQ邮箱等功能，并可与多种通信终端相连。

1. 发送信息的技巧

QQ发送的信息可以设置字体、字号、气泡等，如图4-26所示。还可以发送时配合表情。

2. QQ 发送文件的技巧

QQ可以发送在线接收的文件、文件夹，离线接收的文件，还可以发送微云文件，如图4-27所示。启动对应的功能，再选择文件即可发送，如图4-28所示。

图 4-26

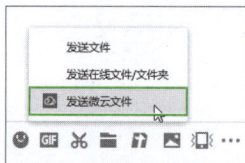

图 4-27

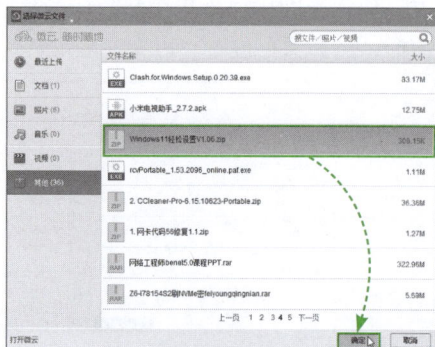

图 4-28

3. QQ 截图及编辑的技巧

QQ的截图功能非常强大，还提供直接编辑功能。使用Ctrl+Alt+Z组合键调出QQ截图工具，可以自动识别窗口，可直接截图，也可以手动进行区域截图，如图4-29所示。截图完成后，可以使用功能柄上的按钮，为截图添加各种形状、画笔、马赛克、文字、序号等，如图4-30所示。还可以识别文字、文字翻译等。

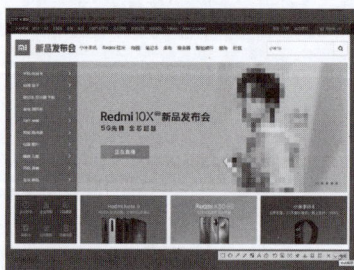

图 4-29

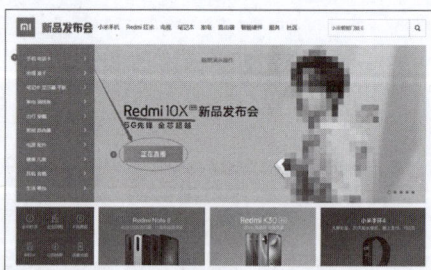

图 4-30

▌4.3.4 下载工具的使用

网上的各种资源都可以进行下载，前面介绍了使用浏览器下载的操作步骤，但有时速度较慢，下面介绍一些常见的第三方下载工具的使用。

1. 使用迅雷下载

迅雷是老牌的下载软件，可以下载HTTP的资源、磁力链接、BT资源等。下载速度快，支持断点续传等功能。用户先启动迅雷，找到链接地址，会自动启动迅雷下载对话框，在这里可查看链接地址、文件名、文件类型、大小，设置下载位置，单击"立即下载"按钮，如图4-31所示。如果复制的是下载链接，迅雷会自动监视粘贴板，如果有下载链接，也会自动启动下载对话框，十分人性化。

下载时打开迅雷主程序，可以看到下载速度、下载进度、暂停按钮等，如图4-32所示。

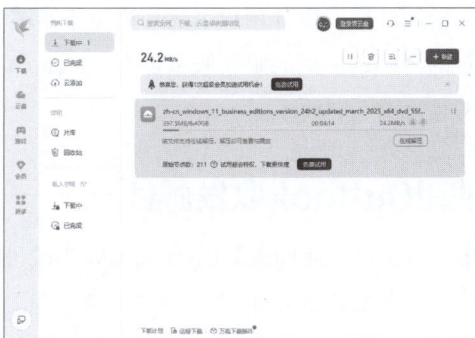

图 4-31　　　　　　　　　　　　　　　　　图 4-32

2. 使用百度网盘下载

百度网盘是百度官方推出的安全云存储服务产品。百度网盘可以轻松地进行照片、视频、文档等文件的网络备份、同步和分享。百度网盘支持上传、下载百度云端的各类数据。

动手练　使用百度网盘下载资源

步骤01 网上查找资源时，会发现经常需要通过百度网盘链接的形式获取。这时可以在浏览器中输入网盘链接地址进行访问。如果是有密码的分享，需要输入密码进行访问。单击"下载"按钮，如图4-33所示。

步骤02 浏览器会自动启动网盘客户端，并且会提示用户选择下载的位置，设置之后单击"下载"按钮，如图4-34所示。

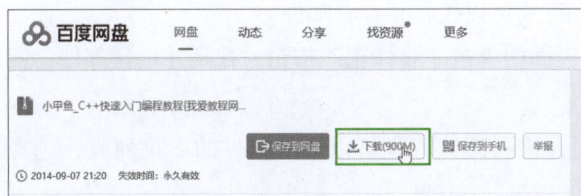
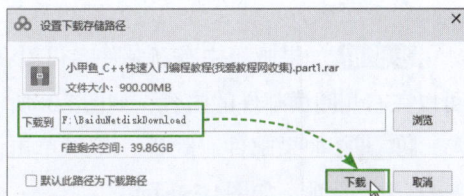

图 4-33　　　　　　　　　　　　　　　　　图 4-34

步骤03 软件会自动开始下载，用户可以随时暂停、取消和查看文件。在桌面悬浮框中可以查看实时速度，如图4-35所示。

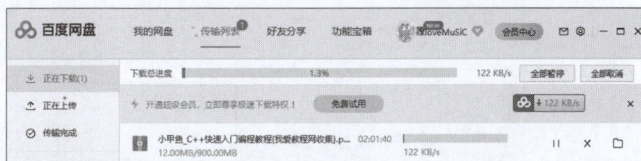

图 4-35

4.3.5　电子邮件的使用

电子邮件是一种用电子手段进行信息交换的通信方式，是互联网应用最广泛的服务。通过电子邮件系统，用户可以以非常低廉的价格、非常快速的方式（几秒之内可以发送到世界上任何指定的邮箱），与世界上任何一个角落的网络用户联系。

电子邮件可以是文字、图像、声音等多种形式。同时，用户可以得到大量免费的新闻、专题邮件，并轻松实现信息搜索。电子邮件的存在极大地方便了人与人之间的沟通与交流，促进了社会的发展。

电子邮箱的地址格式为"用户名@邮箱服务器域名"，例如test@test.com。用户名是用户注册邮箱时设置的名称，常见的邮箱服务器有qq.com、163com、outlook.com等，根据用户选择的邮件服务器的运营商不同而不同。

动手练 使用Outlook收发邮件

在Windows中，可以使用微软的Outlook客户端进行邮件的收发。如果系统中没有安装，可以到微软商店搜索并安装该软件。

1. 登录邮箱

使用Outlook收发邮件前，需要先登录邮箱。

步骤 01 安装好Outlook后，在"开始"菜单中选择该程序就可以将其启动，如图4-36所示。也可以从任务栏的Outlook快捷方式启动该程序。

步骤 02 启动后，先要登录自己的Outlook邮箱。输入Outlook邮箱地址，单击"继续"按钮，如图4-37所示，如果系统使用微软账户登录，可以不输入密码直接进入邮箱的界面。

图 4-36

图 4-37

2. 收取邮件及附件

登录完成后，就会自动进入邮箱首页，在这里可以接收和查看邮件。

步骤 01 如果邮箱中有新邮件，可以在主界面中单击"收件箱"按钮，找到并选择邮件，就可以在右侧阅读邮件的内容，如图4-38所示。

步骤 02 如果邮件有附件，可以单击该附件进行阅读，也可以展开附件的下拉列表，选择"另存为"选项，如图4-39所示。

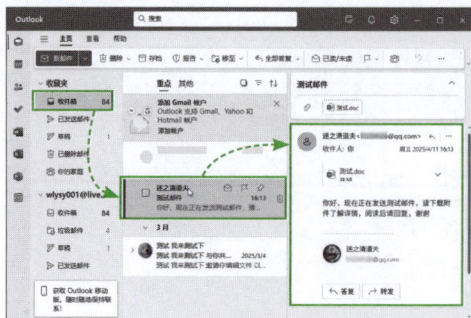

图 4-38

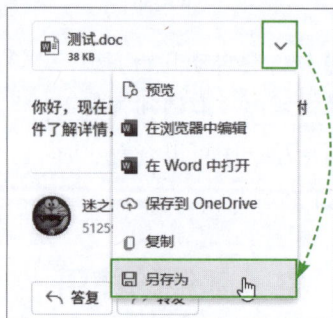

图 4-39

步骤 03 选择保存的位置，并设置文件名后，单击"保存"按钮，如图4-40所示，就可以将附件下载下来并重命名。

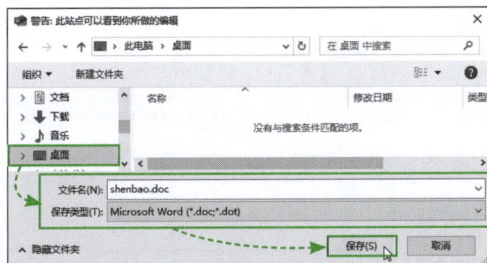

图 4-40

3. 回复邮件

回复邮件属于发送邮件的一种，就像即时通信软件的对话一样，保留了以前的邮件内容，便于查档。用户可以单击邮件正文下方的"答复"按钮，如图4-41所示。输入回复内容后，单击"发送"按钮，如图4-42所示，完成邮件回复。

图 4-41

图 4-42

4. 发送邮件

前面介绍的是比较常用的接收及发送邮件。如果用户要撰写一封全新的邮件，可以按照下面的方式进行。

步骤 01 在Outlook中单击界面左上角的"新邮件"按钮，如图4-43所示。

步骤 02 输入收件人的邮箱地址、主题、正文，如图4-44所示。

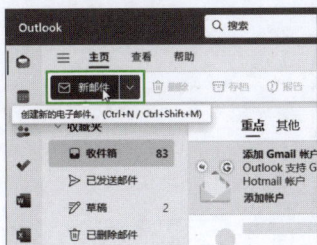

图 4-43

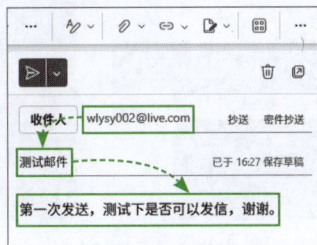

图 4-44

步骤 03 如需添加附件，可以在功能区单击"附件"按钮，从中选择"浏览此计算机"选项，如图4-45所示。

步骤 04 从本地找到并选择需要发送的文件后，返回邮件编辑界面，单击"发送"按钮，即可发送带有附件的邮件，如图4-46所示。

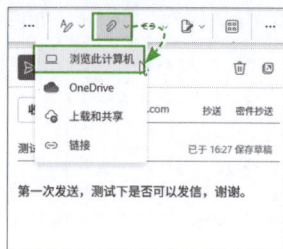

图 4-45

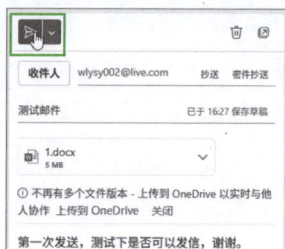

图 4-46

动手练 使用网页收发邮件

　　Outlook功能强大，但还是C/S模式，具有一定的局限性。现在大部分邮件的发送使用的是网页客户端，例如常见的QQ邮箱。用户可以在QQ客户端的面板上单击"QQ邮箱"按钮打开邮箱页面，如图4-47所示。用户可以直接在浏览器中输入QQ邮箱主页地址"mail.qq.com"，进入网站，登录后进入邮箱。如果设置了独立密码，需要输入独立密码才能访问QQ邮箱。进入主界面，选择左侧的"收件箱"选项，从右侧选择邮件，即可阅读邮件正文，如图4-48所示。

图 4-47

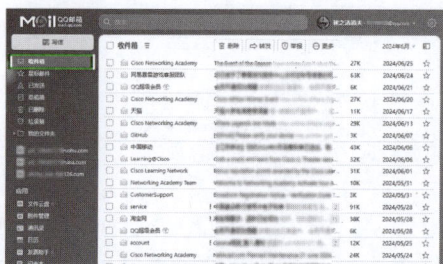

图 4-48

　　如需要撰写邮件，可以单击界面左上方的"写信"按钮，如图4-49所示。和Outlook一样，在这里填写收件人的邮箱地址、主题、邮件内容，如需添加附件，可以单击"附件"下拉按钮，选择并上传附件后，单击"发送"按钮，如图4-50所示，即可发出邮件。

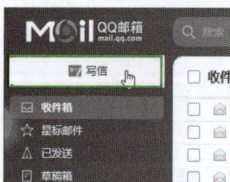

图 4-49

图 4-50

　　如需回复邮件，可以进入邮件阅读界面，单击"回复"按钮，如图4-51所示。

图 4-51

Q&A 新手答疑

1. Q: 为什么现在使用的都是 TCP/IP 协议，而不是 OSI 参考模型的协议？

A: 虽然OSI参考模型是一个非常有用的概念模型，用于理解网络通信的不同层次和功能，但实际应用中，互联网和绝大多数现代网络都基于TCP/IP协议族。TCP/IP协议族比OSI参考模型更早被开发出来并实际部署，并在互联网的早期发展中发挥了关键作用。当OSI参考模型在20世纪80年代被标准化时，TCP/IP协议已经广泛使用并拥有庞大的用户基础和成熟的实现。互联网的巨大成功和普及是TCP/IP协议胜出的最重要原因。由于互联网是基于TCP/IP协议构建的，因此所有连接到互联网的设备和应用都必须支持TCP/IP协议族。这形成了一个强大的生态系统和网络效应，使得TCP/IP协议成为事实上的标准。而OSI参考模型是一个理论模型，旨在提供一个统一的网络通信框架。然而，实际网络环境复杂多样，协议栈的实现往往比模型描述得更为复杂。严格意义上，各层之间应该是独立的，但实际应用中，层与层之间存在一定的耦合，例如传输层和网络层的交互。七层模型将网络通信分得过于细致，导致实现起来比较复杂，增加了系统开销。但其仍然具有教学和理解网络的意义。

2. Q: 如何进行 DNS 查询？

A: 用户可以进入命令提示符界面，使用命令"nslookup 域名"查询域名对应的设备IP地址，如图4-52所示。

图 4-52

3. Q: 为什么使用下载工具有时下载速度快，有时还不如浏览器下载速度快？

A: 因为下载工具通常支持多线程下载，这是下载工具最主要的加速手段。它们可以将一个文件分割成多个小的部分，并同时从服务器建立多个连接进行下载。这样可以更充分地利用用户的网络带宽，尤其是在服务器允许并发连接的情况下。浏览器通常只使用较少的线程（甚至单线程）进行下载。

如果服务器本身限制了每个连接的下载速度，或者限制了来自同一IP地址的并发连接数，那么多线程下载也无法显著提升速度。此时，无论使用什么下载工具，速度都会受到服务器的制约。

4. Q: 为什么交换机不能成为主干网络的设备？

A: 这里的交换机指的是早期二层交换机。这种交换机易发生广播风暴且无路由能力，不适合大型主干网络。现代三层交换机集成路由功能和高性能转发，可以有效隔离广播域并实现跨网段通信，因此完全可以作为网络主干设备。

第 5 章

计算机安全与管理

计算机与计算机网络给生活、工作带来便利和效率，也同样带来了各种不稳定因素，包括个人信息的泄露、计算机病毒与木马的威胁。网络攻击和网络暴力等网络安全威胁其实已经给用户敲响了警钟。本章将介绍计算机安全及系统安全管理的相关知识。

5.1 计算机面临的主要风险

计算机面临的风险来自多方面，主要有以下几种。

▌5.1.1 病毒和木马

病毒、木马其实是两个概念，但近年来两者的界线越来越不明显。病毒属于破坏性质的程序，但纯破坏性质的病毒并不能带来实际利益，所以逐渐被木马占据了主要位置。

1. 病毒和木马简介

和操作系统以及应用软件类似，病毒和木马实质上也是一种计算机程序，但是非常特殊。

计算机病毒是指"能够入侵计算机系统并在计算机系统中潜伏、传播，破坏系统正常工作的一种具有繁殖能力的特殊程序"，常见的病毒如风靡一时的"熊猫烧香"病毒，如图5-1所示。

与病毒不同，木马不会破坏计算机，它会隐藏在系统中，并随着计算机启动而联网运行，通知黑客并打开连接端口。黑客利用木马程序可以任意地修改计算机的参数设定、复制文件、窥视整个硬盘中的内容等，从而达到控制计算机及窃取财产的目的。臭名昭著的"冰河"木马如图5-2所示。

图 5-1

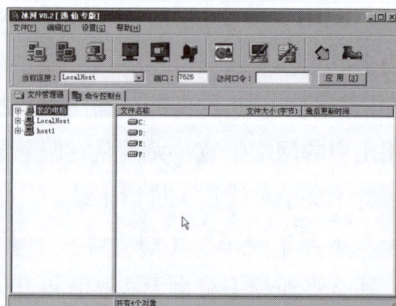

图 5-2

2. 病毒的特征

计算机病毒具有繁殖性、破坏性、传染性、潜伏性、隐蔽性和可触发性的特点。

- **繁殖性：** 和生物病毒类似，可以繁殖，能够自我复制，并感染文件。
- **破坏性：** 计算机中毒后，会篡改文件、删除文件、恶意加密文件，导致正常的程序无法运行，还会破坏硬盘的引导扇区、软硬件运行环境等。

- **传染性**：病毒通过修改别的程序将自身的复制品或其变体传染到其他无毒的对象上，包括文件和系统程序。还可以利用网络以及各种介质，如U盘等传播到其他计算机中。
- **潜伏性**：计算机病毒具有依附于其他媒体寄生的能力，入侵后的病毒会一直潜伏，直到条件成熟才发作，未发作时和正常文件一样，不会对计算机造成破坏。
- **隐蔽性**：病毒在计算机中通常以EXE可执行文件、DLL动态链接库文件、VBS脚本文件、BAT批处理文件、图片、音乐、影片等格式存在，几乎涵盖计算机中的所有文件种类，隐蔽性非常高，普通用户几乎无法手动判断。
- **可触发性**：编制计算机病毒时一般会为病毒程序设定一些触发条件，例如，系统时钟的某个时间或日期、系统运行了某些程序等。一旦条件满足，计算机病毒就会发作，使系统遭到破坏。

3. 病毒的分类

根据不同的标准，计算机病毒可以分为多种类型。

- **根据病毒感染方式**：可以分为引导区域型病毒、文件型病毒、混合型病毒、宏病毒和网络病毒。
- **根据病毒感染硬件的种类**：可以分为驻留型病毒和非驻留型病毒。
- **根据病毒的破坏能力**：可以分为无害型、无危险型、危险型和非常危险型病毒。

4. 病毒的传播途径

计算机病毒的传播途径主要有以下几种。

- **电子邮件传播**：病毒附着在电子邮件附件或邮件链接中，一旦用户打开邮件附件或进入链接的网页，病毒就有可能被激活并感染计算机。
- **系统漏洞传播**：由于操作系统固有的一些设计缺陷，被恶意用户利用，可远程执行任意代码。病毒就会利用系统漏洞进入系统，达到传播的目的。
- **即时通信软件传播**：通过即时通信工具传来的网址、来历不明的文件、不安全网站下载的可执行程序等，都可能会导致网络病毒进入计算机。现在很多木马病毒程序被伪装成正常的可执行程序、视频、音频等，可以通过微信、QQ等即时通信软件进行传播。
- **网页传播**：网页病毒主要利用软件、浏览器或系统操作平台等的安全漏洞，通过执行嵌入在网页内的恶意Java Applet等小型应用程序、JavaScript脚本语言程序、ActiveX组件等来传播病毒。
- **移动存储设备传播**：移动存储设备包括常见的硬盘、移动硬盘、U盘等，病毒通过这些移动存储设备在计算机之间进行传播。

5. 感染病毒或木马后的表现

计算机感染了病毒，一般会表现为无法启动、死机、蓝屏、卡顿、弹窗、篡改桌面图标、恶意加密文件、删除文件、运行异常、磁盘无法读取、文件异常、杀毒软件失效等。而计算机感染了木马，一般没有什么太大的异常，偶尔会卡顿、网速变慢等。因为只有计算机正常工作，木马才能窃取信息。

5.1.2 网络攻击

网络攻击的方式有很多种，包括欺骗攻击、拒绝服务攻击以及漏洞溢出攻击等。

1. 欺骗攻击

欺骗是黑客最常用的套路，这里的欺骗不是欺骗自然人，而是欺骗网络设备和网络终端设备。常见的欺骗攻击有ARP欺骗攻击、DHCP欺骗攻击、DNS欺骗攻击，以及交换机的生成树欺骗攻击、路由器的路由表攻击等。通过欺骗手段，对截获的正常数据进行监视和篡改，从而非法获取各种信息。

2. 拒绝服务攻击

网络上的服务器侦听各种网络终端的服务请求，然后给予应答并提供对应的服务。每一个请求都要耗费一定的服务器资源。如果在某一时间点有非常多的请求，服务器可能会响应缓慢，造成正常访问受阻。如果请求量达到一定数目，又没有有效的控制手段，服务器就会因为资源耗尽而宕机。这也是服务器的固有缺陷之一。当然，现在有很多应对手段，但也仅仅是保证服务器不会崩溃，而无法做到在防御的情况下还不影响正常的访问。常见的拒绝服务攻击有SYN泛洪攻击、Smurf攻击、DDoS攻击等。

3. 漏洞溢出攻击

程序是人为编写的，因此底层架构、编写水平、固有缺陷等问题，可能会造成漏洞或者后门程序。由于每个系统或多或少都会存在这样或那样的漏洞，所以黑客入侵系统时，总会先查找有无系统漏洞以方便进入，然后进入系统并发动攻击或者窃取各种信息。

利用系统漏洞进行溢出攻击是现在网络上一种常见的攻击手段。漏洞是系统存在的缺陷和不足，而溢出一般指缓存区溢出。在计算机中缓存区用来存储用户输入的数据，缓存区的长度是事先设定好的，且容量不变，如果用户输入的数据超过了缓存区的长度就会溢出，这些溢出的数据就会覆盖到合法的数据上。

通过这个原理，可以将病毒代码通过缓存区溢出，让计算机执行并传播，如以前臭名昭著的"冲击波"病毒、"红色代码"病毒等。也可以通过溢出攻击得到系统最高权限，通过木马将计算机变成"肉鸡"。

5.1.3 钓鱼与挂马

钓鱼是指篡改正常的网页，或者制作与正常网页类似的网页，或者制作内容为"天上掉馅饼"的网页，诱使用户在网页中填写个人信息、账号密码等，通过这种方式获取用户数据，从而不当得利。

挂马是在正常的网站中加入网页木马，或者将恶意代码加入正常的网页文件中，使网页浏览者的终端中被强行加入并执行木马程序，使其成为"肉鸡"，或者留下后门供黑客进入。

知识拓展

其他常见的风险

除了以上常见的风险外，还有密码的暴力破解、短信电话的轰炸、僵尸网络攻击、恶意软件攻击、个人信息获取等风险。

5.2 计算机安全体系与防范机制

国际标准化委员会对计算机系统安全的定义是"为数据处理系统所采取的技术的和管理的安全保护，保护计算机硬件、软件、数据不因偶然的或恶意的原因而遭到破坏、更改、泄露"。

中国公安部计算机管理监察司对计算机系统安全的定义是"计算机安全是指计算机资产安全，即计算机信息系统资源和信息资源不受自然和人为有害因素的威胁和危害"。

5.2.1 存储数据的安全

计算机安全中的核心问题之一是存储数据的完整性与可用性保障。随着信息系统规模不断扩大，网络环境日益复杂，数据在存储、传输、处理过程中面临多重安全威胁。如果存储数据受到破坏、丢失或被非法获取，可能造成严重的经济损失和信息泄露，因此采取多层次、全方位的安全措施尤为重要。常见威胁包括病毒攻击、非法访问、硬件故障、人为误操作、自然灾害等，必须从技术与管理两个层面同时加强防护。

1. 计算机病毒的危害与防范

计算机病毒是一种恶意程序，它能够自我复制，并嵌入正常的应用程序或系统文件中传播。部分病毒还具备蠕虫、木马等能力，可远程控制系统、窃取文件或破坏数据。

防范措施包括安装杀毒软件并定期升级病毒库；禁用未知来源文件的自动运行；对重要文件进行只读保护和加密处理。

2. 非法访问与权限控制

非法访问是指黑客或未经授权的用户利用漏洞绕过认证系统，读取或篡改敏感数据。这类攻击往往伴随着信息泄露、数据破坏或资源滥用。

防范措施包括设置强口令策略、多因素认证机制、文件加密、访问控制列表（ACL）与角色权限管理；启用操作系统审计与日志分析，实时追踪访问行为。

3. 硬件故障引发的数据丢失

硬盘损坏、控制器故障、内存损伤等硬件问题均可能导致数据丢失或存储异常，尤其在无备份的情况下危害极大。

防范措施包括部署RAID阵列技术实现容错；定期备份至异地或云存储；使用稳压电源和UPS防止断电带来的硬件冲击。

4. 人为误操作与内部安全

非恶意但操作不当，如误删除文件、覆盖数据或格式化磁盘，可能导致不可逆的损失。同时，内部人员泄密也是一个不可忽视的安全隐患。

防范措施包括设置操作确认机制、版本控制系统、数据恢复策略，并加强员工的信息安全教育与操作权限限制。

5. 日志审计与安全监控

存储系统的所有访问行为和状态变化都应进行记录，以便后续的安全分析与责任追踪。可以启用审计日志、行为监控系统（如SIEM）、配置实时告警机制，提升系统整体的可控性与可追溯性。

5.2.2 硬件安全

计算机的硬件安全至关重要，主要体现在以下几方面。

- **物理环境安全**：计算机运行需要适宜的环境，包括保持清洁、控制温湿度、确保电压稳定，以保障硬件的可靠性。此外，加固技术能提升计算机在恶劣环境下的适应性，使其具备防震、防水、防化学腐蚀等特性，满足野外全天候运行的需求。
- **系统安全威胁**：从系统安全的角度来看，计算机芯片和硬件设备本身也可能带来安全风险，例如内部信息泄露和系统灾难性崩溃。
- **可编程性与安全隐患**：计算机的核心在于其部件的可控性，即可编程控制芯片。一旦控制芯片的程序被掌握，整个计算机系统将面临安全威胁。因此，务必重视计算机硬件的安全防护，这是保障计算机整体安全的首要环节。

综上所述，应注意计算机物理环境的适宜度，并对员工进行安全培训，对硬件设备加强管控，防止未授权的人员能接触到物理设备。

5.2.3 计算机网络安全

网络安全是指网络系统的硬件、软件及其系统中的数据受到保护，不因偶然的或者恶意的原因而受到破坏、更改、泄露，系统连续可靠正常地运行，网络服务不中断。

一个全方位、整体的网络安全防范体系也是分层次的，不同层次反映不同的安全需求，根据网络的应用现状和网络结构，一个网络的整体由网络硬件、网络协议、网络操作系统和应用程序构成。若要实现网络的整体安全，还需要考虑数据的安全性问题。此外，无论是网络本身还是操作系统和应用程序，最终都是由人来操作和使用的，所以还有一个重要的安全问题就是用户的安全性。可以将网络安全防范体系的层次分为物理安全、系统安全、网络层安全、应用层安全和安全管理。

彻底根除网络威胁基本是不可能的，只能尽可能地增强网络安全性，将入侵成本提高到让黑客望而却步。网络安全是一项复杂的系统工程，涉及技术、设备、管理和制度等多方面的因素，安全解决方案的制定需要从整体上进行把握。网络安全解决方案是综合各种计算机网络信息系统安全技术，将安全操作系统技术、防火墙技术、病毒防护技术、入侵检测技术、安全扫描技术等综合起来，形成一套完整的、协调一致的网络安全防护体系。常见的主要对策有以下几种。

- **建立安全管理制度**：提高包括系统管理员和用户在内的人员的网络技术素质和专业修养。
- **网络访问控制**：访问控制是网络安全防范和保护的主要策略。它的主要任务是保证网络资源不被非法使用和访问。访问控制涉及的技术比较广，包括入网访问控制、网络权限控制、目录级控制以及属性控制等多种手段。
- **数据的备份与恢复**：对重要数据要定期进行备份，在遇到重大灾难时可以随时进行恢复，将损失降到最低。

- **加密及身份验证技术**：密码技术是信息安全的核心技术，密码手段为信息安全提供了可靠保证。基于密码的数字签名和身份认证是当前保证信息完整性的主要方法之一，密码技术主要包括数字签名以及密钥管理等。对于用户来说，密码的设置一定要符合强密码的要求，如设置8位及以上的密码，使用大小写字母、符号、数字组合形式的密码，并需要定期进行更换。
- **切断威胁途径**：部署网络防御手段和措施，包括使用防火墙技术、入侵检测系统，通过各种策略提高应对网络攻击的能力。
- **修补系统漏洞**：及时发现并修复系统和软件的漏洞，预防黑客利用漏洞进行网络攻击和探测。
- **使用安全软件**：定期使用杀毒软件查杀计算机病毒，并及时更新病毒库。使用安全监测软件监测系统的运行安全、下载内容的安全、文件的安全等。

5.2.4 安全软件的使用

现在的安全软件不仅可以查杀病毒，还能长期监控系统的状态，并对文件进行实时扫描。下面介绍一款比较热门的安全软件——火绒的使用。该软件是一款杀、防一体的安全软件，分个人产品和企业产品，拥有丰富的功能和完美的体验。特别针对国内安全趋势，自主研发高性能病毒通杀引擎。火绒的主要特色是简单易用，一键安装。用户可以到"火绒安全"官网下载安装包并安装，安装完成后建议重启计算机再使用该软件。

1. 查杀病毒

查杀病毒一直是安全软件的首要功能，下面介绍使用火绒安全软件查杀病毒的步骤。一般进行病毒查杀前，需要先升级病毒库，以提升处理效率。

步骤 01 打开软件主界面，单击"检查更新"按钮，如图5-3所示。

步骤 02 为火绒更新病毒库，完成后如图5-4所示。建议定期或杀毒前升级病毒库。

图 5-3

图 5-4

步骤 03 单击"快速查杀"按钮，可以看到还有"全盘查杀"和"自定义查杀"两个选项，这里单击"快速查杀"按钮，如图5-5所示。

步骤 04 此时火绒会对包括引导区、系统进程、启动项、服务与驱动、系统组件以及系统关键位置进行查杀，如图5-6所示。

扫描完成后会弹出扫描报告，可以查看扫描的结果。对扫描出来的病毒或者木马可以进行隔离或删除处理。

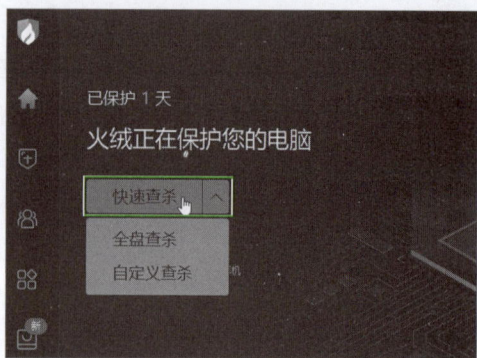

图 5-5

图 5-6

知识拓展

三种扫描方式的区别

　　快速查杀主要扫描系统的关键位置，速度较快，但不全面，随时可以进行。全盘查杀包括系统中的所有位置、硬盘中的所有文件等，全面但速度较慢，建议一周扫描一次即可。自定义扫描需要手动设置扫描的内容，比较灵活，可以设置一些下载目录进行扫描。

2. 使用火绒管理网络

　　火绒软件本身除了可以防毒杀毒外，还包含防火墙的功能，可以对网络中的流量进行监控和管理，下面介绍使用火绒管理网络的操作。

　　（1）使用火绒禁止程序联网

　　使用火绒可以禁止某些程序连接网络，从而将木马和恶意软件的网络连接阻断。下面介绍具体的操作。

　　步骤01 在主界面中，从"防护中心"的"系统防护"界面找到并启用"联网控制"，单击开启按钮启动该功能，并单击"设置"按钮，如图5-7所示。

　　步骤02 选择程序联网时的处理方法，单击"自动处理规则"按钮，如图5-8所示。

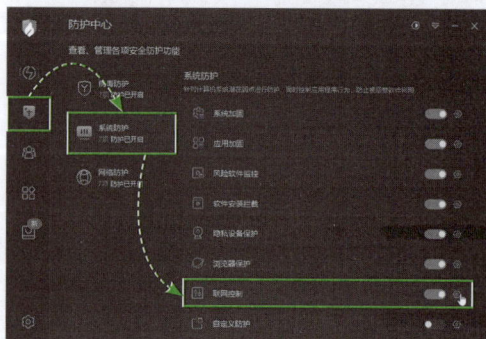

图 5-7

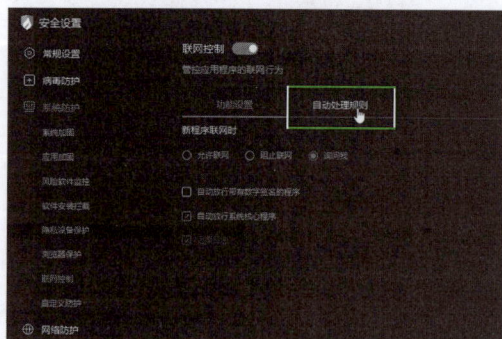

图 5-8

　　步骤03 单击"添加"按钮，手动选择程序或者从列表中选择需要控制联网的程序，设置程序联网时的处理方式，单击"保存"按钮，如图5-9所示。

　　步骤04 返回后，也可以对列表中的程序设置处理方式，如图5-10所示。

　　如果处理方式为"自动阻止"，那么该程序就无法连接网络。

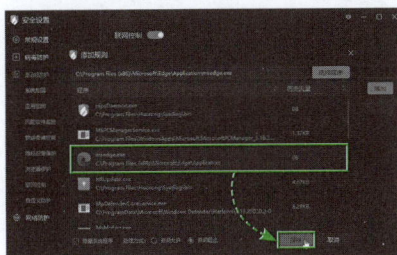

图 5-9

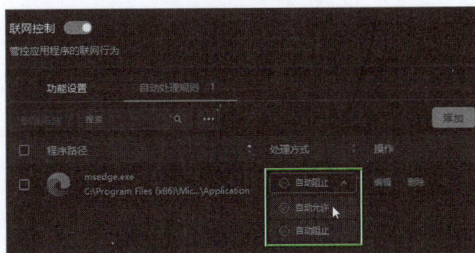

图 5-10

（2）使用火绒限制程序联网速度

除了控制某些程序的联网，火绒还可以限制程序的联网速度，限制一些占用带宽较多的程序，提升网络质量，优化网络速度。

步骤 01 在"安全工具"界面找到并启动"流量监控"功能，如图5-11所示。

步骤 02 在列表中可以查看所有的联网程序，例如当前的下载速度、上传速度以及连接数。单击进程前的下拉按钮，可以查看该程序的进程ID号，单击后面的"…"按钮，可以定位文件、查看文件属性、结束进程、查看其链接以及取消限速，如图5-12所示。

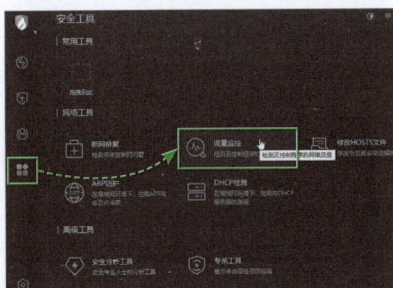

图 5-11

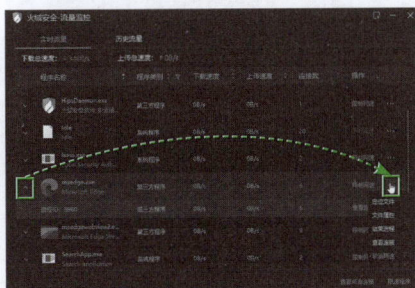

图 5-12

步骤 03 单击某个程序后的"限制网速"链接，打开"限速程序"界面，可以设置下载和上传的速度，默认为"无限制"，单击下拉按钮，在下拉列表中设置下载和上传速度，也可以手动输入，默认单位为"KB/s"，如图5-13所示。设置完毕后，保存即可。

步骤 04 在"历史流量"选项卡中可以查看所有的流量记录，如图5-14所示。

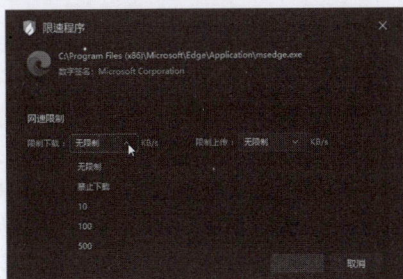

图 5-13

图 5-14

知识拓展

禁止程序联网

在这里也可以禁止程序联网，将上传及下载速度设置为"禁止上传"及"禁止下载"后，该程序就无法联网了。

动手练 **使用火绒禁止程序启动**

　　火绒也可以管理系统中的应用程序，可以禁止某些程序启动。在火绒主界面的"访问控制"界面找到并启动"程序执行控制"功能，如图5-15所示。切换到"自定义规则"选项卡中，单击"添加"按钮，如图5-16所示。

图 5-15

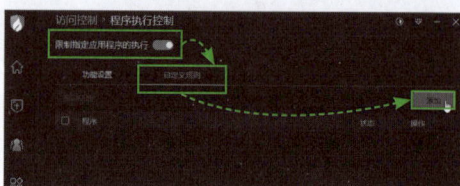

图 5-16

　　输入程序路径或手动查找该程序，也可以从列表中选择该程序，保存即可，如图5-17所示。这样程序就无法启动了，并且弹出提示信息，如图5-18所示。

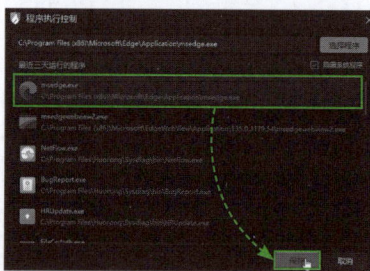

图 5-17

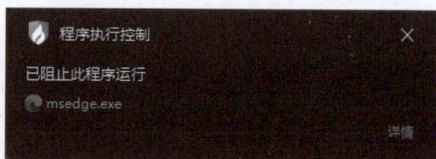

图 5-18

5.3 计算机的备份与恢复

　　计算机的安全管理的目标是让计算机系统工作在一个安全的运行环境中，从而保证系统和数据信息的安全。常用的方式是采取冗余备份，包括对系统和数据信息进行备份，在发生故障、病毒破坏时可以随时还原系统。也可以用Windows提供的系统"重置"功能恢复系统到初始状态。当发生数据误删除的情况时，可以使用工具扫描恢复。下面介绍几种常见功能的使用。

知识拓展

数据备份

　　对普通用户来说，数据备份比较简单，只要定期进行数据复制即可。可以手动将重要数据保存到其他分区、其他硬盘、U盘、移动硬盘、网盘或文件服务器，如数据出现问题，再复制回来即可。也可以使用一些同步工具，自动执行复制操作。对于一些重要数据，可以使用磁盘阵列进行整个磁盘数据的冗余备份。

5.3.1 操作系统的备份与还原

　　Windows系统自带了很多工具，包括还原点备份还原、文件历史记录备份还原等。但这些工具都需要在系统正常的情况下才能使用。经常出现的问题是系统无法正常工作，导致所有的备份工具都无法使用。下面介绍使用DISM++来备份及还原系统,可以无视系统状态,直接进行系统的备份及还原。

DISM(Deployment Image Servicing and Management,部署映像服务和管理)用于安装、卸载、配置和更新脱机Windows映像和脱机Windows预安装环境(Windows PE)映像中的功能和程序包。通过DISM++可以备份整个系统分区,包括其中的所有文件。当系统分区文件发生故障、被误删除、被病毒感染后,可以随时还原整个分区的文件,恢复到备份时的正常状态。而且DISM++的备份映像可以被多种工具还原,非常灵活。

DISM++集成在很多PE系统中,用户可以下载第三方PE制作工具,将U盘制作成启动U盘,如图5-19所示。开机启动计算机到PE环境,如图5-20所示,就可以使用DISM++了。

图 5-19

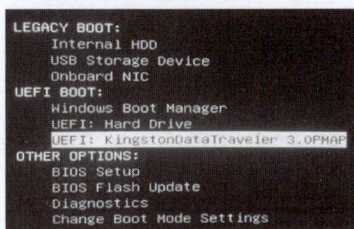

图 5-20

知识拓展

PE启动U盘

Windows PE(Windows Preinstallation Environment)是Windows预安装环境,是带有有限服务的最小Windows子系统,基于以保护模式运行的Windows内核,是微软官方提供的一种系统,默认功能很简单。一般高级用户会根据自己的需要安装配置很多实用工具,并可以安装到U盘上在计算机中使用。使用PE系统主要是进行计算机的维护,可以实现的功能包括硬件检测、清除病毒、修复引导故障、分区及格式化、安装系统、备份及还原系统、远程协助、清空密码等。

1. 使用 DISM++ 备份系统

虽然DISM++可以进行热备份(系统运行时进行备份,但还原还需要在PE系统中进行),但为了保证其工作的稳定性和备份文件的安全性,建议在PE系统中进行操作。

步骤01 在PE系统的桌面找到DISM++图标,双击启动该工具,如图5-21所示。

步骤02 接受条款后,进入软件主界面,在上方选择操作系统所在分区,单击"打开会话"按钮,如图5-22所示。

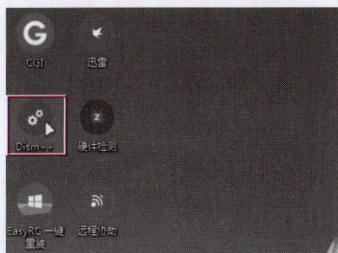

图 5-21

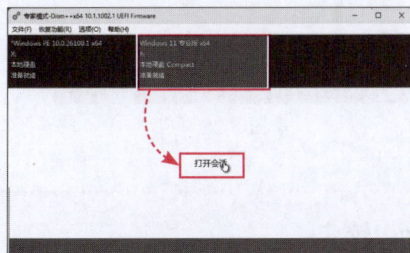

图 5-22

步骤03 在左侧选择"工具箱"选项,在右侧单击"系统备份"按钮,如图5-23所示。

步骤 **04** 在"另存为映像"对话框中，设置备份的说明、保存位置和名称，单击"确定"按钮，如图5-24所示。

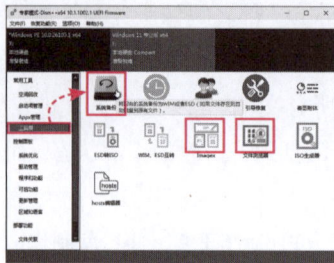 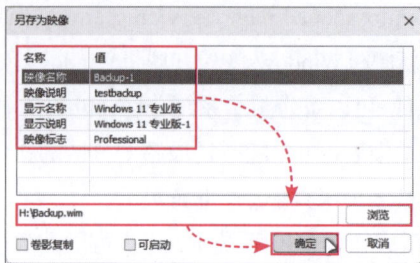

图 5-23   图 5-24

接下来系统就会自动备份系统分区，等待备份完成即可。

2. 使用 DISM++ 进行还原

备份完毕，如果此时系统分区发生了故障或者文件损坏，可以通过DISM++将系统还原到备份时的状态。

知识拓展

备份的还原与部署系统

其实DISM++也常被用于部署操作系统。部署系统和系统分区的还原其实在原理上的操作是一样的。而且DISM++备份的系统映像是WIM和ESD等Windows支持的映像文件格式。这种映像可以被多种部署工具使用并进行还原（或安装系统），所以非常灵活。

步骤 **01** 还原时仍然需要进入PE系统并打开DISM++软件，在"工具箱"中单击"系统还原"按钮，如图5-25所示。

步骤 **02** 在打开的对话框中选择备份的映像文件，选择还原的系统所在分区。勾选Compact、"添加引导"及"格式化"复选框，完成后，单击"确定"按钮，如图5-26所示（该操作也适用于部署操作系统）。

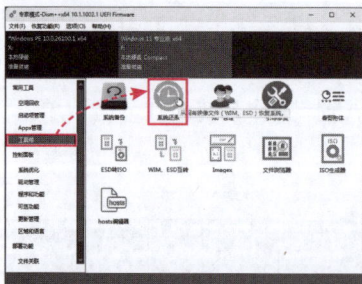 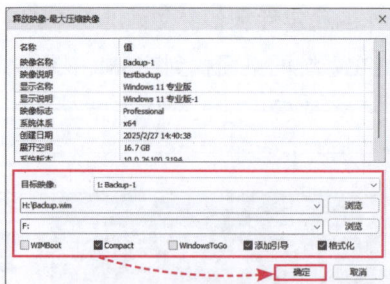

图 5-25   图 5-26

知识拓展

Compact技术

Compact是Windows 10新引入的压缩启动技术。一般减少1/3的空间占用，同时几乎不影响输入/输出性能。

步骤 **03** 提示是否修复引导，单击"确定"按钮，如图5-27所示。

步骤 **04** 会格式化系统分区，并释放备份文件等，如图5-28所示。成功后会有提示，接下来重启计算机即可完成还原。

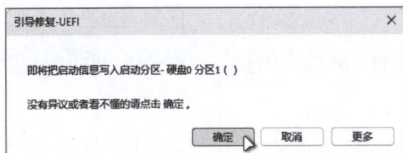

图 5-27

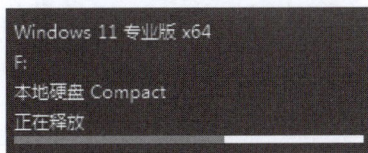

图 5-28

知识拓展

提取映像文件

DISM++有个特殊优势，就是其备份的文件可以使用压缩工具打开（如7Zip），从中找到文件，将其拖曳出来即可使用。

动手练 使用DISM++进行增量备份与还原

DISM++还可以进行增量备份，只备份修改后变化的内容，这样一方面保证了镜像的完整性，另一方面可以选择不同的增量备份点，减少备份文件的大小。

步骤 **01** 初始备份完成后，再次打开DISM++，并执行相同的备份操作，选择已经备份好的映像文件，修改名称标识，以方便识别。单击"确定"按钮启动备份，如图5-29所示。

步骤 **02** 备份完成后，按照前面介绍的操作步骤还原。此时单击"目标映像"后的下拉按钮，就可以在下拉列表中看到最新的备份以及之前的备份。在此选择需要还原的映像，如图5-30所示，单击"确定"按钮启动还原。还原完毕后修复引导，重启计算机就可以进入系统。

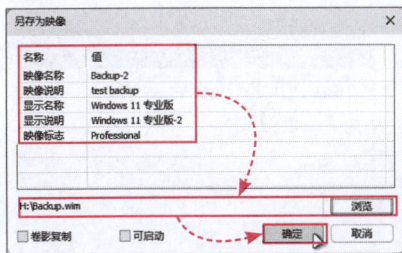

图 5-29

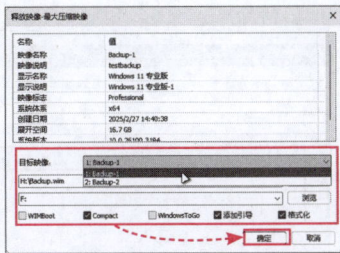

图 5-30

5.3.2 数据灾难恢复

日常使用计算机的过程中会删除一些文件，正常情况下，删除的文件会存放在"回收站"中，如果清空了回收站，或者在删除文件时使用Shift+Delete组合键，就会将文件彻底删除，无法通过回收站找回，这种情况就需要使用数据恢复工具进行恢复。

1. 数据恢复的原理

硬盘相当于一个仓库，被划分为很多小的存储单元。像储物柜一样，写入数据相当于在储物柜中放置物品，读取则相当于在储物柜中取物品，对储物柜进行编号，取物品时会读取编号。删除的原理相当于在储物柜上贴上"已删除"的标签，并在登记表上登记。清空回收站或者彻底删除的情况，则是除贴上删除标签外，还在登记表上删除物品的属性信息，此时就无法通过登记表找到该物品了。再放物品时，只要储物柜有"已删除"标签，就会直接覆盖原物品。

其实在彻底删除后，其物品还存在储物柜中，只是没登记，存储柜也贴了"已删除"标签，但并不是立刻删除，而是等下一批物品使用该储物柜时才会覆盖。所以只要没再存储数据，那么物品还在。

恢复软件相当于到每个储物柜中去查找，重新登记所有的物品信息。如果用户删除的这批物品没被覆盖，那么就可以取出来，这就是修复的原理。数据修复从原理上是可以的，但无法保证百分百成功。利用一些高级软件和高级设备可以提升修复率，但代价非常大，所以做好数据备份工作很有必要。

2. 使用7-Data进行数据恢复

在PE系统中会自带一些数据恢复软件，可以进行数据恢复，常见的数据恢复软件的操作基本类似。下面以7-Data为例介绍数据恢复的常见流程。这里以3张图片为例，讲解在系统中彻底删除图片后，在PE系统中如何进行数据的恢复和还原。

步骤01 在PE系统中启动7-Data数据恢复，在主界面单击"删除的文件恢复"按钮，如图5-31所示。

步骤02 选择误删除文件所在的分区，本例选择H盘，单击"下一步"按钮，如图5-32所示。

步骤03 稍等片刻，软件会自动进行扫描，如果发现误删除的文件，则会记录并显示出来。勾选需要恢复的文件，单击"保存到"按钮，如图5-33所示。

图 5-31

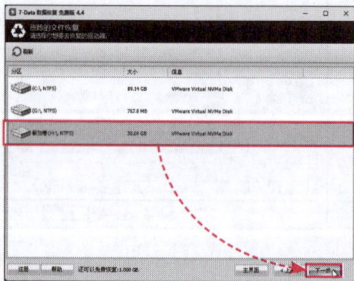

图 5-32

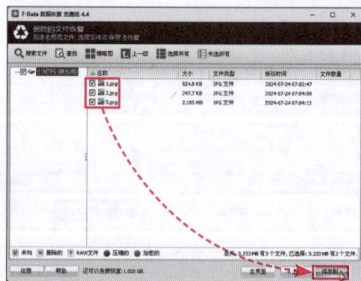

图 5-33

知识拓展

筛选文件

如果文件较多，可以通过"搜索文件"配置筛选条件，如图5-34所示，在显示文件列表中缩小范围，找到自己需要恢复的文件。

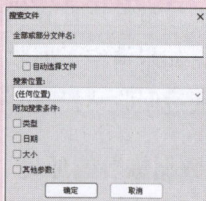

图 5-34

步骤 04 设置文件恢复后的保存位置，这里建议保存到其他的正常分区中，以免再次覆盖文件，或者恢复失败时，能够使用其他的恢复软件继续恢复。本例保存到PE系统的"桌面"中，如图5-35所示。

步骤 05 恢复完毕后弹出成功提示。在设置的位置可看到被恢复的文件，如图5-36所示。

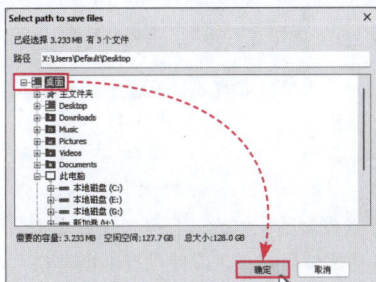

图 5-35

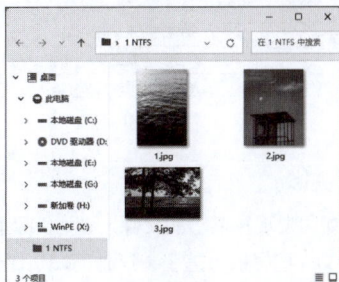

图 5-36

注意事项 误删除发生后的操作

如果发生重要数据被误删除的情况，应立即关闭计算机的电源（特殊情况可以直接给计算机断电），不能再次进入系统。可以进入PE系统中（它相当于另一个系统，并且不会向系统分区进行写入）进行数据恢复；或者将硬盘拆出来，装在其他计算机上；或者交给专业人士恢复。科学地采取各种手段，可以极大地提高恢复的成功率。但读者需要明确，任何人都不能保证一定能够恢复误删除的数据。

动手练 使用DiskGenius进行数据恢复

除了7-Data外，使用DiskGenius也可以进行数据恢复。

步骤 01 进入PE环境，打开DiskGenius。选择误删除文件所在分区，本例选择H盘，单击界面左上角的"恢复文件"按钮，如图5-37所示。

步骤 02 保持默认，单击"开始"按钮，如图5-38所示。

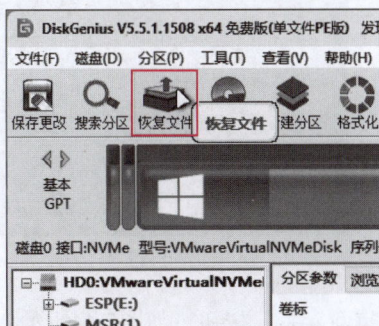

图 5-37

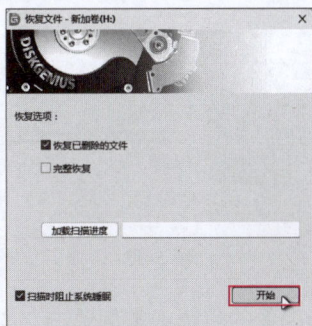

图 5-38

步骤 03 DiskGenius扫描后，找到所有删除的文件，如果文件较多，可以在上方输入筛选条件，单击"过滤"按钮，筛选出符合条件的文件，如图5-39所示。

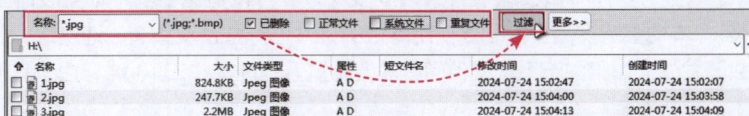

图 5-39

步骤 04 勾选需要恢复的文件，在文件上右击，在弹出的快捷菜单中执行"复制到'桌面'"命令，如图5-40所示。

步骤 05 接下来就可以到桌面查看恢复的文件，如图5-41所示。

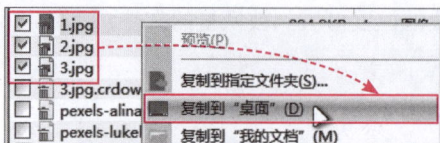

图 5-40

图 5-41

注意事项 恢复失败

在恢复列表中，如果发现扫描出的文件大小为0或者很小、恢复的文件无法打开、文件无法识别、打开是乱码等情况，这就是文件已经被覆盖了，这种情况下是无法正常恢复的。可以使用其他恢复软件再尝试扫描，但恢复概率很低。

5.3.3 重置操作系统

如果Windows系统问题比较严重，用户又不会或者无法进行系统重装，可以使用重置功能，将Windows系统恢复到刚安装操作系统时的状态，也可以解决一些问题，而且比较方便。这在计算机出售前，快速清空资料时也经常使用。缺点是需要系统的重置功能正常才能进行这种操作，如果计算机无法进入系统，可以在高级启动中使用该功能。否则只能重新安装系统。

步骤 01 使用Win+I组合键调出"Windows 设置"界面，单击"更新和安全"按钮，在"更新和安全"界面选择"恢复"选项，单击"开始"按钮，如图5-42所示。

步骤 02 用户根据需要选择是否保留用户个人文件，如需恢复到干净的原始状态，单击"删除所有内容"按钮，如图5-43所示。

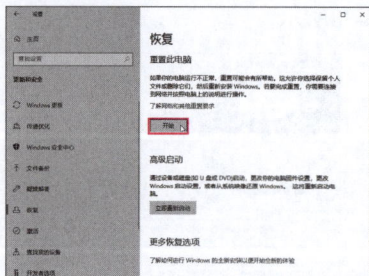

图 5-42

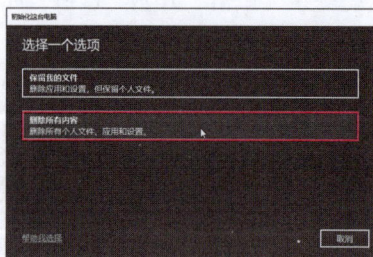

图 5-43

步骤 03 选择映像的来源，本例单击"本地重新安装"按钮，如图5-44所示。

知识拓展

云下载与本地重新安装

"云下载"是从服务器中下载安装文件，时间较长，但可以避免很多本地安装时因文件错误或异常造成的故障。"本地重新安装"则主要使用本地的文件进行整合及重装，速度快，但可能会有文件错误造成的故障发生。如果由于系统文件问题需要重置，则选择"云下载"，由于其他问题需要重置，则选择"本地重新安装"。

步骤 04 确认信息无误后，单击"下一页"按钮，如图5-45所示。

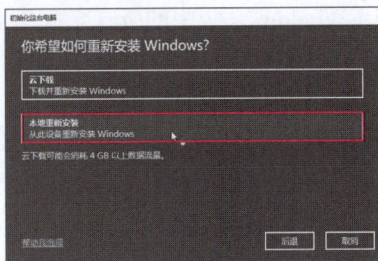

图 5-44

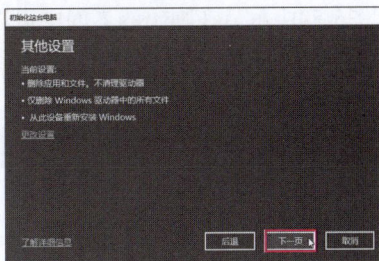

图 5-45

步骤 05 系统准备好之后会弹出汇总信息，检查后单击"重置"按钮，如图5-46所示。

接下来系统会自动准备文件，重启后进行重置工作，用户等待重置完成即可，如图5-47所示。重置后，系统会进入系统安装设置向导中，用户按照提示进行设置即可。

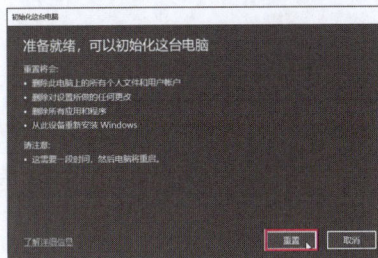

图 5-46

图 5-47

动手练 制作PE启动U盘并清空账户密码

由于PE制作者良莠不齐，很多PE中集成了广告、漏洞、恶意软件等插件，用这种PE制作的系统就会出现很多问题。建议读者多进行对比，选择口碑较好且安全的PE。在制作前需要备份U盘中的重要文件，因为制作时会重新分区，格式化U盘，所以U盘中的文件都会被删除。

这里以笔者常用的FirPE为例进行介绍。从FirPE的官网"firpe.cn"中下载该PE的制作程序，插入U盘后关闭安全软件及系统的安全防护，双击启动该软件，如图5-48所示。软件会自动识别到该U盘，其他参数保持默认，单击"全新制作"按钮启动制作程序，如图5-49所示。

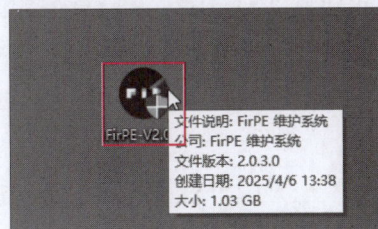

图 5-48

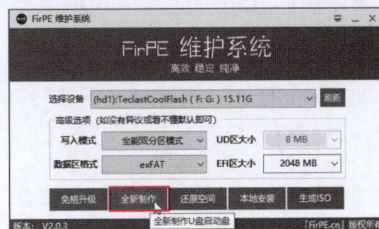

图 5-49

接下来软件会自动制作，如重新分区（创建EFI分区和数据分区）、格式化U盘、复制文件等，成功后会有提示信息。接下来将下载好的ISO映像文件复制到制作好的U盘上，就可以在任意计算机上安装操作系统，还能进行计算机的维护，非常灵活且方便。

忘记Windows系统的密码是经常发生的问题，此时可以借助PE系统清空某账户的密码，以方便登录。用户可以在PE里找到相应的工具，例如FirPE软件是在桌面上双击"Windows密码修改"图标，如图5-50所示。在弹出的界面中可以查看Windows系统中的所有账户及相关信息，如图5-51所示。

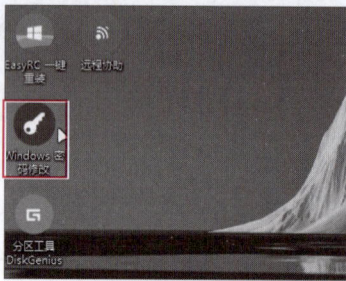

图 5-50

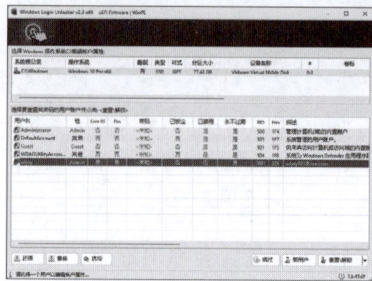

图 5-51

如果要重置账户密码，则选中该账户，单击"重置\解锁"按钮，如图5-52所示。

如果是本地账户，则会直接清空。如果是微软账户登录的系统，则会提示将该微软账户转为本地账户，再清空密码，如图5-53所示。如果用户需要，登录账户后，再登录或关联微软账户即可。重置成功会有相应的安全提示，如图5-54所示。

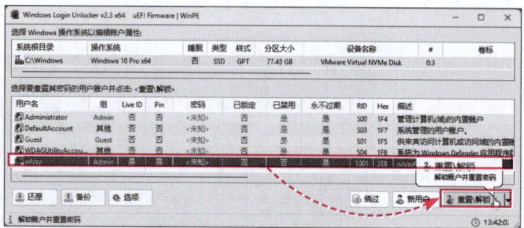

图 5-52

图 5-53

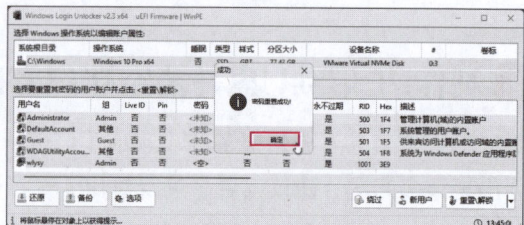

图 5-54

Windows本地账户的密码信息并不保存在用户能直接看到的界面中，而是以Hash值的方式保存在一个特殊的系统文件中，如SAM文件、SYSTEM文件等。所谓"清空密码"，实际上是修改或删除这些密码Hash值，使系统在用户登录时识别为"无密码"，从而允许直接登录账户。用户也可以直接为本地账户设置新密码，在用户账户上右击，在弹出的快捷菜单中执行"更改密码"命令，如图5-55所示，并输入新密码，单击"确定"按钮，如图5-56所示。更改完成后，重启后输入新密码即可登录。

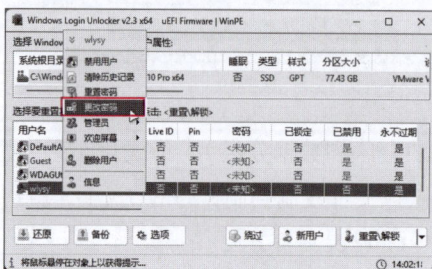

图 5-55

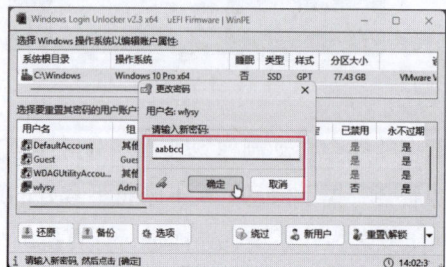

图 5-56

Q&A 新手答疑

1. Q: 遇到病毒和木马后，应如何处理？

A: 立即断开网络连接（包括WiFi、网线、蓝牙等）是首要步骤，以防病毒继续传播、远程控制或泄露数据。如果在局域网中，先物理断开网线；若为笔记本电脑，关闭无线网络和蓝牙。然后进入安全模式，使用专业杀毒工具查杀。

2. Q: Windows 有内置的安全工具吗？

A: 有，Windows系统内置了多种安全工具，它们能够提供基础到中高级的防护功能，无须额外安装第三方软件也能实现较强的安全保障。Windows安全中心集成了以下安全工具。

- **病毒和威胁防护：** 提供实时监控和扫描恶意软件。
- **防火墙和网络保护：** 内置防火墙功能，可管理入站/出站流量。
- **应用和浏览器控制：** 集成SmartScreen，可阻止危险网站和下载内容。
- **设备安全：** 查看硬件安全状况，如TPM和安全启动（Secure Boot）支持情况。
- **设备性能与运行状况：** 系统更新、驱动程序状态监控。
- **家长控制（家庭选项）：** 配合微软账户可设置儿童使用限制。

3. Q: Windows 默认的防火墙中，针对的三种网络有什么不同？

A: 当用户首次连接一个网络时，Windows会提示用户选择网络类型。这个设置决定了防火墙的默认策略。

- **专用网络：** 一般用于家庭或公司内部网络。防火墙限制相对宽松，允许设备发现、文件共享、打印共享等。适用于用户信任的网络环境。
- **公用网络：** 安全性最强，防火墙限制最多。默认关闭网络发现和共享，禁止大多数入站连接。系统更"隐形"，防止来自同一网络的恶意攻击。
- **域网络：** 仅在加入了公司/学校的域环境才会看到。网络由域控制器统一管理，防火墙策略由管理员设置。普通家庭或中小企业用户一般用不到。

4. Q: 什么是零信任架构？

A: 零信任架构（Zero Trust Architecture, ZTA）是一种网络安全模型，其核心理念是"永不信任，始终验证"。该架构认为无论来自内部网络还是外部网络的访问请求都不能默认被信任，每一个访问动作都需要进行严格验证与授权。这种架构适用于当今分布式办公、云计算和移动设备日益普及的环境，能更有效地防止网络攻击和数据泄露。

5. Q: 重置操作系统和重装操作系统有什么联系和区别？

A: 重置操作系统和重装操作系统都是恢复系统状态的方法。重置是在不借助外部工具的情况下，通过系统内置功能将系统恢复到初始状态，适合普通用户；重装则是使用U盘或光盘重新安装系统，适用于系统崩溃或需要彻底清理的情况。两者的主要区别在于操作方式、是否保留个人数据以及使用场景不同。

▶ 第 6 章

Word 文档的应用

Word是一款功能强大的文字处理软件，支持高效创建、排版和共享各类专业文档，如报告、信函、简历、学术论文等。它凭借其易用性、良好的兼容性等特点，已经成为个人及企业办公场景下的文档处理标准工具。本章将对Word的基本功能和典型应用进行详细介绍。

6.1 Word 的基础知识

Word具备丰富多样的文字处理功能，从简单的文字录入与编辑，到复杂的格式排版、样式设置，都能轻松应对。其运行环境也较为宽松，适配多种主流操作系统，确保用户在不同的工作场景下都能顺利使用。

6.1.1 Word基本功能

Word是微软公司开发的是一款功能全面且操作便捷的文字处理软件，无论是日常办公还是专业领域的文档编写，都能提供高效、优质的支持。以下是其基本功能的详细介绍。

- **文本输入与编辑：** 用户可以在Word中方便地输入各种文字内容，如报告、信件、论文等。同时，它还提供了丰富的编辑工具，包括复制、粘贴、剪切、撤销、恢复等基本操作，以及查找和替换功能，方便用户对文档进行修改和完善。

- **排版功能：** 能够对文档中的字体、段落、页面等进行排版设置。例如，用户可以选择不同的字体、字号、颜色来改变文字的外观；可以设置段落的缩进、间距、对齐方式等，使文档的结构更加清晰；还可以对页面的边距、纸张大小、页眉页脚等进行设置，以满足不同的打印和阅读需求。

- **表格处理：** 具备强大的表格制作和编辑功能。用户可以在文档中插入表格，并对表格的行、列、单元格进行操作，如插入、删除、合并、拆分等。此外，还可以对表格中的数据进行计算和排序，以及设置表格的样式和格式，使表格更加美观和专业。

- **图形与公式处理：** 支持插入各种图形对象，如图片、形状、SmartArt、图表等，并可以对这些图形进行编辑和调整，如改变大小、位置、颜色、环绕方式等，实现图文混排的效果。还可以插入数学公式，满足科学文档和学术论文的编写需求。

- **文档管理：** 可以对文档进行创建、保存、打开、关闭等基本操作，并且支持多种文件格式，如.docx、.pdf等。还可以对文档进行保护、设置密码或限制编辑权限，防止他人未经授权对文档进行修改。

- **审阅与批注：** Word 能够自动检查文档中的拼写错误，并提供更正建议。用户可以在文档中添加批注或修订标记，以记录自己的意见或建议。这些批注和修订可以在后续版本中进行查看和管理。

6.1.2　Word运行环境

Word的运行环境（表6-1）涵盖了操作系统、硬件配置及其他相关要求。确保满足这些条件，是顺利安装并高效运行Word的基本条件。

表6-1

类别	分类	要求
硬件	处理器	1GHz或更快的x86或x64处理器，支持SSE2指令集
	内存	Windows：1GB RAM（32位）/2GB RAM（64位）；macOS：4GB RAM
	硬盘空间	至少3GB可用空间
	显示器	分辨率为1024×768或更高
	显卡	具备基本的图形处理能力
软件	操作系统	Windows 7、Windows 8、Windows 8.1、Windows 10及更高版本（32位或64位）
	Office版本	Microsoft Office 2016（独立版本或Office 365订阅）
其他	浏览器支持	Internet Explorer 11或Microsoft Edge（用于在线协作功能）
	系统功能	启用Windows Search 4.0（Windows系统）
	附加功能	触控操作需支持触控的设备；实时协作需SharePoint或OneDrive账户

知识拓展

后面将介绍到的Excel和PowerPoint运行环境与Word基本相同，之后不再赘述。

6.2　Word的基础操作

Word的基础操作包括软件的启动与退出、新建文档、保存与打开文档、Word的窗口组成，以及文档视图的切换等。

6.2.1　启动与退出

启动Word的方法很简单，常见的启动方式如下。

- 在计算机桌面双击Word图标快速启动程序，如图6-1所示。

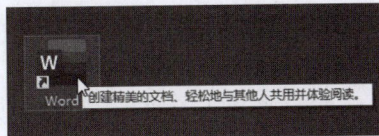

图 6-1

- 通过"开始"菜单找到Word图标并单击，启动程序。
- 单击被固定在任务栏中的Word图标启动程序。

若要退出Word可以执行下列任意一项操作。

- 单击窗口右上角的"关闭"按钮，如图6-2所示。
- 使用Alt+F4组合键。
- 右击标题栏空白处，在弹出的快捷菜单中执行"关闭"命令。

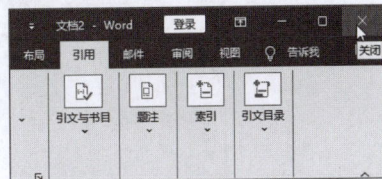

图 6-2

6.2.2 新建文档

新建文档的方法有很多种，用户可以通过软件图标、右键菜单、快捷键等方式新建文档，还可以使用系统推荐的模板创建文档。

（1）通过桌面图标创建文档

双击桌面的Word图标，启动程序，在"开始"界面选择"空白文档"选项，即可创建空白文档。

（2）使用右键菜单新建文档

在桌面右击，在弹出的快捷菜单中执行"新建"命令，在其级联菜单中执行"Microsoft Word文档"命令，如图6-3所示。桌面随即被新建一个Word文档，此时文档名称为可编辑状态，用户可以对文档进行重命名，如图6-4所示。

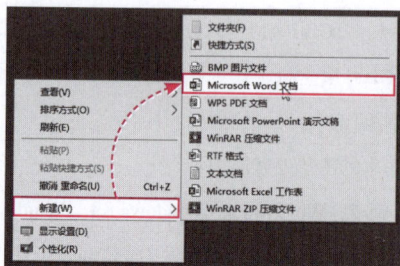

图 6-3

图 6-4

（3）使用快捷键新建文档

在任意一个Word文档的编辑状态下，使用Ctrl+N组合键即可快速新建一个空白文档。

（4）创建模板文档

启动Word程序，切换到"新建"界面，在Office选项卡中单击任意一个模板，在弹出的模板详情窗口中单击"创建"按钮，即可创建该模板文档。选择模板时，用户可以通过系统提供的分类按钮查看某一类型的模板，或在搜索框中输入关键词搜索需要的模板。

6.2.3 保存与打开文档

保存与打开文档是最常用也是最基础的操作。保存文档能够防止因计算机死机、突然断电、意外关闭文档等突发情况造成的文档内容丢失的情况。

1. 保存文档

创建Word文档后初次保存时需要为文档指定文件名、文件类型以及存储位置。下面介绍具体操作方法。

步骤01 单击文档左上角的"保存"按钮，如图6-5所示。

步骤02 自动切换到文件菜单中的"另存为"界面，单击"浏览"按钮，如图6-6所示。

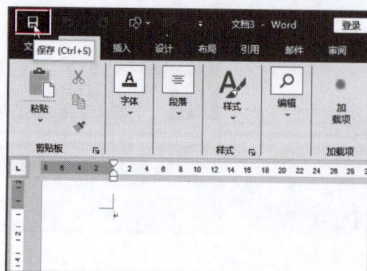

图 6-5

图 6-6

步骤 03 弹出"另存为"对话框，选择好文件的保存位置，设置好文件名称和保存类型，单击"保存"按钮，如图6-7所示。

步骤 04 文件保存成功后，在Word文档的标题栏中可以看到文档名称已经发生变化，此后直接单击"保存"按钮即可保存新编辑的内容，如图6-8所示。

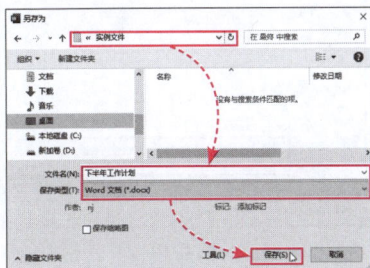

图 6-7

图 6-8

2. 打开文档

关闭文档后若要对文档进行继续编辑需要先将其打开，打开文档也有多种操作方法，以下是几种常见的方法。

- **快速打开**：在文件保存位置双击文档图标，可将其打开。
- **使用右键菜单命令打开**：右击文档图标，在弹出的快捷菜单中执行"打开"命令，即可打开文档，如图6-9所示。
- **通过最近使用的文件列表打开**：从正在编辑的Word文档中单击"文件"按钮，打开文件菜单，在"开始"界面的"最近"列表中单击需要打开的文档即可将其打开，如图6-10所示。

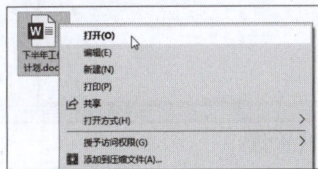

图 6-9

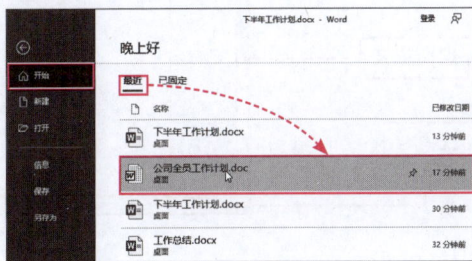

图 6-10

动手练 另存为97-2003格式

文档编辑完成后，若想生成备份文件，可执行另存为操作。下面介绍具体的操作方法。

步骤 01 在Word文档中单击"文件"按钮，如图6-11所示。

步骤 02 打开文件菜单，切换至"另存为"界面，单击"浏览"按钮，如图6-12所示。

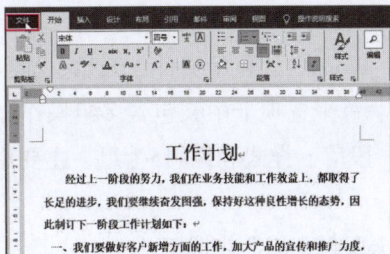

图 6-11

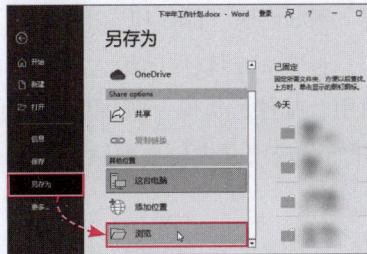

图 6-12

步骤 03 弹出"另存为"对话框，更改文档保存位置和文件名，如图6-13所示。

步骤 04 单击"保存类型"下拉按钮，在下拉列表中可以选择文件类型，如图6-14所示。设置完成后单击"保存"按钮即可。

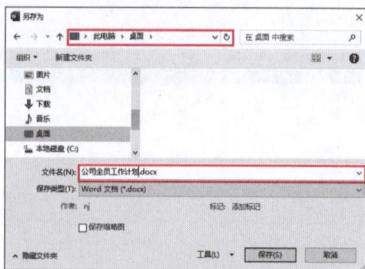

图 6-13

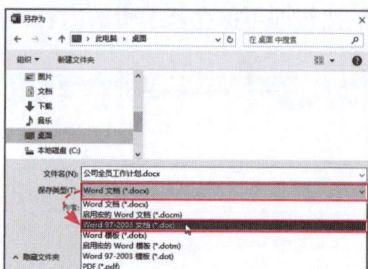

图 6-14

6.2.4 熟悉Word的窗口组成

Word工作窗口由快速访问工具栏、"文件"按钮、窗口控制按钮、标题栏、编辑区、横向/纵向标尺、选项卡、状态栏、功能区等部分组成，如图6-15所示。

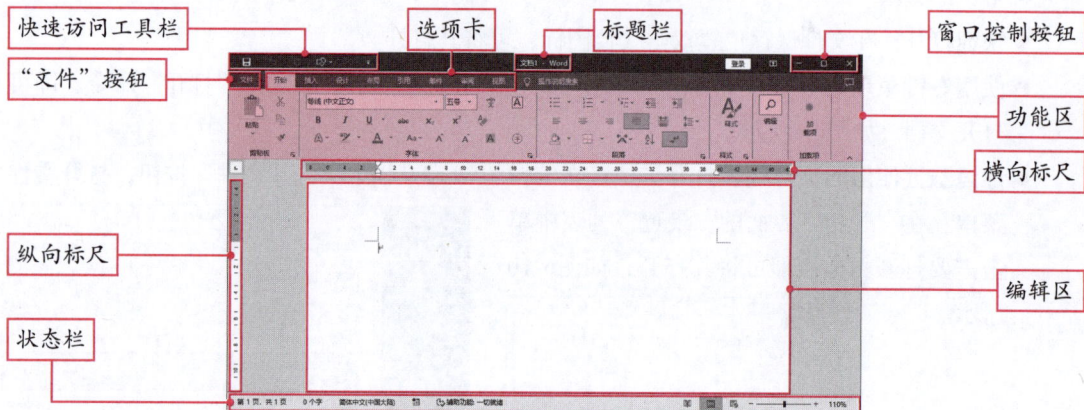

图 6-15

各区域的具体作用如下。

● **标题栏**：主要作用是显示当前文档的名称。

● **快速访问工具栏**：包含一组独立的命令按钮，使用这些按钮，能够快速实现例如保存、撤销、恢复等常用操作。

● **窗口控制按钮**：用于对当前窗口进行最大化、最小化及关闭等操作。

● **"文件"按钮**：用于打开Office后台视图，在后台视图中可以管理文档以及有关文档的相关数据，例如创建、保存和导出文档、设置文档保护、打印文档等。

● **选项卡**：包含Word软件的绝大部分功能。Word默认显示文件、开始、插入、设计、布局、引用、邮件、审阅、视图9个选项卡。每个选项卡中又包含多组操作命令集合。例如，"开始"选项卡中包括剪贴板、字体、段落、样式和编辑5个组，主要用于文字编辑和格式设置。

● **功能区**：包含文件菜单、选项卡以及选项卡所包含的命令按钮。

● **标尺**：Word标尺分为横向标尺和纵向标尺两种，用来设置或查看段落缩进、制表位、页面边界和栏宽等信息。

- **编辑区**：用于输入文字和特殊符号，插入图片、图表，形状等。
- **状态栏**：用于显示文档状态，例如文档页码、字数、语言模式等。另外还可通过状态栏右侧的命令按钮切换视图模式以及调整页面的缩放比例。

6.2.5 文档视图的切换

Word文档提供了5种视图模式，包括"阅读视图""页面视图""Web版式视图""大纲"以及"草稿"，每种视图都有其独特的特点和用途。在"视图"选项卡中单击不同视图模式按钮，即可切换到相应视图模式，如图6-16所示。

下面对Word文档视图模式进行详细介绍。

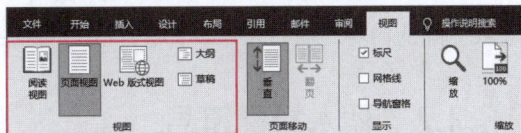

图 6-16

- **阅读视图**：隐藏了大部分格式化元素，如页眉、页脚、页码等，界面简洁，便于快速浏览文档。主要用于阅读或扫描文档，不能对文档内容进行更改或编辑。在"阅读视图"中可以使用导航窗格快速定位文档位置。
- **页面视图**：Word文档的默认视图。最接近实际打印效果的视图，可以显示页眉、页脚、页边距等元素。用于编辑文档的内容、格式，包括页眉页脚、页边距、分栏等信息。如需打印文档，可使用此视图预览打印效果。
- **Web版式视图**：将文档以网页的形式向用户进行展示，内容会铺满整个桌面，布局方式为横向，模拟Web浏览器。用于浏览、制作网页或者在发送电子邮件时使用。
- **大纲**：以大纲形式显示文档，只显示文档的各级标题，不显示正文内容。适用于编辑长文档和制作大纲，帮助用户理清文档的章节结构，并随意编辑更改文档的节后顺序。
- **草稿**：以最简单的格式显示文档，忽略了许多格式化元素，如页眉、页脚、页边距、页码等，只显示标题和正文。主要用于快速编写和编辑文本，节省计算机系统硬件资源。不过，在当代计算机配置较高的情况下，这种视图模式使用较少。

知识拓展

状态栏右下角提供三种常用的视图按钮，用户也可以通过此处的按钮快速切换到文档视图模式，如图6-17所示。

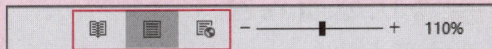

图 6-17

6.3 文本内容的编辑

创建文档并对软件窗口有了基本了解后，便可以编辑文档内容。下面对文本的录入与删除编辑进行介绍。

6.3.1 文本的输入与删除

默认情况下，空白文档的左上角会有一个不断闪烁的光标，如图6-18所示。此时可直接在光标位置输入内容，如图6-19所示。

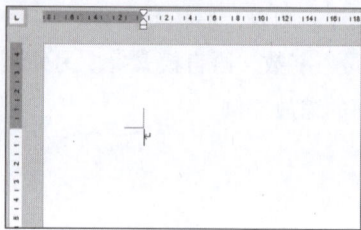
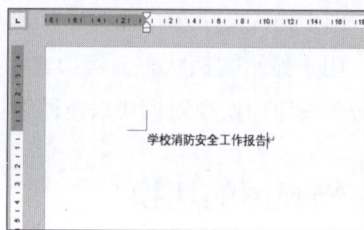

图 6-18 　　　　　　　　　　　　图 6-19

若需要换行，可以按Enter键，光标随即切换到下一行。若要删除文本，则可以将光标定位于要删除的内容之后，按Backspace键逐字删除，或选择整段内容，按Backspace键删除。

6.3.2　插入特殊符号

当需要在文档中输入符号时，有些常见的符号可以通过键盘直接输入，例如<、>、?、/、@、#、$、&、*等。但大部分符号键盘上没有，此时可使用Word内置的"符号"功能插入特殊符号。

在"插入"选项卡中的"符号"组内单击"符号"下拉按钮，在下拉列表中选择"其他符号"选项，如图6-20所示。

打开"符号"对话框，选择"字体"和"子集"。例如，想要插入货币符号"£"，可以设置"字体"为"普通文本"、"子集"为"货币符号"，随后在符号列表框中找到要使用的符号，单击"插入"按钮，即可将该符号插入文档中，如图6-21所示。

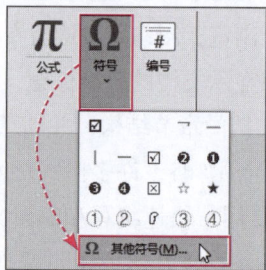

图 6-20

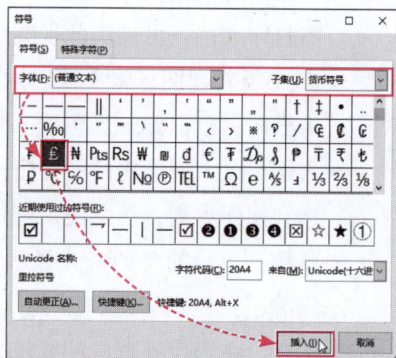

图 6-21

动手练　快速插入公式

制作课件类内容时，经常需要插入各种数学公式。公式中通常带有很多数学符号，如果直接手动输入会很麻烦，此时可启用公式编辑器快速插入数学公式。

步骤 01 将光标定位于要插入公式的位置，打开"插入"选项卡，在"符号"组中单击"公式"下拉按钮，在下拉列表中选择"插入新公式"选项，如图6-22所示。

步骤 02 光标位置随即被插入一个公式编辑框，功能区中会自动打开"公式"选项卡，在"符号"组中单击"公式符号"下拉按钮，在下拉列表中选择Δ符号，即可将其插入公式编辑框中，如图6-23所示。

步骤 03 随后继续通过手动输入以及"公式"选项卡中提供的"分式""上下标"等结构模板完成公式的录入，如图6-24所示。

步骤 04 在文档空白处单击即可退出公式编辑模式，如图6-25所示。

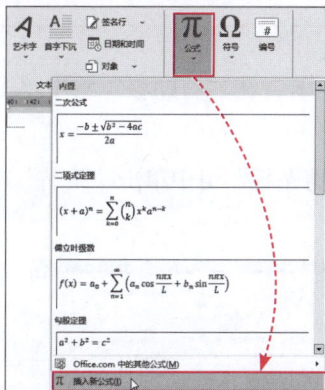

图 6-22

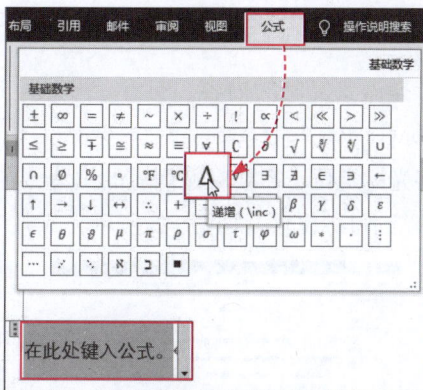

图 6-23

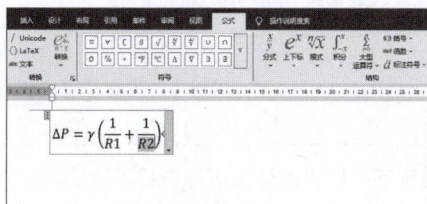

图 6-24

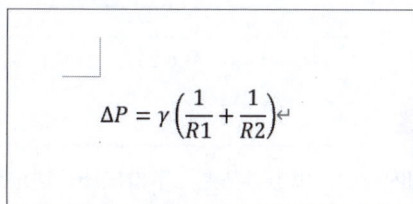

图 6-25

6.3.3　文本的选择

对文本执行操作时，需要先将文本选中。为了提高文档的编辑效率，下面介绍几种快速选择文本的方法。

（1）选择连续的文本

将光标定位于要选择的第一个字之前，按住鼠标左键进行拖动即可选中连续的文本。

（2）选择不连续的文本

选择第一段文本后，按住Ctrl键，继续使用鼠标拖曳的方式选择其他位置的文本，可以将这些文本同时选中。

（3）选择整行/整段/整篇文本

将光标移动到文档左侧空白处，当光标变成↗形状时单击，可以选中光标所指的一整行内容。若双击，则可选中光标所指的整段内容。若光标在↗状态时连续三次单击（或使用Ctrl+A组合键），则可选中整篇文档。

（4）跨页选择连续文本

当需要跨页选择内容较多的连续文本时，使用鼠标拖曳的方式操作起来比较麻烦，此时可以使用快捷键配合单击的方式进行选择。将光标定位于需要选择的第一个字之前，滚动鼠标滚轮找到要选择的最后一个字，按住Shift键的同时单击最后一个字，即可将跨页的连续文本选中。

6.3.4　文本的复制和粘贴

编辑文档内容时，经常遇到输入相同内容的情况，此时灵活复制和粘贴文本可以在很大程度上提高工作效率。

动手练 复制文本内容

步骤01 选择需要复制的内容，打开"开始"选项卡，在"剪贴板"组中单击"复制"按钮，如图6-26所示。

步骤02 将光标定位于需要粘贴内容的位置，在"剪贴板"组中单击"粘贴"按钮，即可将复制的内容粘贴到目标位置，如图6-27所示。

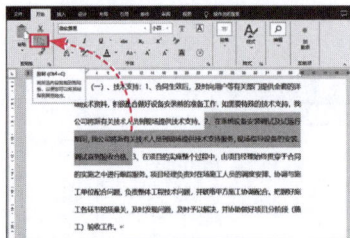

图 6-26

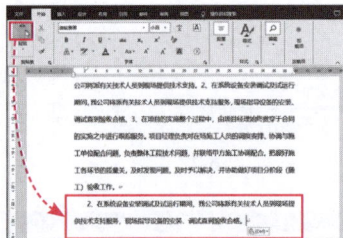

图 6-27

知识拓展

复制内容后，单击"粘贴"下拉按钮，通过下拉列表中提供的选项可以选择不同的粘贴方式，如图6-28所示。不同粘贴方式的应用场景如下。

- **保留原格式**：当复制的内容包含特定的格式（如字体、字号、颜色、段落样式等），并且希望这些格式在粘贴后保持不变时，可以使用"保留原格式"粘贴方式。
- **合并格式**：当复制的内容包含格式，但希望这些格式与当前文档的格式进行合并时，可以使用"合并格式"粘贴方式。
- **图片**：当需要将复制的内容以图片的形式粘贴到Word中时，可以使用"图片"粘贴方式。
- **只粘贴文本**：当复制的内容包含格式，但只需要粘贴文本内容时，可以使用"只粘贴文本"粘贴方式。

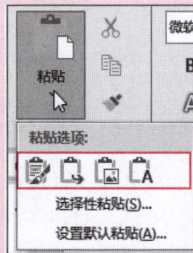

图 6-28

6.3.5 移动文档内容

移动文档内容可以使用剪切功能或用鼠标直接拖曳的方式实现。下面介绍具体操作方法。

动手练 使用"剪切"功能移动文档内容

步骤01 选择需要移动的内容，打开"开始"选项卡，单击"剪切"按钮，如图6-29所示。

步骤02 在目标位置定位光标，在"开始"选项卡中单击"粘贴"按钮，即可将剪切的内容移动到目标位置，如图6-30所示。

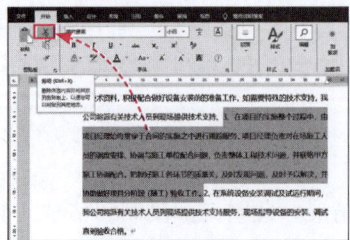

图 6-29

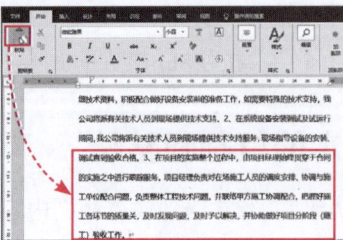

图 6-30

动手练 使用鼠标拖曳的方式移动文档内容

选中需要移动位置的内容，将光标放在所选内容上方，按住鼠标左键向目标位置拖曳，当光标出现在目标位置时松开鼠标左键，如图6-31所示，即可完成移动，效果如图6-32所示。

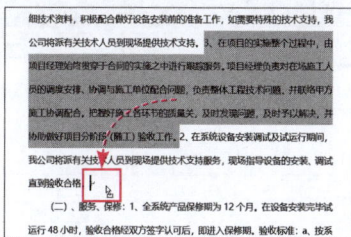
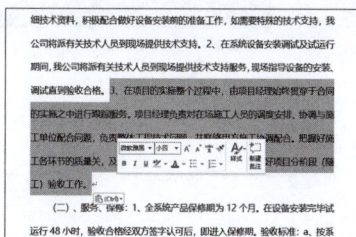

图 6-31　　　　　　　　　　图 6-32

6.3.6　文档内容的查找与替换

Word提供了强大的查找和替换功能，使用此功能可以在文档中快速查找或批量替换指定内容。另外，查找和替换并不局限于文本，还可以针对文本格式、段落格式等进行查找和替换。

动手练 查找指定内容

步骤01 打开"开始"选项卡，在"编辑"组中单击"查找"按钮，如图6-33所示。

步骤02 窗口左侧随即打开"导航"窗格，在搜索框中输入要查找的内容，窗格中随即显示搜索结果，文档中会自动将找到的内容高亮显示，如图6-34所示。

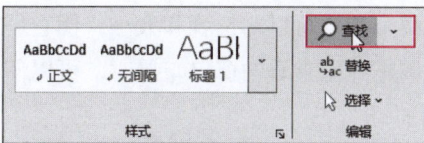
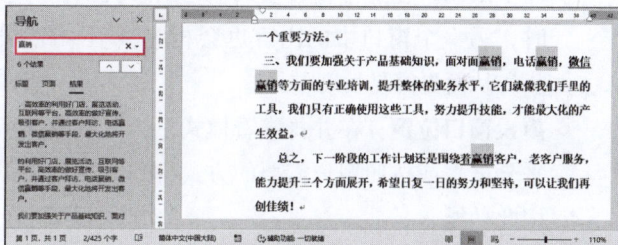

图 6-33　　　　　　　　　　图 6-34

动手练 替换文本内容

在"开始"选项卡中的"编辑"组内单击"替换"按钮，打开"查找和替换"对话框，分别输入要查找的内容以及要替换为的内容，单击"全部替换"按钮，即可批量替换内容，如图6-35所示。

6.3.7　多文档窗口的排列

Word提供灵活的窗口排列和多文档同时编辑功能。用户可以在同一屏幕上同时显示多

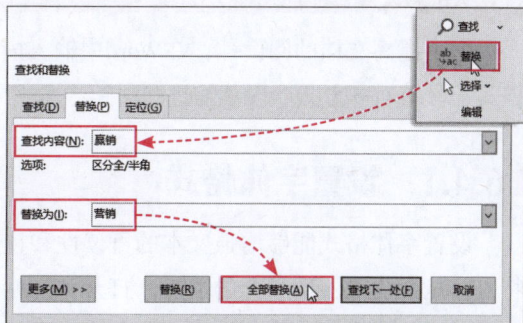

图 6-35

个文档，方便对比和参考编写。还可以将单个文档窗口拆分为多个窗格，以便在单独的区域锁定行或列进行查看和编辑，从而大大提高文档处理的工作效率。这些窗口控制命令按钮保存在"视图"选项卡中的"窗口"组内，如图6-36所示。

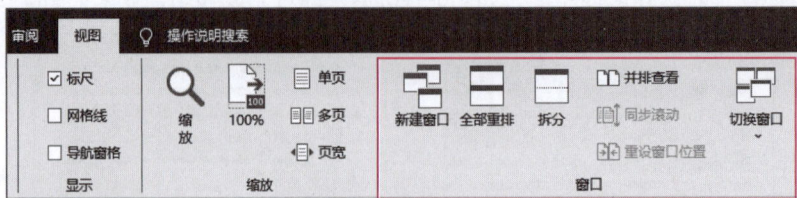

图 6-36

下面对这些窗口控制按钮的功能和应用场景进行详细说明。

- **新建窗口**：为当前文档创建一个新的视图窗口，允许用户在不同的窗口中查看和编辑同一个文档。当想要在不同视图下查看文档时，此功能非常有用。
- **全部重排**：堆叠所有打开的Word窗口，以便用户可以一次性查看所有的窗口。当打开多个文档窗口时，可以使用此功能整理窗口布局，使其更加有序。
- **拆分**：将当前文档拆分为两个或多个独立的视图窗口，每个窗口都可以独立滚动和编辑。适用于需要在文档的不同部分进行同时查看和编辑的情况，如对比文档的不同章节或段落。
- **并排查看**：允许用户并排查看两个文档，便于比较和对照。当用户需要比较两个文档的内容或格式时，可以使用并排查看模式。
- **同步滚动**：在并排查看模式下，两个文档窗口会同步滚动，即当一个窗口中的内容滚动时，另一个窗口中的内容也会相应滚动。此功能有助于用户在比较两个文档时保持同步，从而更容易发现差异。
- **重设窗口位置**：在并排查看模式下，可以重新调整两个文档窗口的位置和大小，使它们平分屏幕或按照用户需要的方式排列。当用户需要调整并排查看的窗口布局时，可以使用此功能。
- **切换窗口**：允许用户在不同的文档窗口之间进行快速切换。当用户需要在多个打开的文档窗口之间快速移动时，此功能可以节省时间和提高效率。

6.4 文档的排版

为了提高文档的阅读性，在Word中输入内容后还需要进行适当排版。排版的内容包括字体格式、段落对齐方式、段落缩进和间距、文字分栏排版、页面背景、页面水印等方面的设置。

6.4.1 设置字体格式

设置字体格式能够增强文本的可读性和视觉吸引力，使得文档更专业、清晰且具有个性化特点，从而满足不同场合的需求。打开"开始"选项卡，通过"字体"组中提供的命令按钮，可以对所选文本的"字体""字号""字体颜色"等进行设置，如图6-37所示。

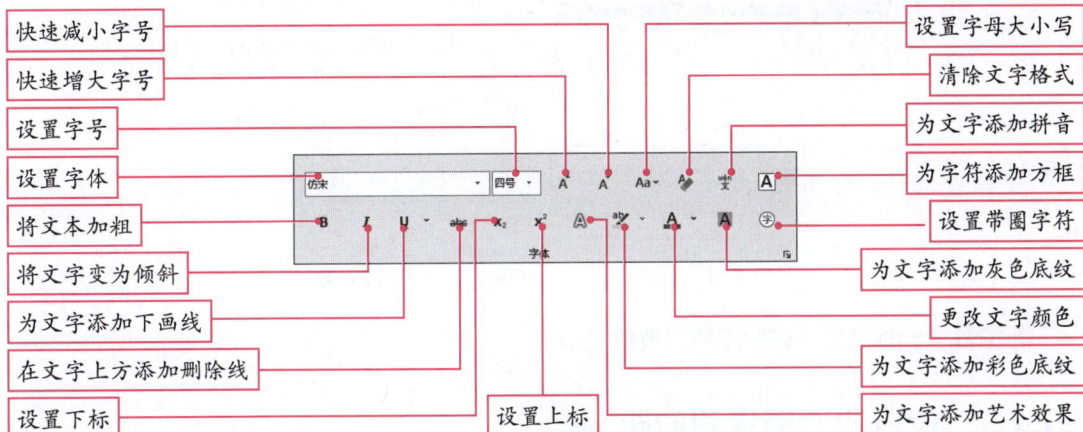

快速减小字号
快速增大字号
设置字号
设置字体
将文本加粗
将文字变为倾斜
为文字添加下画线
在文字上方添加删除线
设置下标
设置上标

设置字母大小写
清除文字格式
为文字添加拼音
为字符添加方框
设置带圈字符
为文字添加灰色底纹
更改文字颜色
为文字添加彩色底纹
为文字添加艺术效果

图 6-37

6.4.2 设置段落对齐方式

设置段落对齐方式可以灵活调整文档排版布局，增强文本的可读性与美观度。常用的对齐方式包括左对齐、居中、右对齐以及两端对齐，打开"开始"选项卡，通过"段落"组中提供的命令按钮可以快速调整对齐方式，如图6-38所示。

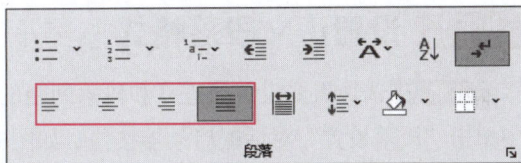

图 6-38

动手练 设置文档标题格式

步骤01 选择文档标题，打开"开始"选项卡，在"段落"组中单击"居中"按钮，如图6-39所示。

步骤02 标题随即被设置成居中显示，保持标题为选中状态，在"字体"组中单击"字体"下拉按钮，在下拉列表中选择"黑体"选项，更改标题的字体，如图6-40所示。

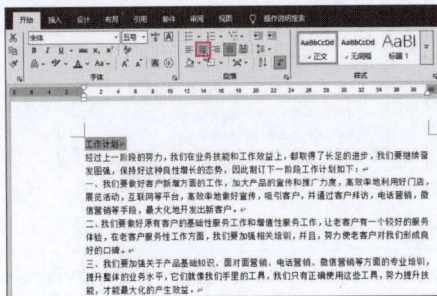

图 6-39

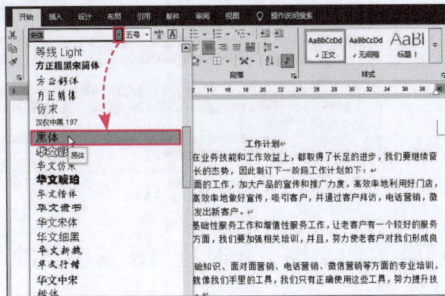

图 6-40

步骤03 单击"字号"下拉按钮，在下拉列表中选择"一号"选项，更改标题的字号，如图6-41所示。

步骤04 保持标题为选中状态，使用Ctrl+D组合键打开"字体"对话框，切换到"高级"选项卡，设置"间距"为"加宽"、"磅值"为"1.5磅"，单击"确定"按钮，如图6-42所示。

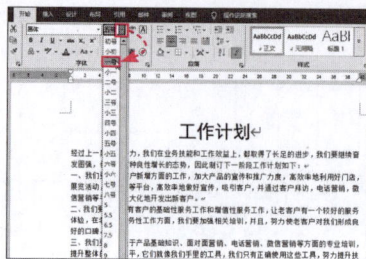

图 6-41

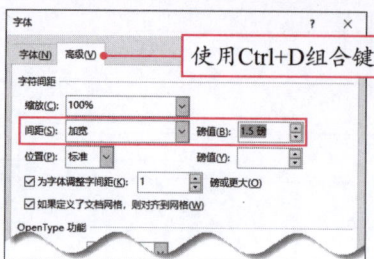

图 6-42

步骤 05 文档标题的字体间距随即被加宽显示。

6.4.3　设置段落缩进和间距

设置合理的段落缩进和间距，可以让文档的段落更加清晰，文档的格式更加规范，阅读起来也更方便。

动手练 **设置正文段落格式**

步骤 01 选择需要设置缩进量和段落间距的所有段落，打开"开始"选项卡，在"段落"组中单击"段落设置"对话框启动器按钮，如图6-43所示。

步骤 02 弹出"段落"对话框，在"缩进和间距（I）"选项卡中的"缩进"组内设置"特殊"为"首行"、"缩进值"为"2字符"，在"间距"组中设置"段前"为"0.5行"、"行距"为"1.5倍行距"，单击"确定"按钮，如图6-44所示。

图 6-43

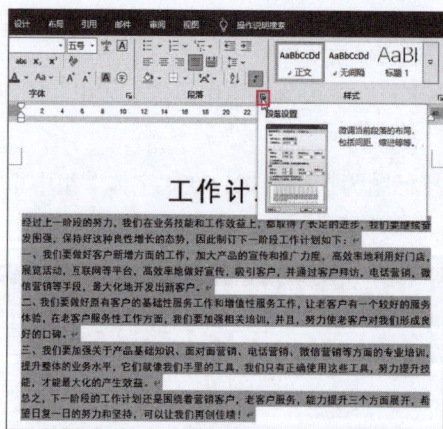

图 6-44

步骤 03 返回文档，此时所选段落已经被设置为首行缩进2字符，并增加了段前间距以及行距，如图6-45所示。

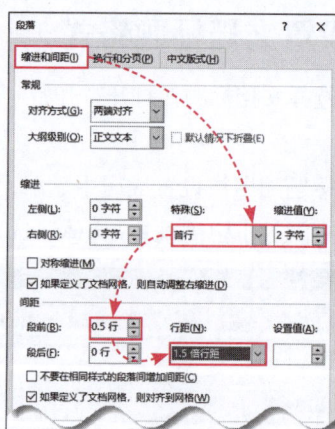

图 6-45

6.4.4　设置文字分栏排版

分栏排版可以使文档版面变得更加生动活泼，从而提高读者的阅读兴趣。Word在分栏的外观设置上具有很高的灵活性，不仅可以控制栏数、分栏间距，还可以设置分栏宽度等。

1. 设置分栏

选中需要分栏的文本内容，打开"布局"选项卡，在"页面设置"组中单击"栏"下拉按钮，在下拉列表中选择"两栏"选项，如图6-46所示。所选内容随即被设置为两栏，如图6-47所示。

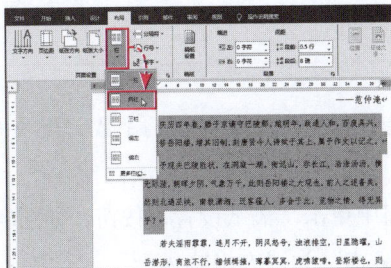

图 6-46

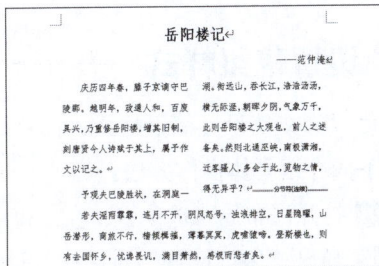

图 6-47

注意事项

当文档中包含的内容较少，且要设置分栏的内容包含最后一行时，在选择内容时需要注意，不要选中最后一行后面的回车符，如图6-48所示。这样在分栏后，Word会自动插入"分节符"，从而保证再少的内容也能被分成两栏显示。

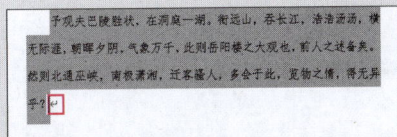

图 6-48

2. 设置分栏效果

在"布局"选项卡中的"页面设置"组内单击"栏"下拉按钮，在下拉列表中选择"更多栏"选项，如图6-49所示。系统随即弹出"栏"对话框，在该对话框中可以选择预设的分栏效果、手动设置想要分栏的栏数、设置分栏的宽度和间距以及添加分隔线等，如图6-50所示。

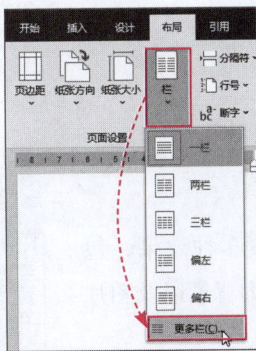

图 6-49

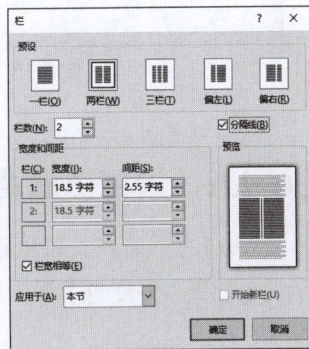

图 6-50

动手练　设置文字方向

文档中的文字方向默认以水平方向显示，用户可根据排版要求自动改变文字的方向。具体操作方法如下。

步骤01 打开"布局"选项卡，单击"文字方向"下拉按钮，下拉列表中包含了系统内置的文字旋转方向选项，此处选择"垂直"选项，如图6-51所示。

步骤02 文档中的所有文字随即自动变为垂直显示，效果如图6-52所示。

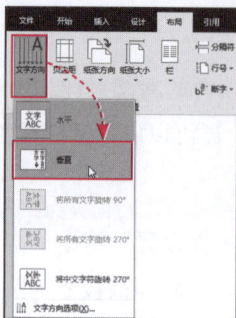

图 6-51

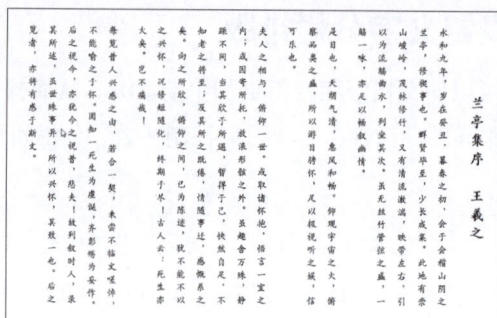

图 6-52

动手练 设置稿纸样式

用户可以为文档设置稿纸样式，而且可以选择每页纸上可显示的字数，以及网格的样式、颜色等。下面介绍具体操作方法。

步骤 01 打开"布局"选项卡，在"稿纸"组中单击"稿纸设置"按钮，如图6-53所示。

步骤 02 弹出"稿纸设置"对话框，设置"格式"为"方格式稿纸"、"行数×列数（R）"为"20×25"，勾选"按中文习惯控制首尾字符"复选框，并取消勾选"允许标点溢出边界"复选框，单击"确定"按钮，如图6-54所示。

步骤 03 文档随即被设置成稿纸样式，效果如图6-55所示。

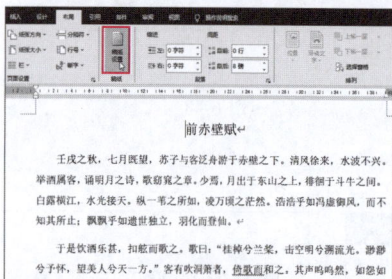

图 6-53

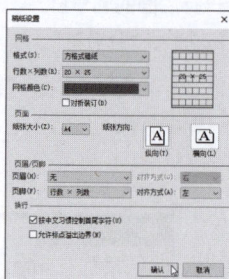

图 6-54

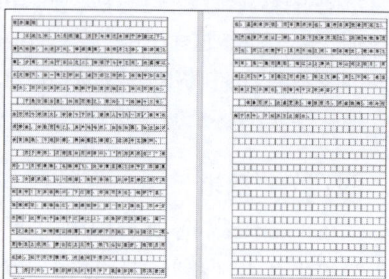

图 6-55

6.4.5 设置页面背景

Word的页面背景可以设置多种效果，包括纯色背景、渐变色背景、图案背景以及图片背景。

打开"设计"选项卡，在"页面背景"组中单击"页面颜色"下拉按钮，通过下拉列表中提供的选项可设置相应的背景效果，如图6-56所示。

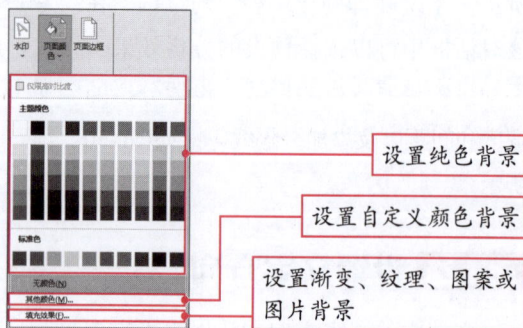

设置纯色背景

设置自定义颜色背景

设置渐变、纹理、图案或图片背景

图 6-56

动手练 将指定图片设置为背景

步骤 01 打开"设计"选项卡，在"页面背景"组中单击"页面颜色"下拉按钮，在下拉列

表中选择"填充效果"选项，如图6-57
所示。

步骤 **02** 打开"填充效果"对话框，
切换至"图片"选项卡，单击"选择图
片"按钮，如图6-58所示。

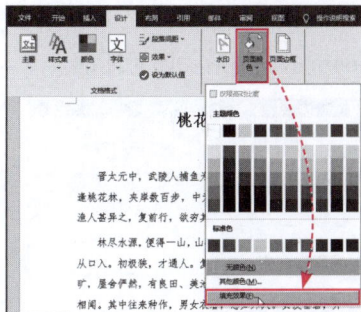 

图 6-57　　　　　　　　　　图 6-58

步骤 **03** 打开"插入图片"对话框，
选择"从文件"选项，弹出"选择图片"
对话框，选择需要使用的图片，单击
"插入"按钮，如图6-59所示。返回"填
充效果"对话框，单击"确定"按钮。

步骤 **04** 文档页面随即被添加图片背
景，效果如图6-60所示。

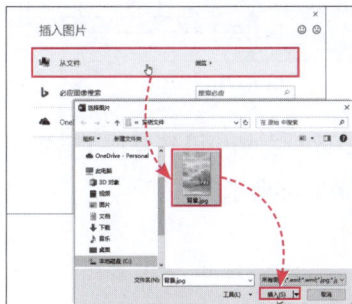 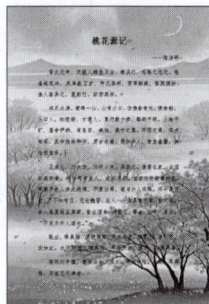

图 6-59　　　　　　　　　　图 6-60

6.4.6　添加页面水印

为文档添加水印，在不影响文档内容的情况下不仅能够传达一些有用的信息，还能增加视
觉趣味性，另外水印也可以保护文档，提高文档的安全性，防止被盗用。

打开"设计"选项卡，在"页面背景"组中单击"水印"下拉按钮，在下拉列表中选择一
款需要的水印，如图6-61所示。文档随即被添加相应的文字水印，效果如图6-62所示。

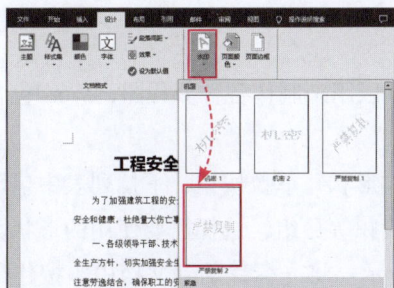 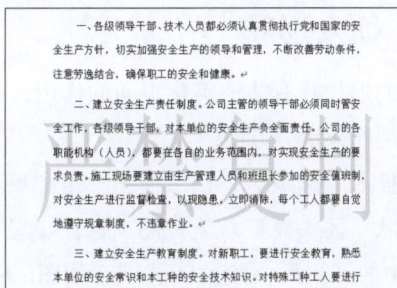

图 6-61　　　　　　　　　　图 6-62

动手练 **自定义水印**

除了使用内置的水印，用户也可以为文档添加自定义水印，自定义水印包括文字水印和图
片水印，下面介绍如何添加自定义文字水印。

步骤 **01** 打开"设计"选项卡，在"页面背景"组中单击"水印"下拉按钮，在下拉列表中
选择"自定义水印"选项，如图6-63所示。

步骤 **02** 系统随即弹出"水印"对话框，在该对话框中可选择设置图片水印或文字水印。此

处选中"文字水印"单选按钮，依次设置好语言、文字、字体、字号、颜色、版式等，单击"应用"按钮，如图6-64所示。随后关闭对话框。

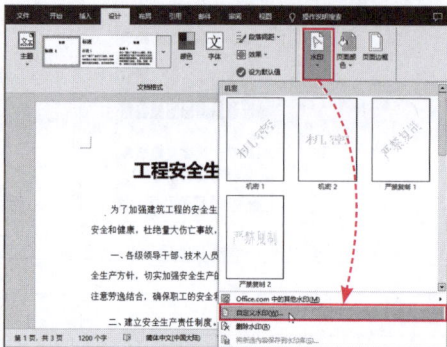

图 6-63

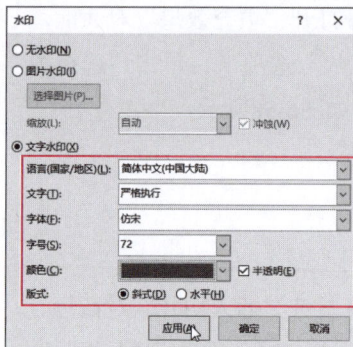

图 6-64

步骤 03 返回文档，此时文档中已经添加了自定义的文字水印，效果如图6-65所示。

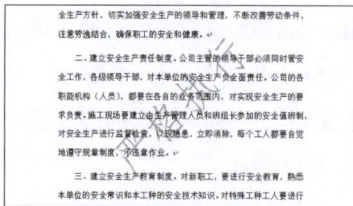

图 6-65

6.5 图文混排

编辑文档时经常需要使用图形元素，例如插入形状、图片、文本框等，以增强文档的表现力，下面详细介绍如何插入及编辑这些图形元素。

6.5.1 插入形状

文档中的形状具有装饰美化页面的作用，也可以用来制作各种流程图，Word包含很多内置的形状，调用起来十分方便。

打开"插入"选项卡，在"插图"组中单击"形状"下拉按钮，下拉列表中包含线条、矩形、基本形状、箭头总汇、流程图、标注、星与旗帜等分组，选择需要使用的形状，此处选择"矩形"组中的"矩形：圆角"选项，如图6-66所示。将光标移动到文档中，按住鼠标左键不放，同时拖动光标绘制形状，释放鼠标左键便可在文档中插入一个圆角矩形，如图6-67所示。

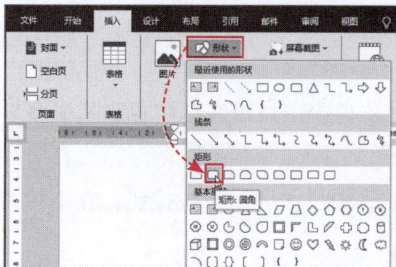

图 6-66

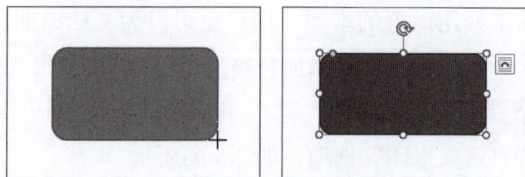

图 6-67

6.5.2　编辑形状

在文档中插入形状后可以对形状进行一系列编辑，例如调整大小和位置、编辑形状轮廓、设置形状效果等。

1. 调整形状的大小和位置

将光标移动到图形上方，光标变成 形状时按住鼠标左键进行拖动，可移动图形的位置，如图6-68所示。

选中图形，图形周围会显示8个圆形控制点，将光标放置在任意一个圆形控制点上方，光标变成双向箭头时，按住鼠标左键进行拖动，将形状调整至合适大小时松开鼠标左键即可，如图6-69所示。

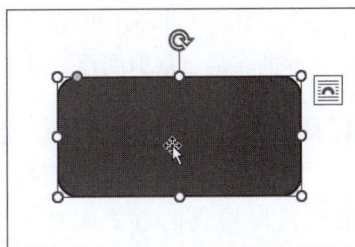

图 6-68

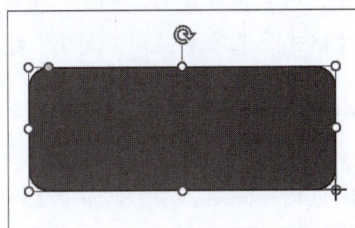

图 6-69

2. 设置形状的样式

插入形状后，可以对形状的样式进行设置。选中形状后，功能区中会出现"形状格式"选项卡，在该选项卡中的"形状样式"组内可以为所选样式应用内置样式，或手动设置形状的填充、轮廓以及效果，如图6-70所示。

图 6-70

6.5.3　插入图片

在文档中插入图片可以让文档内容更生动、更直观，插入图片的方法很简单，具体操作方法如下。

将光标定位于要插入图片的位置，打开"插入"选项卡，在"插图"组中单击"图片"下拉按钮，在下拉列表中选择"此设备（D）"选项，如图6-71所示。系统随即弹出"插入图片"对话框，选择要使用的图片，单击"插入"按钮，即可将图片插入文档中，如图6-72所示。

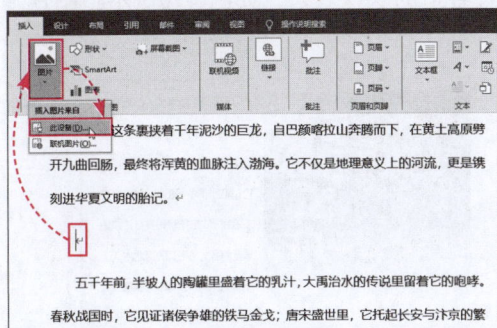

图 6-71

图 6-72

6.5.4 设置图片格式

为了让图片和文档内容更加融合，还可以对图片进行一系列设置，例如设置图片尺寸、调整图片的布局、裁剪图片、设置图片效果等。

1. 精确设置图片尺寸

图片和形状一样可以直接通过鼠标拖曳的方式调整大小。若要精确设置图片的尺寸，可以选中图片，打开"图

图 6-73

片格式"选项卡，在"大小"组内输入具体的"高度"和"宽度"值，如图6-73所示。

2. 调整图片布局

新插入的图片默认是嵌入文档中的，此时的图片被当作文字来处理。嵌入型的好处是图片位置相对固定，不会轻易被移动，但是在灵活排版方面有所欠缺。用户可以根据需要设置图片的文字环绕方式。

选中图片，单击图片右上角的"布局选项"按钮，在展开的列表中选择需要使用的文字环绕方式即可，此处选择"四周型"选项，如图6-74所示。图片随即应用所选文字环绕效果，如图6-75所示。

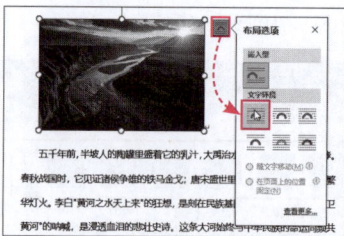

图 6-74

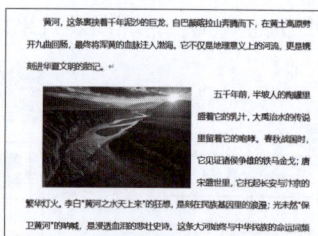

图 6-75

知识拓展

所谓"文字环绕"即是文字处理软件的一种排版方式，主要用于设置文档中的图片、文本框、自选图形、剪贴画、艺术字等对象与文字之间的位置关系。Word包含6种文字环绕方式，分别为四周型、紧密型环绕、穿越型环绕、上下型环绕、衬于文字下方、浮于文字上方。

3. 设置图片效果

打开"图片格式"选项卡，在"图片样式"组中单击"图片效果"下拉按钮，在下拉列表中选择"映像"选项，在其下级列表中选择一种合适的映像效果，如图6-76所示。图片随即应用该效果，如图6-77所示。

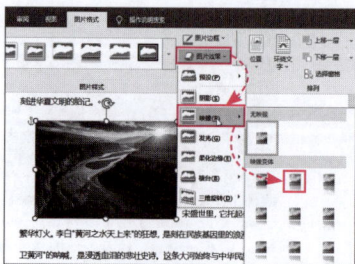

图 6-76

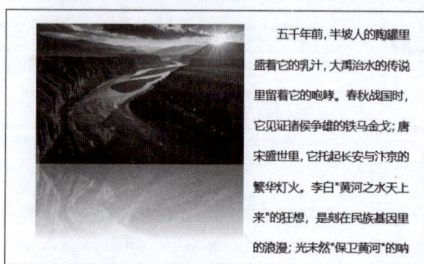

图 6-77

动手练 裁剪图片

步骤 01 选中图片，打开"图片格式"选项卡，在"大小"组中单击"裁剪"按钮，如图6-78所示。

步骤 02 图片周围随即出现8个黑色裁剪控制点，拖动裁剪控制点，调整好图片的保留区域，如图6-79所示。随后在文档中单击图片之外的任意位置，即可完成裁剪。

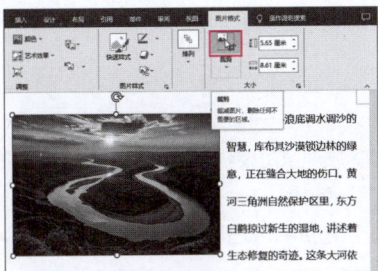
图 6-78

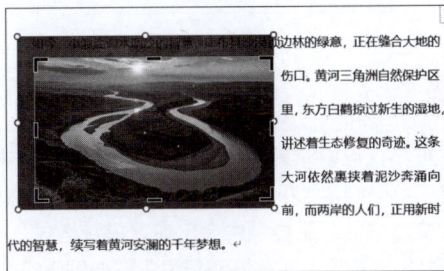
图 6-79

知识拓展

裁剪图片除了可以删除图片中不需要的部分，也可以将图片裁剪成指定形状。选中图片，打开"图片格式"选项卡，单击"裁剪"下拉按钮，在下拉列表中选择一种形状。图片随即进入裁剪模式，在图片之外的任意文档位置单击，图片随即被裁剪为所选形状。

6.5.5　文本框的插入和编辑

在文本框中输入文字，可以实现文字的自由移动，为灵活排版创造了很大空间。下面介绍如何插入及编辑文本框。

动手练 文本框的应用

步骤 01 打开"插入"选项卡，在"文本"组中单击"文本框"下拉按钮，在下拉列表中选择"绘制横排文本框"选项，如图6-80所示。

步骤 02 按住鼠标左键进行拖动，在文档中绘制一个文本框，如图6-81所示。

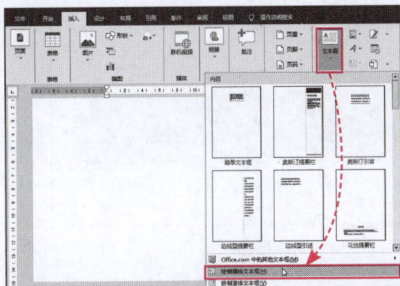
图 6-80

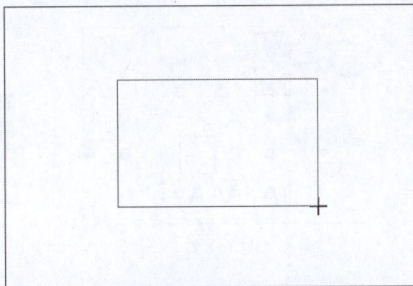
图 6-81

步骤 03 松开鼠标左键，文档中随即出现一个文本框，如图6-82所示。在文本框中可直接输入文本内容，如图6-83所示。拖动文本框周围的圆形控制点可以调整文本框的大小。

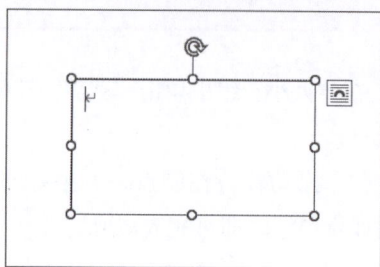

图 6-82

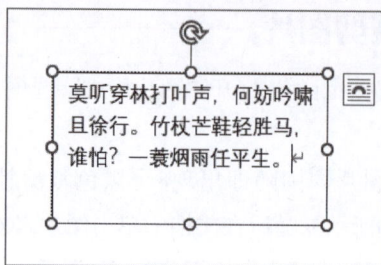

图 6-83

知识拓展

文本框不仅可以对其中的文字进行设置，文本框的本质其实也是一种图形，所以具备很多图形特质，除了可以调整大小和位置外，也可以更改边框及填充效果。

选中文本框后，工具栏中会出现"形状格式"选项卡。利用该选项卡中的命令按钮，可以对文本框的形状样式以及文本格式进行设置，如图6-84所示。

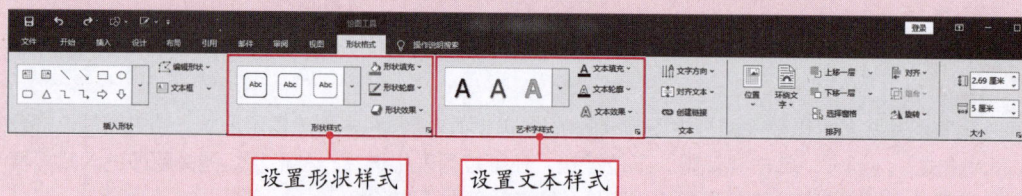

图 6-84

6.5.6 插入艺术字

艺术字具有一定的艺术性，使内容看起来美观大方、便于阅读。在Word中也可以轻松插入艺术字。

动手练 艺术字的应用

步骤 01 打开"插入"选项卡，在"文本"组中单击"艺术字"下拉按钮，在下拉列表中选择一款满意的艺术字样式，如图6-85所示。

步骤 02 文档中随即被插入相应样式的艺术字文本框，如图6-86所示。

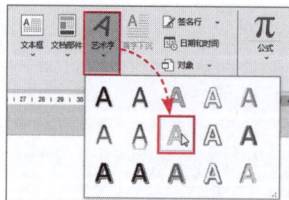

图 6-85

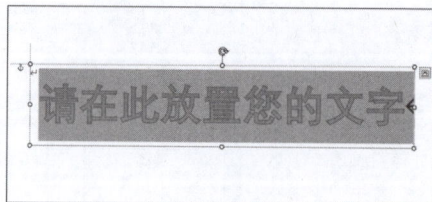

图 6-86

步骤 03 删除艺术字文本框中的提示文字，直接输入需要的文本内容即可，如图6-87所示。

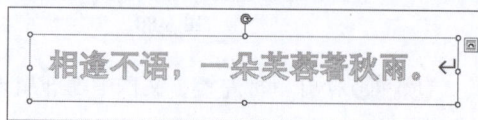

图 6-87

6.6 表格的应用

在文档中，表格是一种使用率很高的元素，表格能够整齐地罗列数据，提高文档内容的表现力。下面详细介绍Word中表格的应用方法。

6.6.1 插入表格

在Word中插入表格的方法有很多种，用户可以根据需要选择插入方式。下面介绍比较常用的插入方法。

打开"插入"选项卡，在"表格"组中单击"表格"下拉按钮，下拉列表的最顶部是一个7列×6行的矩形区域，将光标在该区域上方移动，可根据高亮显示的矩形数量快速插入相应行列数的表格，如图6-88所示。

使用快捷菜单最多只能插入7列×6行的表格，当要插入的表格行数或列数较多时，可以使用对话框插入。在"表格"下拉列表中选择"插入表格"选项，系统随即弹出"插入表格"对话框，输入行数和列数，单击"确定"按钮即可插入相应行列数的表格，如图6-89所示。

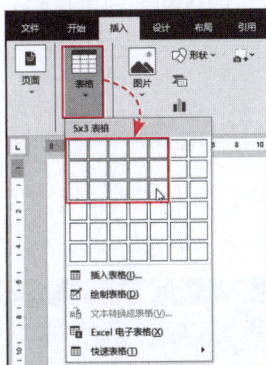

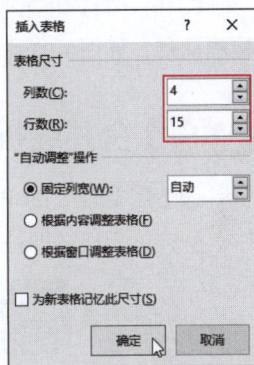

图 6-88 图 6-89

6.6.2 表格的设计

插入表格后还可以继续添加或删除行/列数量，并对行高列宽进行调整，下面介绍具体操作方法。

1. 插入或删除行 / 列

将光标定位于目标单元格中，打开"表布局"选项卡，通过"行和列"组中的"在上方插入行""在下方插入行""插入列和左侧"以及"在右侧插入列"按钮，可在目标单元格的对应位置插入行或列，如图6-90所示。

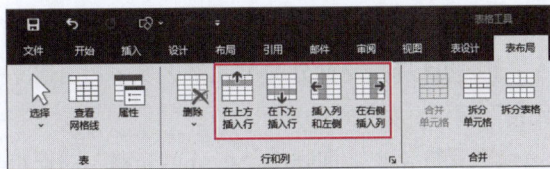

图 6-90

若要删除指定行或列，可将光标定位于该行或列列中的任意单元格中，打开"表布局"选项卡，在"行和列"组中单击"删除"下拉按钮，在下拉列表中选择"行"或"列"选项即可。

2. 调整行高 / 列宽

将光标移动到要调整宽度的列的右侧边线上，光标变成⬌形状时，按住鼠标左键进行拖动，可快速调整该列的宽度，如图6-91所示。调整行高的方法与调整列宽基本相同，只需将光标移动到需要调整高度的行的下方边线上，光标变成⬍形状时，按住鼠标左键进行拖动即可，如图6-92所示。

图 6-91

图 6-92

若要精确调整行高和列宽，可以将光标定位于目标单元格中，打开"表布局"选项卡，在"单元格大小"组中输入具体的"高度"和"宽度"值，目标单元格所在的行和列即可得到精确调整，如图6-93所示。

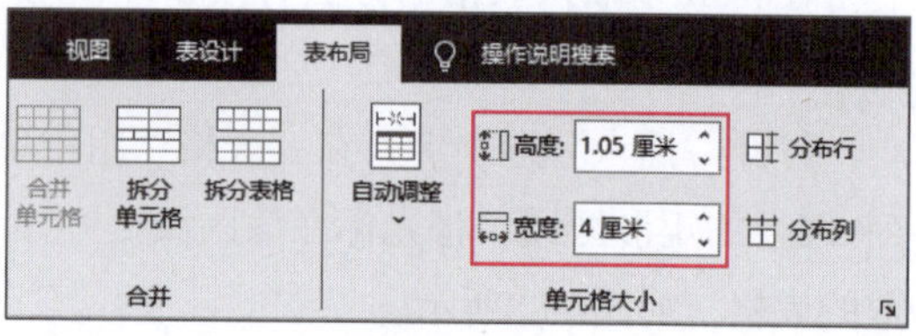

图 6-93

动手练 合并或拆分单元格

选中需要合并的单元格，打开"表布局"选项卡，在"合并"组中单击"合并单元格"按钮，所选单元格随即被合并成一个大的单元格，如图6-94所示。

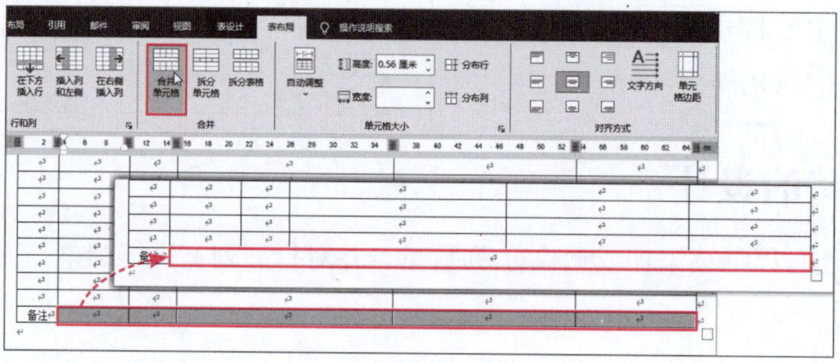

图 6-94

一个单元格也可以拆分成多个单元格，下面介绍具体操作方法。

步骤 01 选择要拆分的单元格区域，打开"表布局"选项卡，在"合并"组中单击"拆分单元格"按钮，如图6-95所示。

步骤 02 系统随即弹出"拆分单元格"对话框，输入要拆分的具体行/列数，单击"确定"按钮，如图6-96所示。

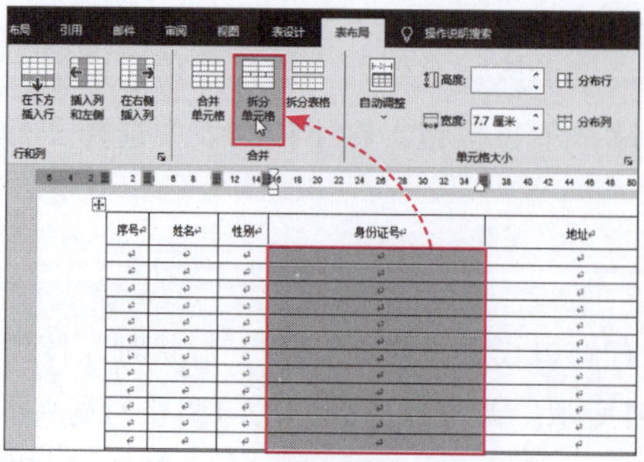

图 6-95

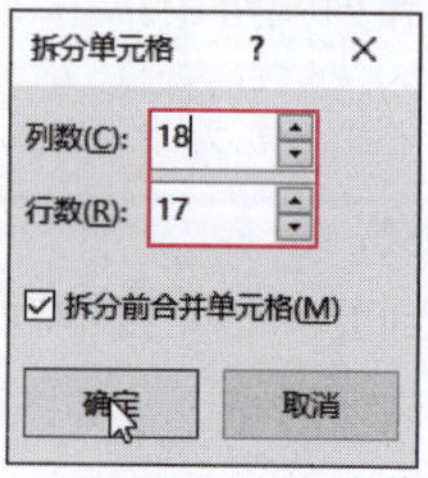

图 6-96

步骤 03 所选单元格随即被拆分，效果如图6-97所示。

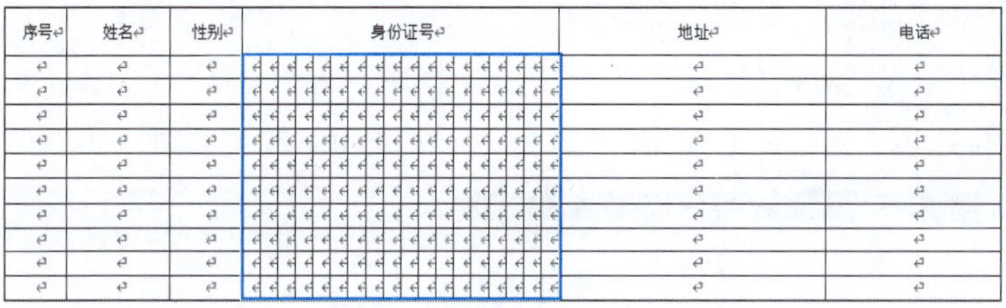

图 6-97

6.6.3 在表格中输入内容

表格中内容的输入和编辑通常是和调整表格同步进行的。下面介绍内容的输入和编辑方法。

在目标单元格中定位光标后即可直接输入内容，如图6-98所示。按↑、↓、←、→键可以快速切换到对应位置的相邻单元格中继续输入内容，如图6-99所示。

序号			

图 6-98

序号	产品名称	单位	数量
	西蓝花	斤	25
	黄瓜	斤	60
	冬瓜	斤	200

图 6-99

动手练 在表格中快速输入序号

步骤 01 选中需要输入序号的单元格区域，打开“开始”选项卡，在“段落”组中单击“编号”下拉按钮，在下拉列表中选择“定义新编号格式”选项，如图6-100所示。

步骤 02 弹出“定义新编号格式”对话框，使用默认的编号样式“1,2,3…”，将光标定位于“编号格式”文本框中，如图6-101所示。

步骤 03 删除“1.”后面的“.”，单击“确定”按钮关闭对话框，如图6-102所示。

步骤 04 所选单元格区域随即自动输入从数字1开始的连续序号，效果如图6-103所示。

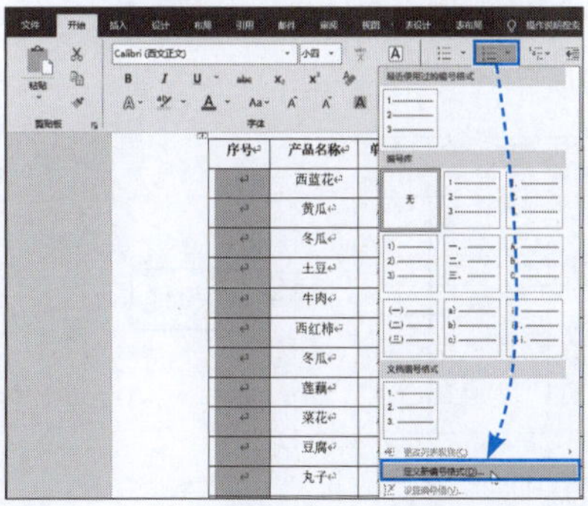

图 6-100

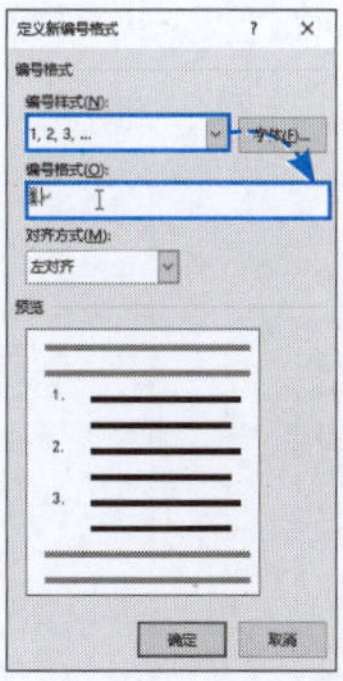

图 6-101

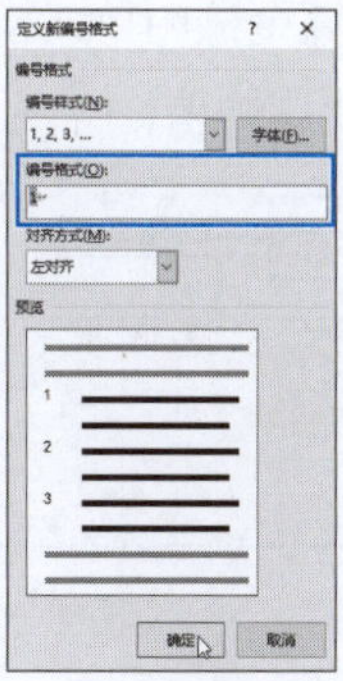

图 6-102

序号	产品名称	单位	数量	单价
1	西蓝花	斤	25	4
2	黄瓜	斤	60	5
3	冬瓜	斤	200	1.5
4	土豆	斤	300	1
5	牛肉	斤	50	32
6	西红柿	斤	60	5
7	冬瓜	斤	200	1.5
8	莲藕	斤	60	3
9	菜花	斤	60	2
10	豆腐	斤	100	3
11	丸子	斤	30	20
12	粉条	斤	10	4
13	馒头	个	1000	0.5

图 6-103

6.6.4 批量计算表格数据

Word提供内置的公式计算功能，允许用户对表格中的数据进行各种数学运算，如求和、平均值、计数、求乘积等。用户无须手动逐个计算每个单元格的数据，只需在目标单元格中插入相应的公式，Word便会自动根据表格中的数据进行计算，并将结果显示在该单元格中。

步骤 01 将光标定位于第一个需要计算金额的单元格中，打开"表布局"选项卡，在"数据"组中单击"公式"按钮，如图6-104所示。

步骤 02 打开"公式"对话框，在"公式"文本框中输入等号（=），随后单击"粘贴函数"下拉按钮，在下拉列表中选择PRODUCT（这是一个求乘积函数）选项，如图6-105所示。

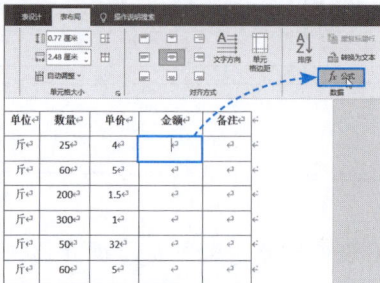
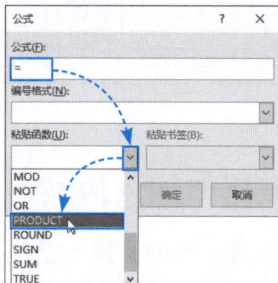

图 6-104　　　　　　　　　　　　　　图 6-105

步骤 03 公式文本框中的等号右侧随即自动插入所选函数以及一对括号，如图6-106所示。

步骤 04 在公式的括号中输入LEFT（表示对左侧的数据进计算），完成公式的录入，接着单击"编号格式"下拉按钮，在下拉列表中选择所需格式（此处所选的格式为货币格式），最后单击"确定"按钮关闭对话框，如图6-107所示。

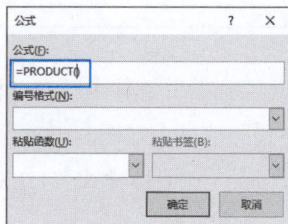
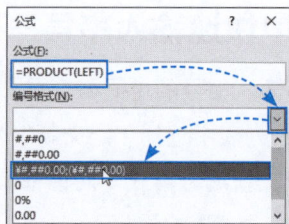

图 6-106　　　　　　　　　　　　　　图 6-107

步骤 05 光标所在单元格中随即自动计算出金额，选中该计算结果，使用Ctrl+C组合键进行复制，然后选择剩余需要计算金额的单元格区域，使用Ctrl+V组合键粘贴计算结果，如图6-108所示。

步骤 06 按F9键刷新计算结果，实现批量计算，如图6-109所示。

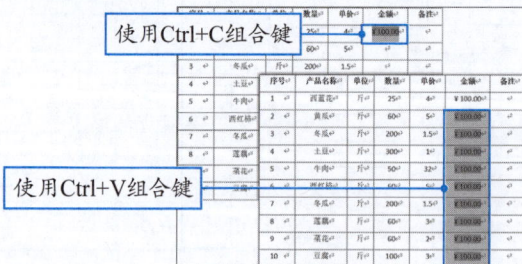
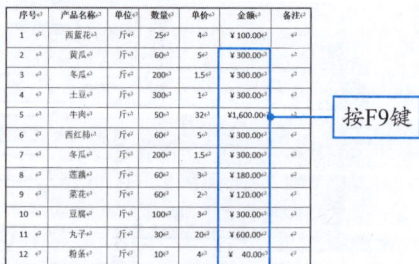

图 6-108　　　　　　　　　　　　　　图 6-109

动手练 表格数据自动求和

在Word文档中，可通过公式功能实现对表格数据的批量计算，具体操作如下。

步骤 01 将光标置于用来显示求和结果的单元格中，打开"表布局"选项卡，在"数据"组中单击"公式"按钮，如图6-110所示。

步骤02 弹出"公式"对话框，在"公式"文本框中输入"=SUM(ABOVE)"（表示对上面的数据求和），单击"确定"按钮，如图6-111所示。

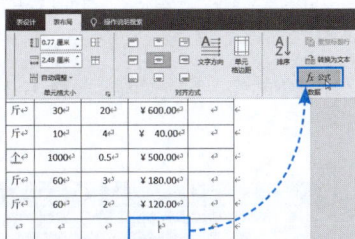

图 6-110　　　　　　　　　　　　　图 6-111

步骤03 所选单元格中随即显示对上方所有数字进行求和的结果，如图6-112所示。

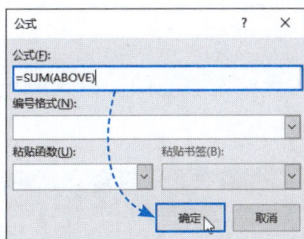

图 6-112

6.6.5　排序表格中的内容

当表格包含大量数据时，为了帮助用户快速整理和分析信息，可以对这些数据进行排序。排序时需要根据数据类型选择合适的排序方式。

步骤01 将光标置于表格中的任意一个单元格内，打开"表布局"选项卡，在"数据"组中单击"排序"按钮，如图6-113所示。

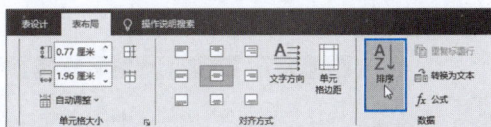

图 6-113

步骤02 打开"排序"对话框。设置"主要关键字"的字段名称为"金额"、"类型"为"数字"，选中"升序"单选按钮，单击"确定"按钮，如图6-114所示。

步骤03 表格中金额列内的数值随即按照从低到高的顺序进行排序，如图6-115所示。

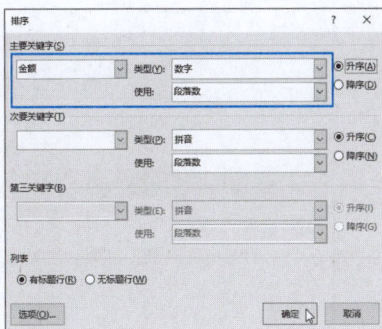

图 6-114　　　　　　　　　　　　　图 6-115

6.6.6　在表格中输入内容

为了让表格看起来更美观，可以适当设置表格的样式，例如设置表格边框和底纹效果、套用内置表格样式等。

动手练 手动设置表格边框和底纹

步骤 01 选择需要设置底纹的单元格区域，此处选择标题行，打开"表设计"选项卡，在"表格样式"组中单击"底纹"下拉按钮，在展开的颜色列表中选择一种满意的颜色，如图6-116所示。

步骤 02 所选单元格区域随即被设置成相应颜色的底纹。随后单击表格左上角的按钮，全选表格，如图6-117所示。

图 6-116

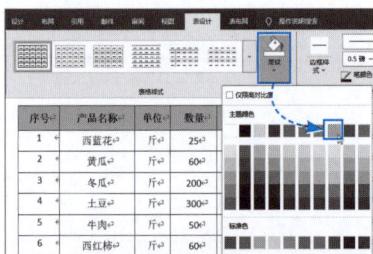

图 6-117

步骤 03 在"表设计"选项卡中的"边框"组内单击"边框"下拉按钮，在下拉列表中选择"边框和底纹"选项，如图6-118所示。

步骤 04 弹出"边框和底纹"对话框，切换到"边框"选项卡，在"设置"组中选择"虚框"选项，在"样式"列表中选择一种线条样式，随后设置好线条的"颜色"以及"宽度"，单击"确定"按钮，如图6-119所示。

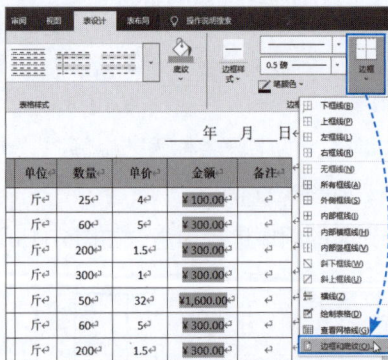

图 6-118

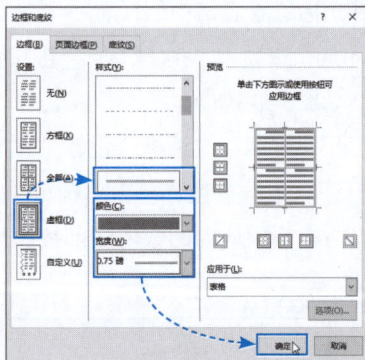

图 6-119

步骤 05 表格边框随即被设置为相应效果，如图6-120所示。

知识拓展

套用内置表格样式

将光标定位于表格中的任意一个单元格内，打开"表设计"选项卡，在"表格样式"组中单击按钮，在下拉列表中选择一种满意的样式，即可应用该样式。

图 6-120

6.7 页面布局

文档页面的设置和文档内容的排版同样重要，页面的设置包括页面布局的设置、页眉页脚的设置、页码的添加等。

▌6.7.1 设置页面布局

页面布局的设置直接影响文档的效果，下面对纸张方向、纸张大小、页边距等设置方法进行详细介绍。

1. 调整纸张方向

Word默认的纸张方向为纵向，用户也可根据需要将纸张方向更改为横向。打开"布局"选项卡，在"页面设置"选项卡中

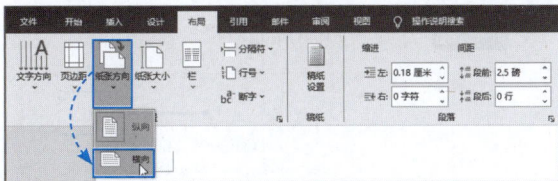

图 6-121

单击"纸张方向"下拉按钮，在下拉列表中选择"横向"选项即可完成更改，如图6-121所示。

2. 设置纸张大小

打开"布局"选项卡，在"页面设置"组中单击"纸张大小"下拉按钮，该下拉列表中包含很多内置的纸张尺寸，用户可以根据需要一种尺寸，如图6-122所示。

若要自定义页面尺寸，可以在"纸张大小"下拉列表中选择"其他纸张大小"选项，打开"页面设置"对话框，切换到"纸张"选项卡，在"纸张大小"组中手动输入具体的"宽度"和"高度"值即可，如图6-123所示。

3. 设置页边距

页边距即文档内容与页面边缘的距离。打开"布局"选项卡，在"页面设置"选项卡中单击"页边距"下拉按钮，用户可以在下拉列表中选择一个内置的页边距，或选择"自定义页边距"选项，如图6-124所示。

若选择"自定义页边距"选项，会弹出"页面设置"对话框。在"页边距"选项卡中手动输入上、下、左、右页边距值即可，如图6-125所示。

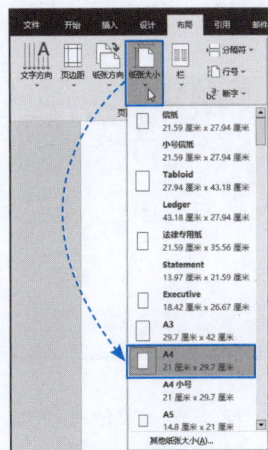

图 6-122

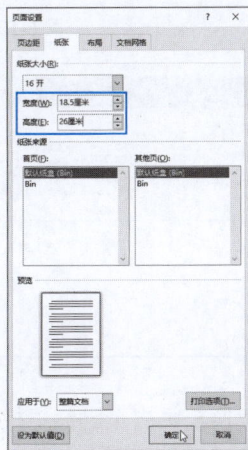

图 6-123

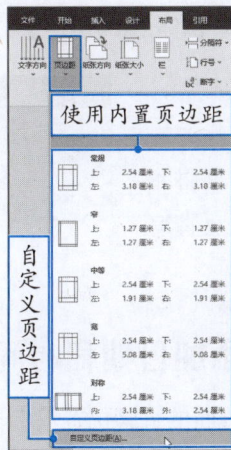

图 6-124

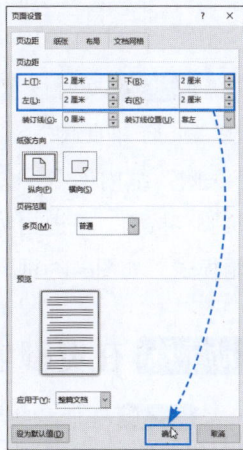

图 6-125

6.7.2 设置页眉和页脚

页眉和页脚是文档中的一个独立区域，可以脱离文档内容进行单独设置。页眉和页脚中可以显示很多信息，例如文本信息、日期和时间、图片、页码等。

动手练 在页眉中插入图片和文字

步骤 01 在文档页眉位置双击，切换至页眉页脚编辑状态，此时光标自动定位于页眉中，如图6-126所示。

步骤 02 打开"页眉和页脚"选项卡，在"插入"组中单击"图片"按钮，如图6-127所示。

图 6-126

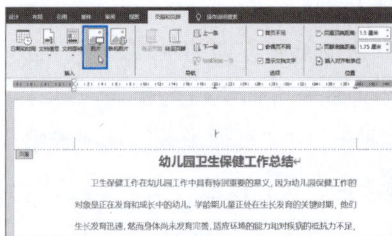

图 6-127

步骤 03 在随后弹出的"插入图片"对话框中选择要使用的图片，单击"插入"按钮，将图片插入页眉中，拖动图片周围的控制点，调整好图片的大小，如图6-128所示。

步骤 04 保持图片为选中状态，打开"开始"选项卡，在"段落"组中单击"左对齐"按钮，让图片靠页面左侧对齐，随后按Enter键，在图片下方新增一个空行并输入文本内容，并设置好字体和字号，如图6-129所示。

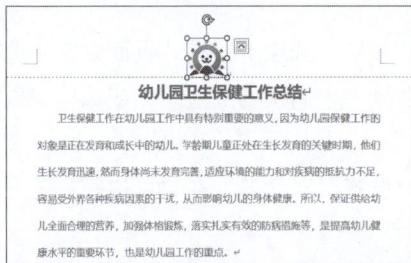

图 6-128

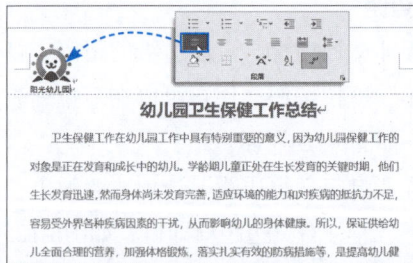

图 6-129

步骤 05 页眉设置完成后，在"页眉和页脚"选项卡中的"关闭"组内单击"关闭页眉和页脚"按钮，可退出页眉页脚编辑模式，如图6-130所示。

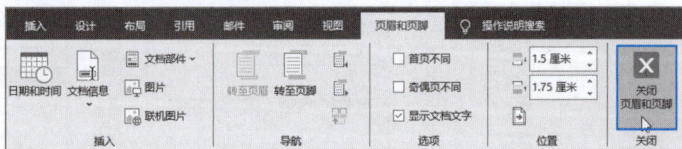

图 6-130

动手练 在页脚中添加日期和时间

步骤 01 在任意文档页面的页脚位置双击，切换至页眉页脚编辑模式，保持光标定位于页脚中，在"页眉和页脚"选项卡中的"插入"组内单击"日期和时间"按钮，如图6-131所示。

步骤 02 弹出"日期和时间"对话框,在"可用格式"列表中选择一种日期或时间格式,勾选"自动更新"复选框,单击"确定"按钮,如图6-132所示。

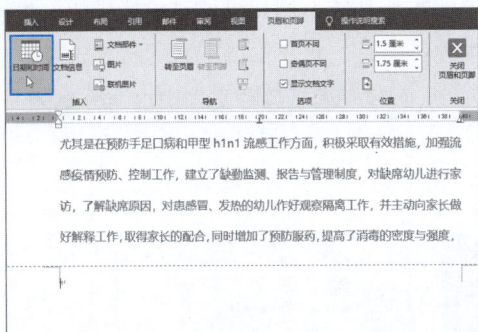

图 6-131

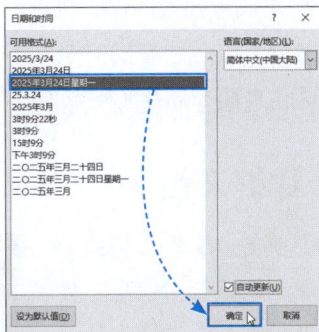

图 6-132

步骤 03 页脚中随即被插入所选格式的日期或时间,如图6-133所示。该日期或时间会随着时间的推移自动更新。

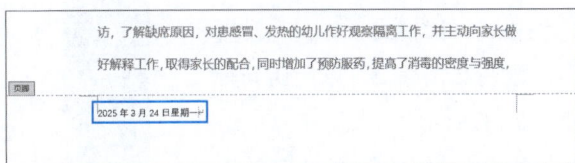

图 6-133

知识拓展

在"页眉和页脚"选项卡中的"位置"组内输入"页眉顶端距离"和"页脚底端距离"的具体数值,可以精确调整页眉和页脚的高度,如图6-134所示。

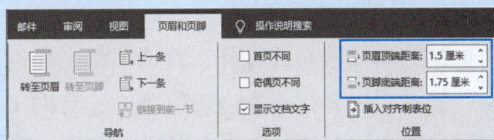

图 6-134

6.7.3 添加页码

为文档添加页码可标记当前页数以及文档的总页数,起到导航和索引的作用,便于用户阅读和检索。

在页眉或页脚位置双击,启动页眉页脚编辑状态。在"页眉和页脚"选项卡中的"页眉和页脚"组内单击"页码"下拉按钮,在下拉列表中选择"页面底部"选项,在其下级列表中选择一种需要的页码样式,如图6-135所示。

文档中所有页面的页脚位置随即被添加页码,如图6-136所示。

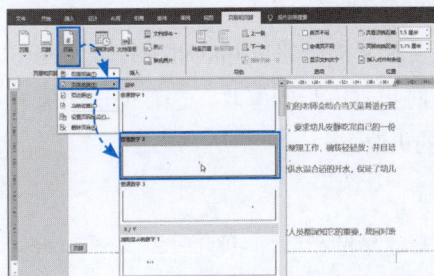

图 6-135

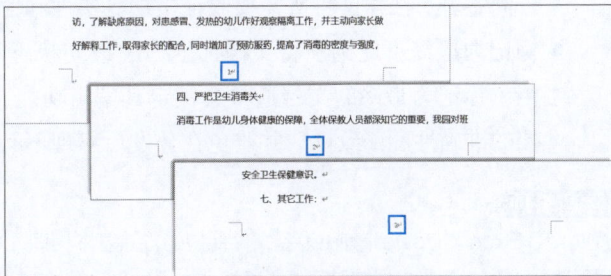

图 6-136

6.8 文档的保护和打印

Word文档集成了强大的保护机制与高效的打印功能，用户可通过设置密码、编辑权限限制等手段，有效保障文档内容的安全与不被篡改；同时，它还支持丰富的打印选项，包括自定义页面范围、优化页面布局及实现双面打印等，从而轻松满足各种文档输出与分享的需求。

6.8.1 保护文档

在文档中单击"文件"按钮，进入文件菜单，切换至"信息"界面，单击"保护文档"按钮，通过展开的列表中提供的选项可以将文档设置成只读模式、为文档设置密码、限制文档编辑、限制访问等，如图6-137所示。

Word提供的这些保护文档选项是为了确保文档的安全性和完整

图 6-137

性，防止未经授权的访问或修改。用户可以根据具体需求选择合适的保护方式。各选项的详细说明如下。

- **始终以只读方式打开**：此选项将文档设置为只读模式，意味着每次打开文档时，用户只能查看内容而不能进行修改。这有助于保护文档的原始内容不被意外或恶意更改。如果需要修改文档，用户需要另存为新文件或取消只读属性。
- **用密码进行加密**：通过设置密码，用户可以保护文档不被未经授权的用户访问。加密后的文档在打开时需要输入密码才能查看或编辑。
- **限制编辑**：此选项允许用户控制对文档内容的修改权限。可以设置为不允许任何更改、仅允许批注或仅允许填写表单等模式。适用于需要保持文档格式一致性或防止信息泄露的场景。
- **限制访问**：授予用户访问权限，同时限制其编辑、复制和打印能力。需要特定的权限或证书才能访问或编辑文档。
- **添加数字签名**：数字签名是一种电子验证方式，用于确认文档的来源和完整性。通过数字签名，可以验证文档在传输过程中是否被篡改，并确保签署人的身份真实性。适用于合同签署、法律文件等需要验证文档真实性和完整性的场景。
- **标记为最终**：此选项将文档标记为"最终状态"，表示文档已完成并准备进行分发或归档。标记为最终的文档通常会锁定其编辑功能，以防止进一步的修改。这有助于确保文档的准确性和一致性，并避免在分发后出现不必要的更改。

注意事项

Word、Excel和PowerPoint设置文件保护的方法基本相同，本书在Word部分进行详细介绍后，介绍Excel和PowerPoint的文件保护时将不再赘述。

动手练 为文档设置密码保护

设置密码是保护文档最常用且有效的手段，下面介绍为文档设置密码保护的具体操作方法。

步骤 01 单击"文件"按钮，进入文件菜单，切换到"信息"界面，单击"保护文档"下拉按钮，在下拉列表中选择"用密码进行加密"选项，如图6-138所示。

步骤 02 弹出"加密文档"对话框，输入密码，单击"确定"按钮，在随后弹出的"确认密码"对话框中再次输入密码，单击"确定"按钮，完成密码的设置，如图6-139所示。

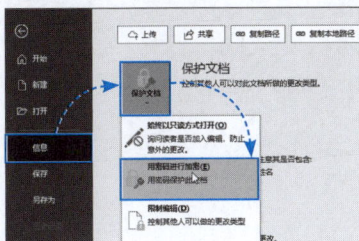

图 6-138

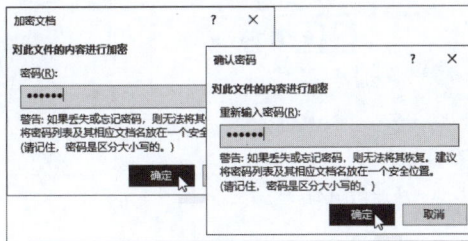

图 6-139

知识拓展

若要取消密码保护，需要进入文件菜单，在"信息"界面再次单击"保护文档"下拉按钮，并在下拉列表中选择"用密码进行加密"选项，弹出"加密文档"对话框，将其中的密码删除，单击"确定"按钮即可。

6.8.2 打印文档

打印文档使得电子文档得以转换为纸质形式，便于阅读、存档或分发。打印文档前用户需要对纸张大小、打印份数、打印范围、页面布局、双面打印等进行设置。

单击界面左上角的"文件"按钮，进入文件菜单，切换至"打印"界面。通过界面左侧提供的选项，可以进行打印设置，在界面右侧则可以对打印效果进行预览，如图6-140所示。

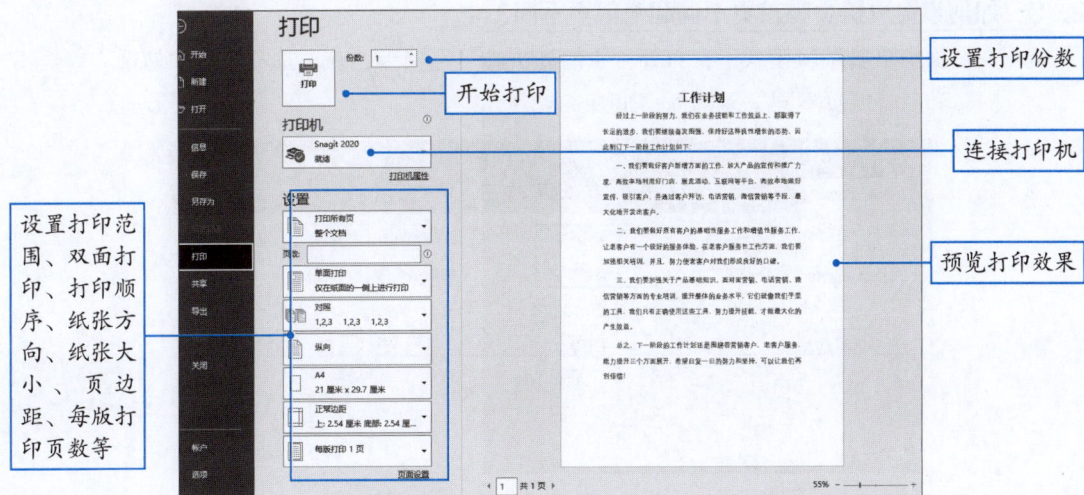

图 6-140

QA 新手答疑

1. Q: 如何为段落添加项目符号？

A: 选择需要设置项目符号的段落，打开"开始"选项卡，在"段落"组中单击"项目符号"下拉按钮，在下拉列表中选择一种满意的项目符号，如图6-141所示。所选段落随即被添加相应项目符号，如图6-142所示。

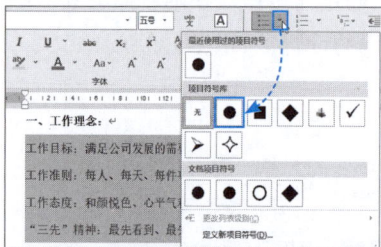

图 6-141

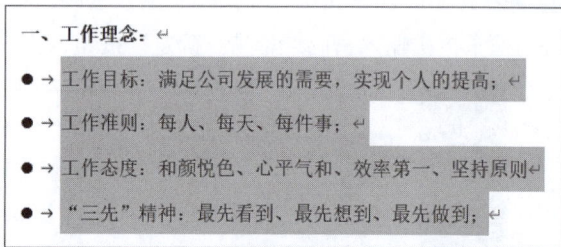

图 6-142

2. Q: 如何为段落添加数字编号？

A: 选中需要设置编号的段落，打开"开始"选项卡，在"段落"组中单击"编号"下拉按钮，在下拉列表中选择一种满意的编号，如图6-143所示。所选段落随即被添加相应的数字编号，如图6-144所示。

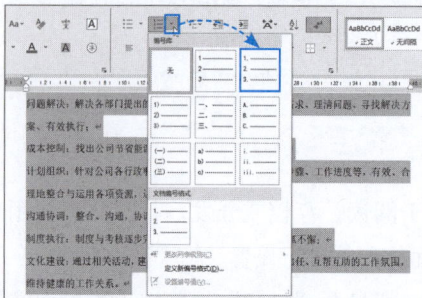

图 6-143

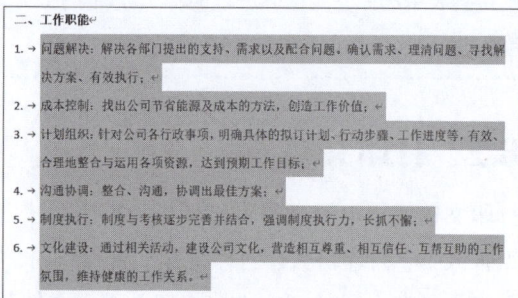

图 6-144

3. Q: 如何设置页眉页脚首页不同和奇偶页不同？

A: 在页面和页脚编辑模式下，打开"页眉和页脚"选项卡，在"选项"组中勾选"首页不同"和"奇偶页不同"复选框，如图6-145所示。

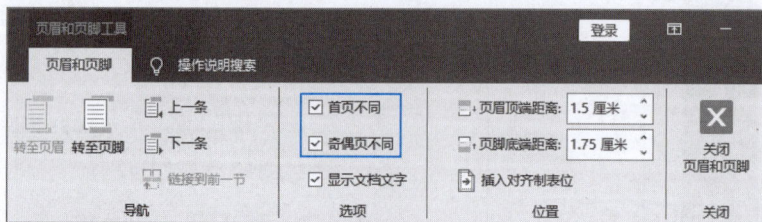

图 6-145

第7章

Excel 表格的应用

Excel是Office办公套件的核心工具之一。它集成了强大的计算、分析和可视化功能，支持高效处理数据、构建复杂公式、创建动态图表，以及执行数据透视分析等。无论是财务统计、项目管理还是日常办公，Excel都能提供便捷的解决方案。本章将对Excel表格的核心知识点及应用进行详细介绍。

7.1 Excel的基础知识

Excel凭借其强大的数据处理能力、直观的操作界面以及丰富的功能特性，成为了广大用户处理和分析数据的首选工具。掌握Excel的基础知识，不仅能够提升用户的工作效率，更能为用户在数据处理与分析的道路上开辟更广阔的天地。

7.1.1 Excel基本功能

Excel在表格制作与管理、数据处理与分析、图表与数据可视化、协作与共享以及其他高级功能方面都表现出色。无论是个人用户还是企业用户，都可以通过掌握Excel的基本功能来提高工作效率和数据管理能力。下面对Excel基本功能进行介绍。

1. 表格制作与管理

能够方便地创建和编辑表格，用户可以对数据进行输入、编辑、复制、移动等操作。同时，Excel还提供丰富的格式化选项，允许用户设置单元格的字体、颜色、边框等属性，以及套用预设的表格格式，使表格更加美观和易于阅读。

2. 数据处理与分析

- **公式与函数**：内置了大量函数，如SUM（求和）、AVERAGE（平均值）、MAX（最大值）等，用户可以通过输入公式或选用函数自动处理数据。
- **排序与筛选**：用户可以对数据进行排序，包括升序和降序，以便快速找到所需信息。同时，筛选功能允许用户根据特定条件显示或隐藏数据行。
- **分类汇总**：可以将数据按照指定字段进行分类，并对每个类别进行汇总计算，生成分类汇总表。
- **数据透视表**：数据透视表是Excel中非常强大的数据分析工具，它允许用户自由调整行和列以及数据的计算方式，从而快速汇总、分析及展示大量数据。

3. 图表与数据可视化

提供多种图表类型，如柱形图、折线图、饼图等，用户可以根据数据特点和展示需求选择合适的图表类型。通过图表，用户可以直观地了解数据的分布、趋势和对比关系，从而做出更明智的决策。

4. 协作与共享

- **实时协作**：随着云计算技术的发展，Excel支持多人在线实时协作，用户可以与他人共同编辑、评论和分享文档。
- **共享工作簿**：用户可以将工作簿设置为共享状态，以便其他用户访问和编辑。同时，可以通过设置权限控制用户对工作簿的访问和修改。

5. 其他高级功能

- **条件格式化**：根据特定条件自动改变单元格的格式，以便突出显示关键数据。
- **数据验证**：限制单元格接收的数据内容，确保数据的准确性和一致性。
- **宏编程**：对于高级用户来说，Excel提供VBA（Visual Basic for Applications）编程环境，用户可以编写宏实现自动化操作和数据处理任务。

7.1.2　Excel工作界面

　　Excel的工作界面主要由快速访问工具栏、"文件"按钮、标题栏、编辑栏、行号、列标、名称框、选项卡、窗口控制按钮、编辑区、功能区、工作表标签、状态栏等部分组成，如图7-1所示。

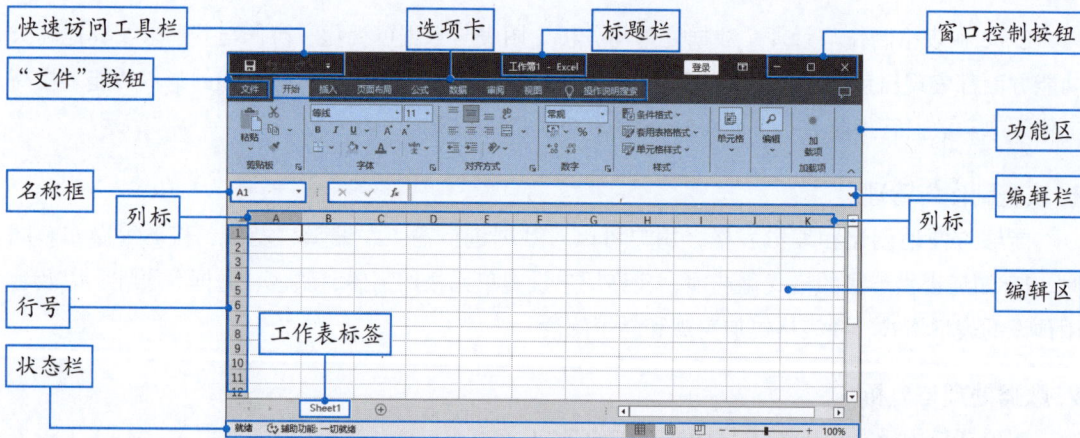

图 7-1

　　Word、Excel以及PowerPoint三款软件的工作界面主要组成部分基本相同（包括快速访问工具栏、标题栏、窗口控制按钮、"文件"按钮、选项卡、功能区以及状态栏等），本书在介绍Word操作界面时已经详细介绍了这些组成部分的作用，此处不再赘述。下面对Excel的特有区域进行说明。

- **名称框**：用来显示所选单元格、图片、形状、控件等对象的名称，也用于快速定位指定单元格或其他对象。
- **编辑栏**：包括快捷工具按钮、编辑框、展开/折叠按钮。
- **快捷工具按钮**：包括取消输入框内容按钮（按Esc键有同样效果）、确认输入框内容按钮（按Enter键有同样效果）以及插入函数按钮等。

- **编辑框：**用于输入或编辑当前活动单元格中的数据信息或公式内容。
- **展开/折叠按钮：**当编辑框内容较多时，可以单击相应按钮展开编辑栏，以获得更多的编辑视野；反之，则可以折叠编辑栏以节省空间。
- **行号：**位于编辑区的左侧，用阿拉伯数字进行标记，Excel共包含1048576行。
- **列标：**位于工作表编辑区的上方，用英文字母进行标记，最后一列的列号为XFD。
- **编辑区：**Excel工作界面的主体部分，用于数据输入、编辑和展示。由多个单元格组成，每个单元格有唯一的地址，由列标和行号组成（如A1、B2等）。
- **工作表标签：**用于显示工作表名称。Excel默认包含一张工作表，其标签名称为Sheet1，用户可根据需要更改工作表标签的名称，也可在工作簿中继续添加新的工作表。

7.1.3 工作簿与工作表的区别

工作簿和工作表是从属关系。工作表属于工作簿的一部分，一个工作簿中可以包含很多张工作表。

1. 工作簿的概念

工作簿是一种电子表格文件，它是一种文件形式。Excel文件的默认扩展名为.xlsx，如图7-2所示。双击工作簿图标可以打开该工作簿。

2. 工作表的概念

工作表是工作簿的基本组成单位，用于记录、展示、处理及分析数据。一个工作簿中可以包含很多张工作表，如图7-3所示。如果将工作簿比作一个活页夹，工作表则是其中可拆卸的纸张。每一张工作表都可以单独编辑或删除，但是一个工作簿中至少要包含一张工作表。

图 7-2

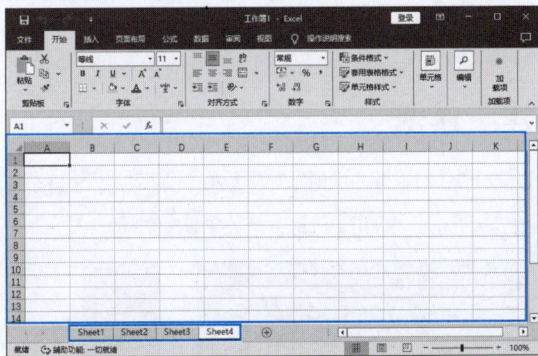

图 7-3

7.1.4 行/列与单元格的概念

"行""列"和"单元格"是Excel中的基本概念，它们共同构成Excel工作表的结构。理解并熟练运用这些概念，可以帮助用户更有效地处理数据和管理信息。

行指水平方向的单元格集合。每一行都有一个编号，称为行号，位于工作表的左侧。行号从1开始，一直向上增加，直至工作表的最大行数，例如，数字3对应的行叫第3行。用户可以对行执行各种操作，如插入、删除行，调整行高，以及隐藏或取消隐藏行。

列是指垂直方向的单元格集合。每一列都有一个字母标识，称为列标，位于工作表的顶部。列标从A开始，向右增加，直至工作表的最大列数，例如，字母D对应的列叫D列。与行类似，对列可执行的操作包括插入列、删除列、调整列宽等。

单元格由行和列交叉形成，是工作表的基本单位。每个单元格都可以存放不同类型的数据，如数字、文本、日期等。单元格的位置由其所在的列标和行号确定，例如，D列和第4行交叉处的单元格名称为D4。

单元格区域是由多个单元格构成的一片区域，这些单元格可以是连续的，也可以是离散的，即不相邻。

- **连续区域**：由相邻单元格组成，是最常见的区域类型。例如，从C3到F9的矩形区域表示为C3:F9，涵盖4列7行，共28个单元格，如图7-4所示。
- **非连续区域**：由多个不相邻的单元格或连续区域组合而成。选取时需借助Ctrl键，先选中一个区域，按住Ctrl键后再选择其他区域。例如，A1:B3、D5、F6:G8这三个分散的单元格共同构成一个非连续区域，可表示为（A1:B3,D5,F6:G8），如图7-5所示。

连续单元格区域C3:F9

图 7-4

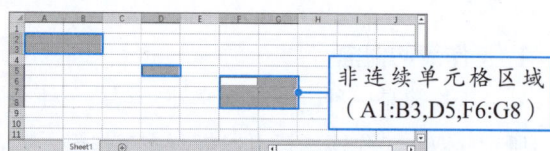

非连续单元格区域（A1:B3,D5,F6:G8）

图 7-5

7.2 工作簿与工作表的基本操作

工作簿和工作表是Excel表格软件的核心，对数据处理至关重要。掌握其基础操作能提升效率、优化数据管理。

7.2.1 新建工作簿

在桌面双击Excel快捷图标，如图7-6所示。启动Excel软件，在"开始"界面单击"空白工作簿"按钮，如图7-7所示，即可新建一个空白工作簿。

图 7-6

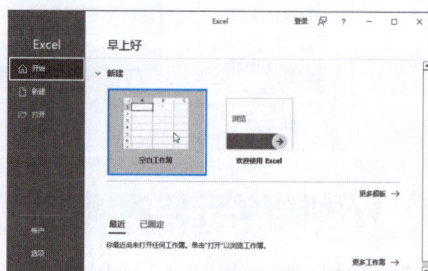

图 7-7

除了双击桌面快捷图标，也可以在"开始"菜单中单击Excel图标，启动Excel软件并新建空白工作簿，如图7-8所示。另外，还可以在桌面或文件夹中右击，在弹出的快捷菜单中选择"Microsoft Excel 工作表"选项，如图7-9所示，在目标位置创建空白工作簿，然后双击该工作簿图标打开工作簿。

7.2.2 保存工作簿

编辑中的工作簿需要及时保存才
不会造成文件内容的丢失，下面介绍
几种不同的保存方法。

1. 保存新建工作簿

新创建的工作簿在首次保存时需
要为其指定名称和保存位置，在菜
单栏中单击"保存"按钮，如图7-10
所示。

系统随即自动进入文件菜单的

图 7-8

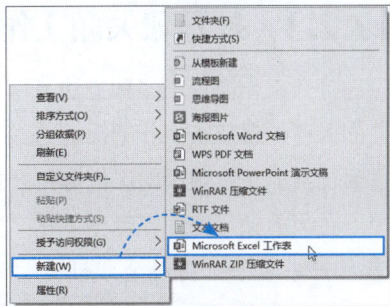

图 7-9

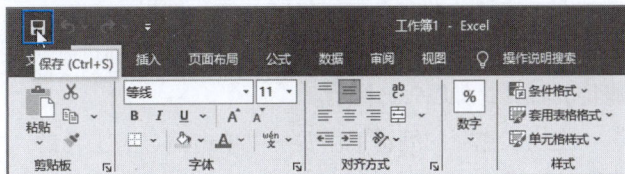

图 7-10

"另存为"界面，单击"浏览"按钮，如图7-11所示。弹出"另存为"对话框，选择好文件的保
存位置，输入文件名，单击"保存"按钮，即可保存工作簿，如图7-12所示。

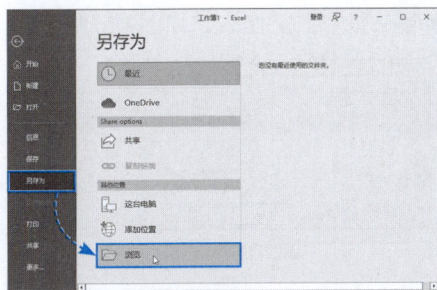

图 7-11

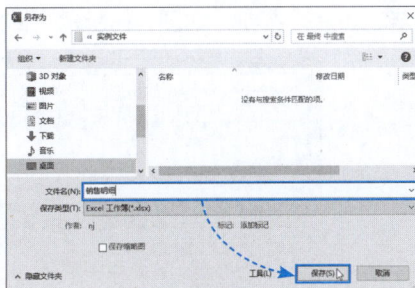

图 7-12

2. 另存为工作簿

若要为当前工作簿创建副本可执行另存为操作。单击"文件"按钮进入文件菜单，切换至
"另存为"界面，随后单击"浏览"按钮，如图7-13所示。打开"另存为"对话框，用户可以根
据需要选择文件的保存位置和文件名。若要更改文件类型，可以单击"保存类型"下拉按钮，
在下拉列表中选择所需类型，单击"确定"按钮即可完成文件的另存为操作，如图7-14所示。

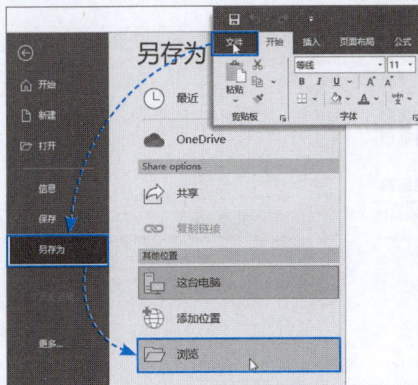

图 7-13

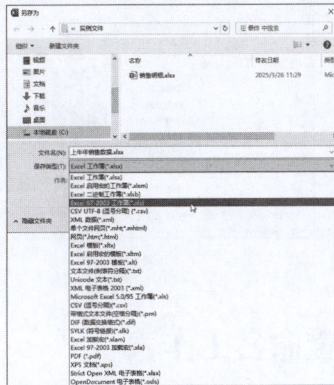

图 7-14

7.2.3 打开和关闭工作簿

打开工作簿有很多种方法，用户可以从文件的保存位置双击工作簿图标直接打开。也可以通过当前正在使用的工作簿打开指定文件。

在当前使用的工作簿中单击"文件"按钮进入文件菜单，切换至"打开"界面，单击"浏览"按钮，弹出"打开"对话框，选择要打开的工作簿文件，单击"打开"按钮即可。

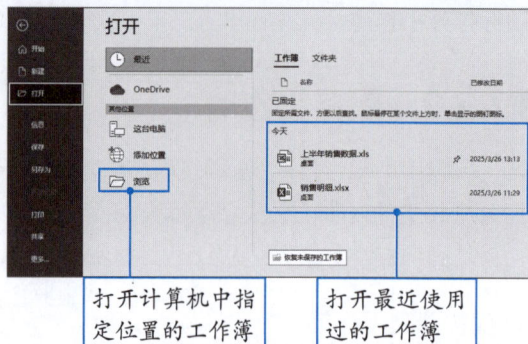

打开计算机中指定位置的工作簿　　打开最近使用过的工作簿

图 7-15

另外，在文件菜单中的"打开"界面可以看到近期使用过的工作簿，单击某个工作簿，可以快速将其打开，如图7-15所示。

完成工作簿的编辑工作后可以单击窗口右上角的"关闭"按钮关闭工作簿。

7.2.4 新建工作表

新创建的工作簿默认只包含一张工作表，用户可以根据需要新建工作表。单击工作表标签右侧的"新工作表"按钮，如图7-16所示，即可新建一张空白工作表，如图7-17所示。

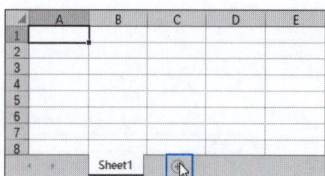

图 7-16

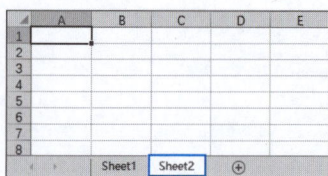

图 7-17

动手练 设置工作表标签颜色

用户可以为工作表标签设置颜色，以区分工作表中内容的重要程度、类型、紧急程度等。下面介绍如何为工作表标签设置颜色。

步骤 01 右击工作表标签，在弹出的快捷菜单中执行"工作表标签颜色"命令，在下级菜单中选择所需颜色，如图7-18所示。

步骤 02 所选工作表标签随即被设置为相应颜色，效果如图7-19所示。

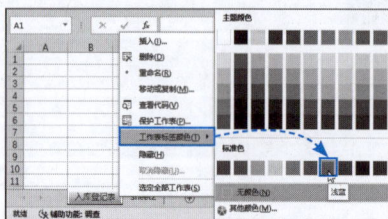

图 7-18

图 7-19

7.2.5 重命名工作表

工作表名称默认为Sheet1、Sheet2……，为了更容易识别工作表中的内容，可重命名工作表名称。

右击工作表标签，在弹出的快捷菜单中执行"重命名"命令，如图7-20所示。工作表标签随即变为可编辑状态，输入新的工作表名称即可，如图7-21所示。

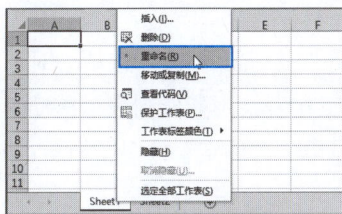

图 7-20

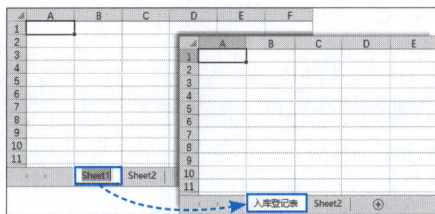

图 7-21

动手练 移动和复制工作表

当工作簿中包含多张工作表时，可以移动工作表的位置并改变其排列顺序。另外，若想要得到某张工作表的副本也可以复制工作表。

步骤01 将光标移动到需要移动位置的工作表标签上方，按住鼠标左键向目标位置拖动，此处拖动至"工资统计"工作表标签右侧，如图7-22所示。

步骤02 此时目标位置会出现黑色的三角形图标，松开鼠标左键，工作表随即被移动到相应位置，如图7-23所示。

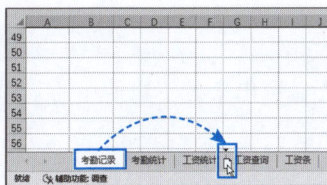

图 7-22

图 7-23

步骤03 将光标移动到需要复制的工作表标签上方，按住Ctrl键不放，同时向目标位置拖动光标，如图7-24所示。

步骤04 所选工作表随即被复制，并在目标位置显示，由于一个工作簿中不能包含两张名称相同的工作表，因此，被复制的工作表名称后会自动添加"（2）"，如图7-25所示。

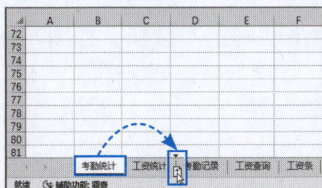

图 7-24

图 7-25

7.2.6　将工作表移动或复制到其他工作簿

若要将指定工作表移动或复制到其他工作簿，可以在"移动或复制工作表"对话框中进行操作。例如将"考勤与工资表"工作簿中的"工资统计"工作表移动到"员工信息表"工作簿中。具体操作方法如下。

步骤01 将两个工作簿同时打开，随后在"考勤与工资表"工作簿中的"工资统计"工作表标签上右击，在弹出的快捷菜单中执行"移动或复制"命令，如图7-26所示。

步骤 **02** 打开"移动或复制工作表"对话框，单击"工作簿"下拉按钮，在下拉列表中选择"员工信息表.xlsx"选项，如图7-27所示。

步骤 **03** 在"下列选定工作表之前"列表框中选择"（移至最后）"选项。对话框左下角包含一个"建立副本"复选框，勾选该复选框表示复制工作表，不勾选则表示移动工作表。此处想要复制工作表，所以勾选"建立副本"复选框，最后单击"确定"按钮，如图7-28所示。

 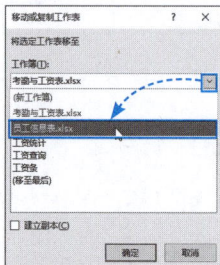 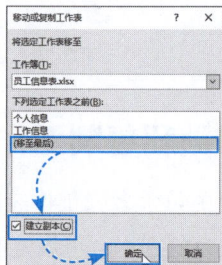

图 7-26   图 7-27   图 7-28

步骤 **04** "工资统计"工作表随即被复制到"员工信息表"工作簿中，并在所有工作表的最右侧显示。

7.2.7 隐藏和删除工作表

暂时不使用的工作表可以隐藏，等到需要时再显示出来。不再使用的工作表则可以进行删除，以减小工作簿的大小，提高软件运行速度。

1. 隐藏工作表

右击需要隐藏的工作表标签，在弹出的快捷菜单中执行"隐藏"命令，如图7-29所示，即可将当前工作表隐藏。

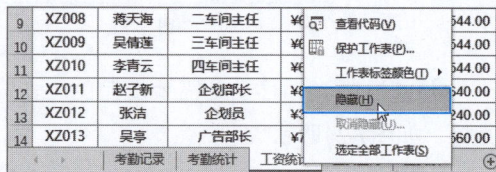

图 7-29

若要让隐藏的工作表重新显示，可以右击任意工作表标签，在弹出的快捷菜单中执行"取消隐藏"命令，如图7-30所示。在弹出的"取消隐藏"对话框中选择要取消隐藏的工作表选项，单击"确定"按钮，如图7-31所示，即可取消工作表的隐藏。

2. 删除工作表

右击工作表标签，在弹出的快捷菜单中执行"删除"命令，即可将当前工作表删除，如图7-32所示。

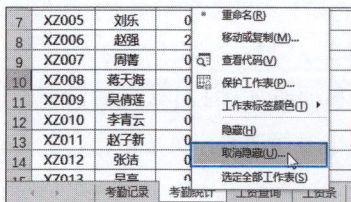 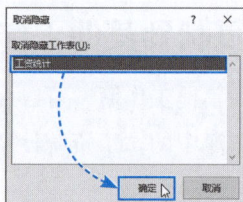 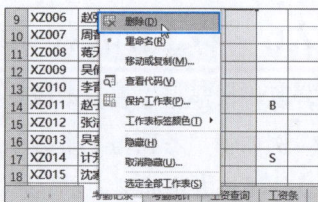

图 7-30   图 7-31   图 7-32

7.2.8 拆分和冻结窗口

Excel工作表窗口的拆分和冻结，可以帮助用户更高效地浏览和处理大型数据集，使用户能够更有效地管理和分析大型数据集。

动手练 拆分窗口

拆分窗口功能允许用户将工作表窗口拆分为两个或四个独立的窗格，每个窗格都可以独立滚动和查看不同的部分。用户可以在水平方向、垂直方向或同时在两个方向上进行拆分，以便同时查看工作表的不同区域。

步骤 01 在工作表中选择一个单元格，打开"视图"选项卡，在"窗口"组中单击"拆分"按钮，如图7-33所示。

步骤 02 工作表随即以所选单元格为基准被拆分成4个窗口，如图7-34所示。

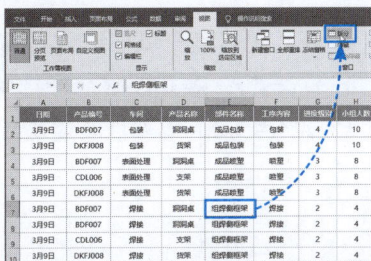

图 7-33

图 7-34

知识拓展

若要取消拆分窗口，再次单击"拆分"按钮即可。

动手练 冻结窗格

冻结窗格能够冻结工作表的某一部分，在滚动浏览工作表时被冻结的部分能够始终保持可见，下面介绍同时冻结1～7行和A～C列的方法。

步骤 01 选择D8单元格，打开"视图"选项卡，在"窗口"组中单击"冻结窗格"下拉按钮，在下拉列表中选择"冻结窗格"选项，如图7-35所示。

步骤 02 工作表中的1～7行和A～C列随即被冻结，查看下方和右侧数据时，被冻结的部分始终固定不动，如图7-36所示。

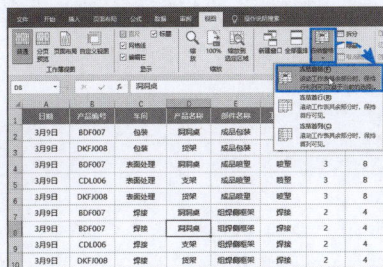

图 7-35

图 7-36

动手练 冻结首行

Excel的冻结首行功能通过固定表格顶部标题行，确保用户在纵向滚动浏览长数据时，列标题始终可见，从而清晰识别每列数据的含义。

步骤 01 打开"视图"选项卡，在"窗口"组中单击"冻结窗格"下拉按钮，在下拉列表中选择"冻结首行"选项，如图7-37所示。

步骤 02 工作表的第1行随即被冻结，查看下方数据时第1行始终固定显示，如图7-38所示。

图 7-37

图 7-38

7.3 行/列与单元格的基本操作

在使用Excel的过程中，掌握行、列与单元格的基本操作，是高效处理海量数据，以及构建结构清晰、规范有序表格的基础。

7.3.1 选择行、列和单元格

对工作表中的数据执行操作之前通常需要先选中目标区域，选择行、列以及单元格是后续操作的基础。

1. 选择行

将光标移动到行号上方，光标变成 → 形状时单击，即可将光标所指的行选中，如图7-39所示。

选中一行后，按住鼠标左键的同时拖动光标，可选中连续的多行，如图7-40所示。

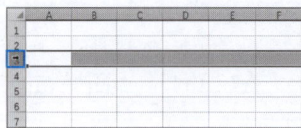

图 7-39

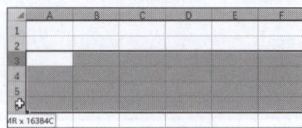

图 7-40

2. 选择列

将光标移动到行号上方，光标变成 ↓ 形状时单击，即可选中光标所指的列，如图7-41所示。选中一列后，按住鼠标左键的同时拖动光标，可选中连续的多列，如图7-42所示。

知识拓展

按住Ctrl键不放，依次选择不相邻的行或列，可将这些不连续的行或列同时选中。

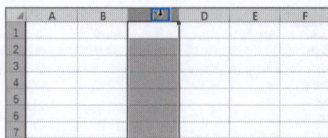

图 7-41

图 7-42

3. 选择单元格和单元格区域

在目标单元格上方单击，即可选中该单元格，如图7-43所示。选中一个单元格后，按住鼠标左键的同时拖动光标，可以选择一个单元格区域，如图7-44所示。选择一个单元格或单元格区域后，按住Ctrl键不放，继续拖动光标在工作表中选择其他单元格区域，可同时选中多个不相邻的单元格区域，如图7-45所示。

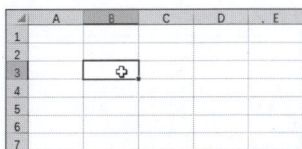
图 7-43

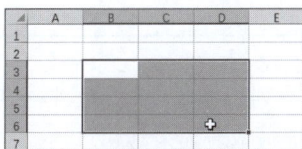
图 7-44

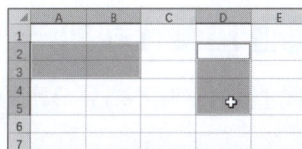
图 7-45

4. 选择整个工作表

将光标移动到工作表左上角，光标变成 形状时单击，即可将整个工作表选中，如图7-46所示。

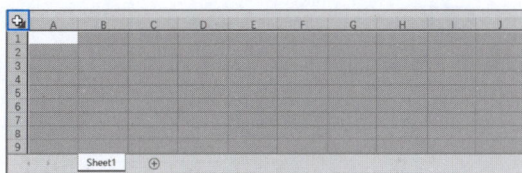
图 7-46

▌7.3.2　行和列的基本操作

制作报表时，经常需要对行和列进行各种操作，例如插入或删除行和列、隐藏行和列、移动行列位置，以及调整行高和列宽等。下面对行和列的基本操作进行详细介绍。

动手练 **插入行和列**

插入行和列是制作表格时的常见操作，插入行和插入列的方法基本相同，下面进行详细介绍。

步骤 01 在工作表中选择一行，随后右击选中的行，在弹出的快捷菜单中执行"插入"命令，如图7-47所示。

步骤 02 所选行的上方随即被插入一个空行，如图7-48所示。

图 7-47

图 7-48

步骤 03 在工作表中选择一列，随后右击选中的列，在弹出的快捷菜单中执行"插入"命令，如图7-49所示。

步骤 04 所选列的左侧随即被插入一个空白列，如图7-50所示。

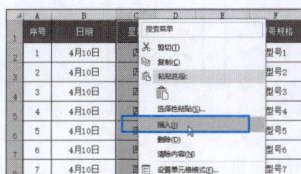
图 7-49

图 7-50

7.3.3 删除行和列

删除行和列的方法很简单，只需选中需要删除的行或列并右击，在弹出的快捷菜单中执行"删除"命令即可，如图7-51所示。

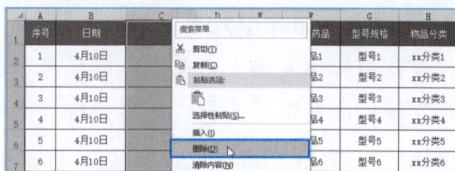

图 7-51

动手练 隐藏行和列

通过暂时移除不需要显示的行或列，能够使关键数据更加突出，减少视觉干扰，便于用户专注于核心信息，同时也有助于保护敏感数据不被轻易查看。

步骤01 选中需要隐藏的行并右击，在弹出的快捷菜单中执行"隐藏"命令，如图7-52所示。

步骤02 所选行随即被隐藏，如图7-53所示。隐藏列的方法和隐藏行的方法基本相同，只需选中需要隐藏的列，然后右击所选列，在弹出的快捷菜单中执行"隐藏"命令即可。

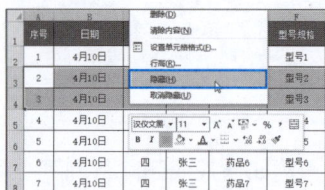

图 7-52

图 7-53

若要取消行或列的隐藏，可以选中包含隐藏内容的连续行或列并右击，在弹出的快捷菜单中执行"取消隐藏"命令即可。

动手练 快速调整行高和列宽

合适的行高和列宽能够让表格看起来更美观大方。用户可快速调整行高、列宽，也可精确调整行高、列宽。

步骤01 将光标移动到需要调整宽度的列的列标右侧边线上，当光标变成⊞形状时，按住鼠标左键进行拖动（向左拖动为减少列宽，向右拖动为增加列宽），拖动时，光标附近会显示具体的宽度值，如图7-54所示。

步骤02 拖动到合适的宽度后松开鼠标左键，目标列的宽度即可得到调整，如图7-55所示。

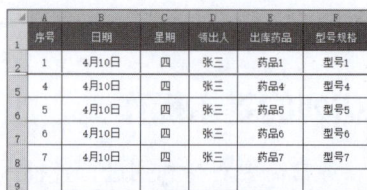

图 7-54

图 7-55

步骤03 选中需要调整高度的所有行，将光标移动到任意一个被选中的行的行号下方边线上，光标变成⊞形状时，按住鼠标左键进行拖动（向上拖动是减少行高，向下拖动是增加行高），拖动时，光标附近会显示具体的高度值，如图7-56所示。

步骤04 拖动到合适高度时，松开鼠标左键，所选行随即被批量调整高度，如图7-57所示。

图 7-56

图 7-57

7.3.4 精确调整行高和列宽

用户也可以使用对话框精确调整行高或列宽。以调整行高为例，选中需要调整高度的行，在"开始"选项卡中的"单元格"组中单击"格式"下拉按钮，在下拉列表中选择"行高"选项，在弹出的"行高"对话框中设置具体数值，单击"确定"按钮，即可精确调整行高，如图7-58所示。若要调整列宽，则在"格式"下拉列表中选择"列宽"选项。

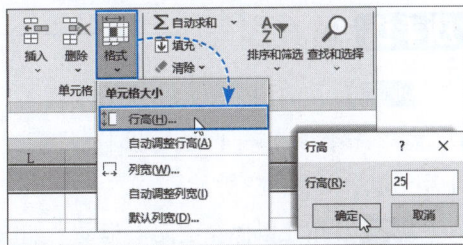

图 7-58

7.3.5 合并单元格

Excel提供多种合并单元格的方式，包括合并内容并居中显示、跨越合并以及合并单元格。

选中需要合并内容的单元格区域，打开"开始"选项卡，在"对齐方式"组中单击"合并后居中"下拉按钮，在下拉列表中选择"合并单元格"选项，如图7-59所示。所选单元格区域随即被合并成一个单元格，如图7-60所示。

图 7-59

图 7-60

7.4 数据的录入和管理

Excel中的常见数据类型包括文本、数字、日期、符号、逻辑值等。不同的数据类型有不同的录入技巧。在录入数据时可以利用复制、填充、查找与替换等功能提高工作效率。

7.4.1 输入数据

选中单元格，输入内容，如图7-61所示。按Enter键即可确认录入，并自动切换至下方单元格，如图7-62所示。

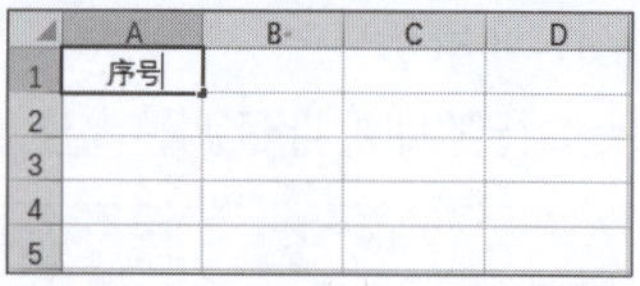

图 7-61 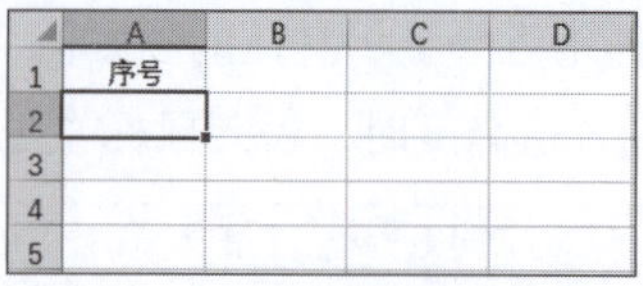　　　　　　　图 7-62

除了使用鼠标选择单元格，也可以按↑、↓、←、→键控制单元格向对应的方向切换，方便向相邻的单元格中继续录入数据。

7.4.2　填充数据

使用数据填充功能可以快速在表格中录入有序的数字和日期，或者在相邻区域内录入重复的内容。

动手练　填充序号

步骤 01 在前两个单元格中分别输入1和2，确认录入后将这两个单元格选中，将光标移动到所选单元格区域的右下角，此时光标变成黑色十字形状，如图7-63所示。

步骤 02 按住鼠标左键向下拖动，如图7-64所示。拖动至合适位置时松开鼠标左键，单元格中随即自动填充连续的数字，如图7-65所示。

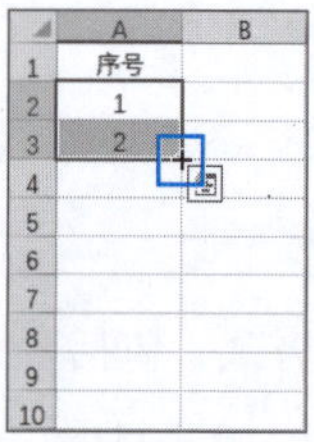

图 7-63 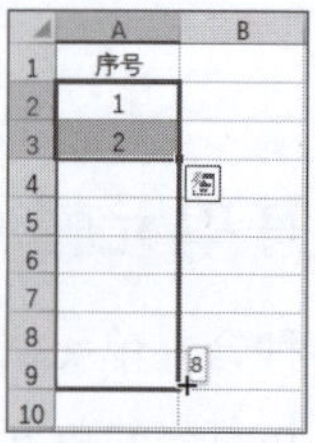　　　　　图 7-64 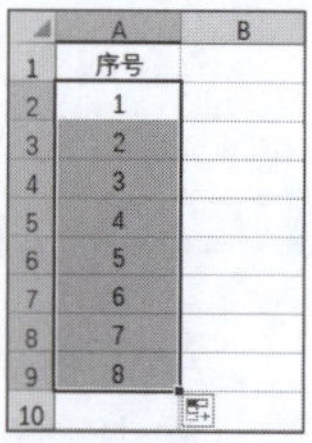　　　　　图 7-65

动手练　填充日期和文本

步骤 01 先在首个单元格中输入第一个日期，随后选中这个包含日期的单元格，将光标移动到所选单元格的右下角，此时光标变为黑色的十字形状，如图7-66所示。

步骤 02 按住鼠标左键进行拖动，如图7-67所示。拖动到所需位置时松开鼠标左键，即可自动填充连续的日期，如图7-68所示。

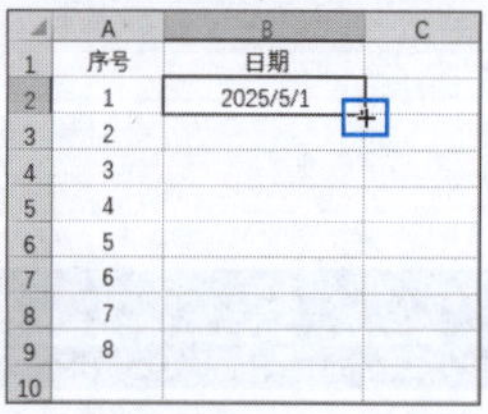

图 7-66 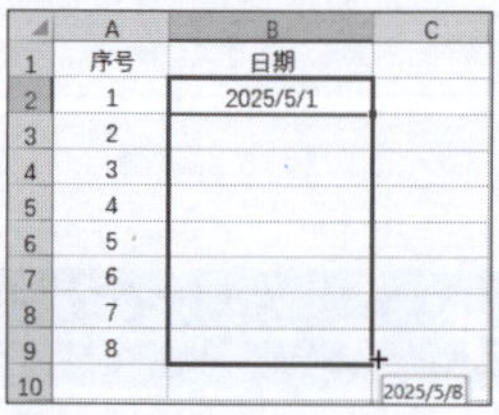　　　　　图 7-67 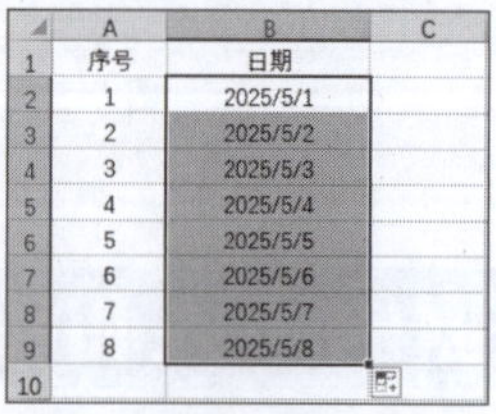　　　　　图 7-68

步骤 03 当需要在连续的区域内输入重复的文本内容时，也可以使用鼠标拖曳的方式进行快速填充。先在首个单元格中输入文本内容，然后将该单元格选中，将光标移动到所选单元格右下角，如图7-69所示。

步骤 04 光标变成黑色十字形状时，按住鼠标左键进行拖动，拖动到合适位置后松开鼠标左键，如图7-70所示。鼠标拖选的区域内随即被填充文本内容，如图7-71所示。

图 7-69　　　　　　　图 7-70　　　　　　　图 7-71

7.4.3　设置数字格式

所谓"数字格式"即单元格中数据的显示方式。设置数据格式可以让表格中的内容看起来更规范。

动手练 设置数字的显示方式

步骤 01 选中要设置格式的数值区域，打开"开始"选项卡，在"数字"组中单击"数字格式"对话框启动器按钮，如图7-72所示。

步骤 02 弹出"设置单元格格式"对话框，在"数字"选项卡中的"分类"组内选择"数值"选项，设置"小数位数"为2，单击"确定"按钮，如图7-73所示。

步骤 03 所选单元格区域中的数字随即被添加相应的小数位数，如图7-74所示。

图 7-72　　　　　　　图 7-73　　　　　　　图 7-74

知识拓展

在"设置单元格格式"对话框中的"分类"组内选择"货币"或"会计专用"选项，并设置好小数位数和货币符号，还可以将数字设置成货币格式或会计专用格式，如图7-75所示。

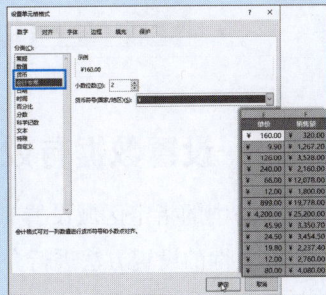

图 7-75

动手练 设置日期的显示方式

步骤 01 选择包含日期的单元格，打开"开始"选项卡，在"数字"组中单击"数字格式"

对话框启动器按钮，如图7-76所示。

步骤02 打开"设置单元格格式"对话框，在"数字"选项卡中的"分类"组内选择"日期"选项，在右侧"类型"列表框中选择需要的日期类型，单击"确定"按钮，即可将所选日期设置成相应格式，如图7-77所示。

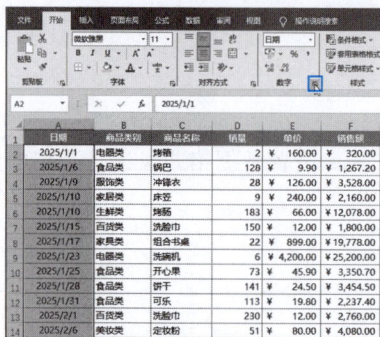

图 7-76

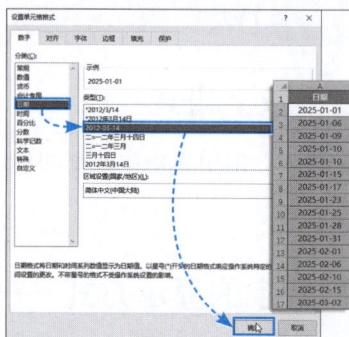

图 7-77

动手练 输入以0开头的数字

步骤01 选择需要输入数据的单元格区域，打开"开始"选项卡，在"数字"组中单击"数字格式"下拉按钮，在下拉列表中选择"文本"选项，如图7-78所示。

步骤02 所选区域便可输入以0开头的数字，若输入的是有规律的数字，还可以直接对数字进行填充，如图7-79所示。

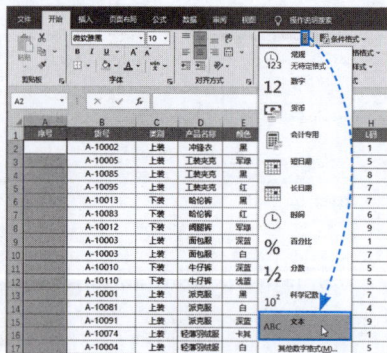

图 7-78

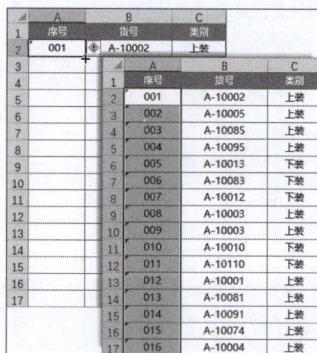

图 7-79

7.4.4 设置数据有效性

为表格中的指定区域设置有效性，能够根据要求设定条件，防止输入无效数据。下面对常用数据有效性的设置方法进行介绍。

动手练 限制数值输入范围

步骤01 选中需要输入数据的单元格区域，打开"数据"选项卡，在"数据工具"组中单击"数据验证"按钮，如图7-80所示。

步骤02 弹出"数据验证"对话框，单击"允许"下拉按钮，在下拉列表中选择"小数"选项，如图7-81所示。

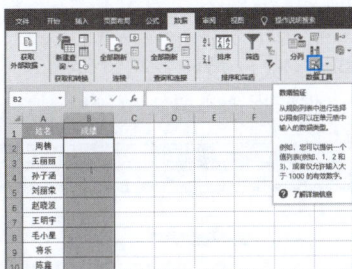 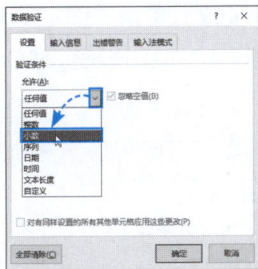

图 7-80　　　　　　　　　　图 7-81

步骤 03 保持"数据"范围为默认的"介于"，输入要限制的"最小值"和"最大值"，单击"确定"按钮，如图7-82所示。

步骤 04 设置完成后，在所选区域输入数据，当输入的数值超出验证条件所设置的范围时，该数值将无法被录入，并弹出停止对话框，如图7-83所示。

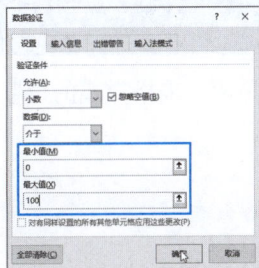 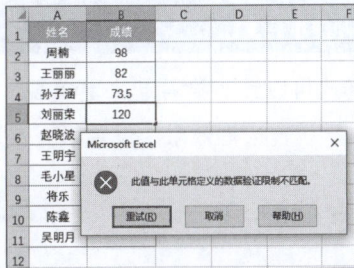

图 7-82　　　　　　　　　　图 7-83

知识拓展

在"数据验证"对话框中选择允许输入的数据类型后，可以单击"数据"下拉按钮设置数据的范围。数据范围包括介于、未介于、等于、不等于、大于、小于、大于或等于以及小于或等于8种。

动手练 使用下拉列表输入数据

步骤 01 选中需要使用下拉列表的单元格区域，打开"数据"选项卡，在"数据工具"组中单击"数据验证"按钮，如图7-84所示。

步骤 02 打开"数据验证"对话框，在"设置"选项卡中单击"允许"下拉按钮，在下拉列表中选择"序列"选项，如图7-85所示。

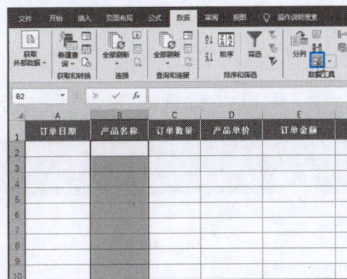 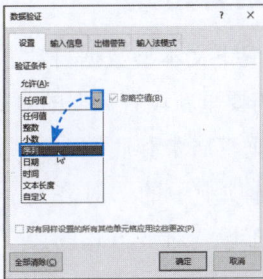

图 7-84　　　　　　　　　　图 7-85

步骤 03 在"来源"文本框中输入需要在下拉列表中呈现的所有选项，每个选项用英文状态下的逗号分隔，输入完成后单击"确定"按钮，如图7-86所示。

步骤 04 返回工作表，单击所选区域的任意一个单元格，单元格右侧会显示一个下拉按钮，单击下拉按钮，在下拉列表中选择一个选项即可将所选内容输入单元格中，如图7-87所示。

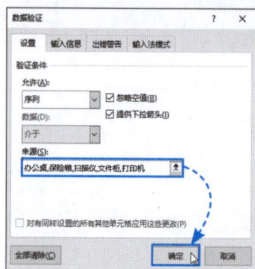

图 7-86

图 7-87

7.5 设置表格样式

适当设置表格样式可以让表格看起来更美观、更易读。表格样式的设置一般包括设置字体格式、设置对齐方式、设置边框效果、设置填充效果等。

7.5.1 设置字体格式

设置字体格式包括设置数据的字体、字号、字体颜色、字体的特殊效果等。常用的设置方法有如下两种。

- 使用"开始"选项卡中"字体"组内的命令按钮设置，如图7-88所示。

- 在"设置单元格格式"对话框中的"字体"选项卡内设置。使用Ctrl+1组合键可打开"设置单元格格式"对话框，如图7-89所示。

使用Ctrl+1组合键

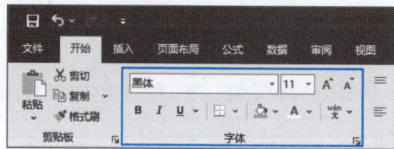

图 7-88

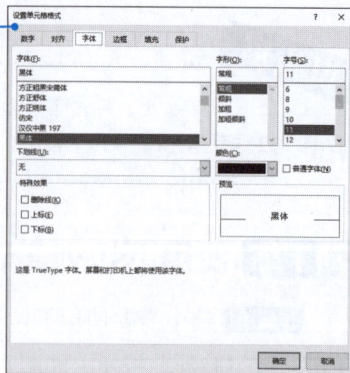

图 7-89

7.5.2 设置对齐方式

Excel中默认情况下文本型数据自动靠单元格左侧对齐，数值型数据自动靠单元格右侧对齐。用户可以根据需要重新设置数据的对齐方式。常见的数据对齐方式包括左对齐、居中、右对齐、顶端对齐、垂直居中和底端对齐6种，在"开始"选项卡中的"对齐方式"组内包含了用于设置对齐方式的按钮，如图7-90所示。

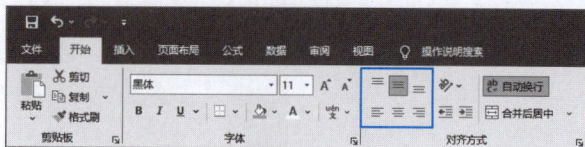

图 7-90

除了上述6种对齐方式以外，在"设置单元格格式"对话框中的"对齐"选项卡内还包含更多对齐方式的选项，用户可以分别设置水平对齐方式（图7-91）和垂直对齐方式（图7-92）。

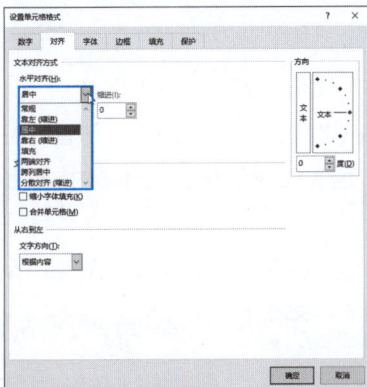

图 7-91

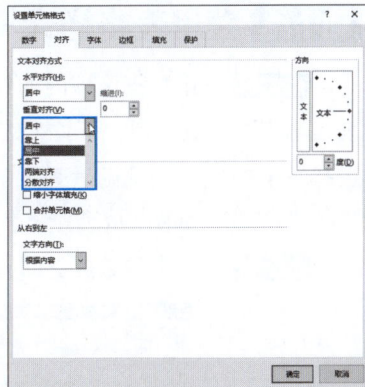

图 7-92

7.5.3　设置边框样式

为表格设置边框可以快速区分表格边界，让表格看起来更完整。设置边框的方法有很多种，下面对常用的方法进行详细介绍。

动手练 快速添加边框

步骤 01 选中需要设置边框的单元格区域，打开"开始"选项卡，在"字体"组内单击框线下拉按钮，在下拉列表中选择"所有框线"选项，如图7-93所示。

步骤 02 所选区域中的每一个单元格随即被添加边框线，效果如图7-94所示。

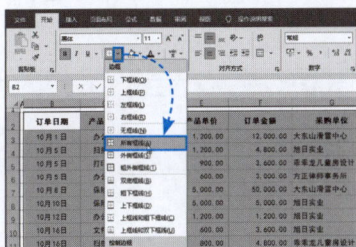

图 7-93

图 7-94

7.5.4　设置填充效果

制作报表时为了区分标题、突出重点内容、提高易读性、美化表格等目的，经常需要为单元格设置背景色。

选中需要设置填充效果的单元格区域，打开"开始"选项卡，在"字体"组中单击"填充颜色"下拉按钮，在下拉列表中选择一种满意的颜色即可，如图7-95所示。

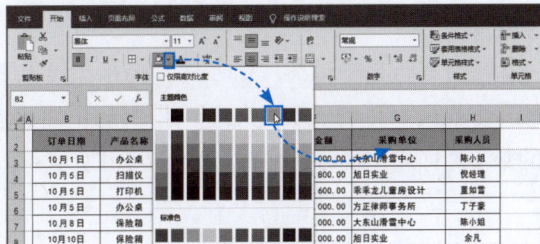

图 7-95

7.5.5　设置内置表格样式

Excel内置了丰富的表格样式，套用表格样式可以快速美化表格。

动手练 套用表格样式

步骤 01 选中数据区域内的任意单元格,打开"开始"选项卡,在"样式"组中单击"套用表格格式"下拉按钮,下拉列表中包含浅色、中等色以及深色三种色系的表格样式,根据需要选择一个样式,系统随后弹出"创建表"对话框,文本框中自动引用了整个数据区域,单击"确定"按钮,如图7-96所示。

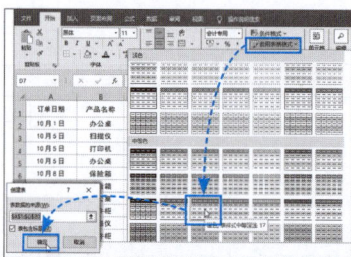

步骤 02 表格中的数据随即自动套用所选表格格式,如图7-97所示。

图 7-96

图 7-97

7.5.6 使用单元格样式

单元格样式通过预设的格式组合(如颜色、字体、边框等)快速统一工作表视觉风格,增强数据可读性与区分度,从而辅助数据分析与决策,使工作表既专业又易于理解。

选择数据表的标题,打开"开始"选项卡,在"样式"组中单击"单元格样式"下拉按钮,在下拉列表中的"标题"组内选择"标题"选项,如图7-98所示。所选单元格区域随即应用所选标题格式,如图7-99所示。

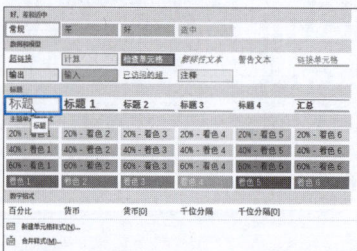

图 7-98

图 7-99

随后在表格中选择"任务达成"和"利润达标"两列中的数据区域,再次打开"单元格样式"下拉列表,在"数字格式"组中选择"百分比"选项,如图7-100所示。所选单元格区域中的数字随即应用百分比格式,如图7-101所示。

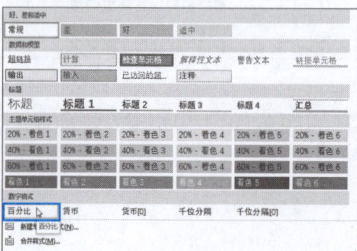

图 7-100

图 7-101

7.6 公式和函数的应用

表格中一个简单的公式往往能快速实现复杂计算，从而顺利解决数据统计和分析中的很多难题，下面对公式和函数的基本应用进行介绍。

7.6.1 公式的基本形式

公式是数据统计时常用的一种计算方式，它可以对单元格中的值进行计算，或对指定区域中的值进行批量运算。

一个完整的公式通常由等号、函数、括号、单元格引用、常量、运算符、逻辑值等构成，其中常量可以是数字、文本或其他字符。如果常量不是数字要加上引号。另外，等号必须输入在公式的最前面，如图7-102所示。

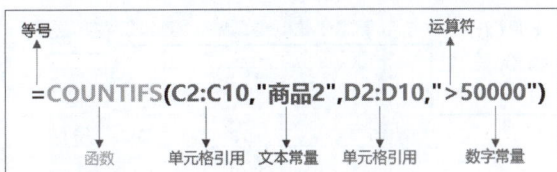

图 7-102

7.6.2 公式的输入和编辑

掌握公式的输入技巧可以在很大程度上提高录入速度，同时减小错误率。下面对公式的输入及编辑技巧进行详细介绍。

动手练 在公式中引用单元格

步骤01 选中F2单元格，输入等号“=”，将光标移动到D2单元格上方单击，即可将该单元格地址引用到公式中，如图7-103所示。

步骤02 手动输入运算符“*”（表示乘号），接着继续单击E2单元格，将该单元格地址引用到公式中，如图7-104所示。

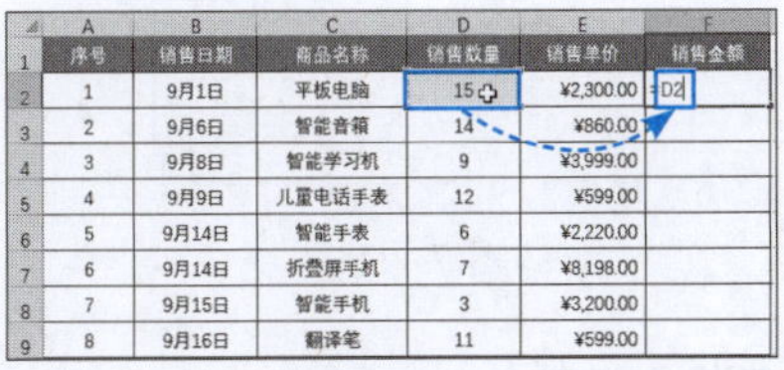

	A	B	C	D	E	F
1	序号	销售日期	商品名称	销售数量	销售单价	销售金额
2	1	9月1日	平板电脑	15	¥2,300.00	=D2
3	2	9月6日	智能音箱	14	¥860.00	
4	3	9月8日	智能学习机	9	¥3,999.00	
5	4	9月9日	儿童电话手表	12	¥599.00	
6	5	9月14日	智能手表	6	¥2,220.00	
7	6	9月14日	折叠屏手机	7	¥8,198.00	
8	7	9月15日	智能手机	3	¥3,200.00	
9	8	9月16日	翻译笔	11	¥599.00	

图 7-103

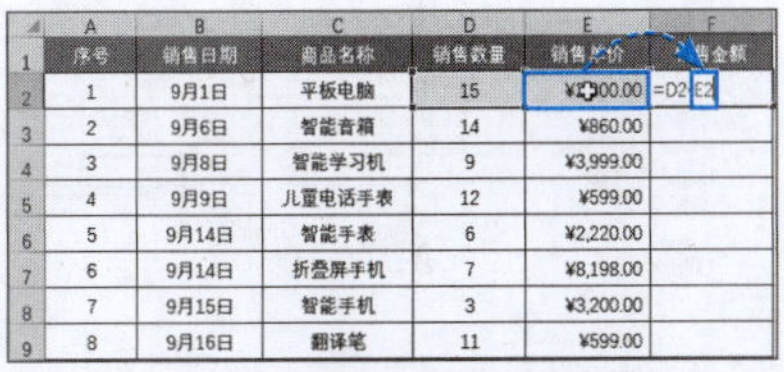

	A	B	C	D	E	F
1	序号	销售日期	商品名称	销售数量	销售单价	销售金额
2	1	9月1日	平板电脑	15	¥2,300.00	=D2*E2
3	2	9月6日	智能音箱	14	¥860.00	
4	3	9月8日	智能学习机	9	¥3,999.00	
5	4	9月9日	儿童电话手表	12	¥599.00	
6	5	9月14日	智能手表	6	¥2,220.00	
7	6	9月14日	折叠屏手机	7	¥8,198.00	
8	7	9月15日	智能手机	3	¥3,200.00	
9	8	9月16日	翻译笔	11	¥599.00	

图 7-104

步骤03 公式输入完成后，按Enter键即可返回计算结果，如图7-105所示。

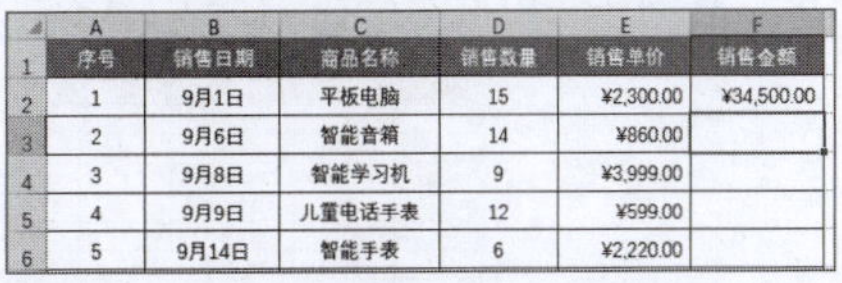

	A	B	C	D	E	F
1	序号	销售日期	商品名称	销售数量	销售单价	销售金额
2	1	9月1日	平板电脑	15	¥2,300.00	¥34,500.00
3	2	9月6日	智能音箱	14	¥860.00	
4	3	9月8日	智能学习机	9	¥3,999.00	
5	4	9月9日	儿童电话手表	12	¥599.00	
6	5	9月14日	智能手表	6	¥2,220.00	

图 7-105

7.6.3 复制和填充公式

选中包含公式的单元格，将光标移动到所选单元格右下角，光标变成黑色十字形状时按住鼠标左键进行拖动，如图7-106所示。松开鼠标左键即可自动填充公式，完成相邻区域内数据的计算，如图7-107所示。

图 7-106 　　　　　　　　　　图 7-107

复制公式也可以快速录入具有相同运算规律的公式。选择包含公式的单元格，使用Ctrl+C组合键复制公式，随后选择需要录入公式的单元格区域，如图7-108所示。使用Ctrl+V组合键即可将公式粘贴至所选单元格区域，并返回计算结果，如图7-109所示。

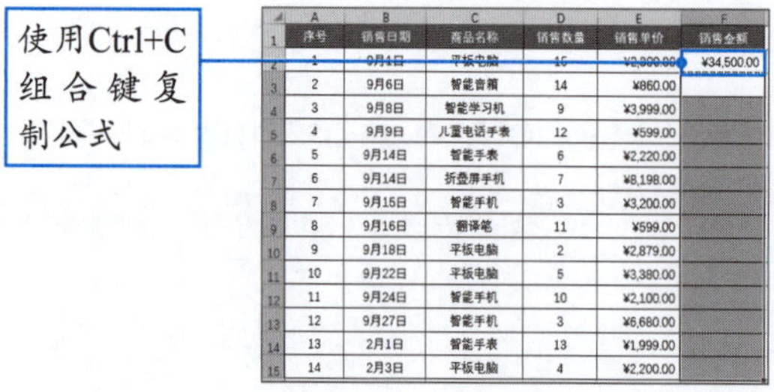

图 7-108 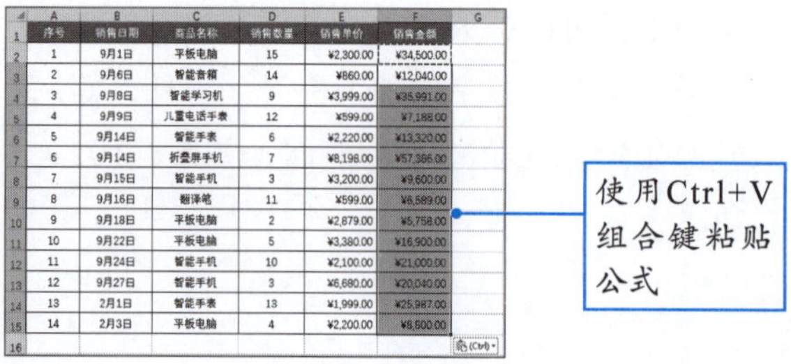　　　　　　　　　　图 7-109

动手练　在公式中引用单元格区域

步骤 01 选择F16单元格，输入等号"="，随后输入函数SUM和左括号"("，如图7-110所示。

步骤 02 将光标移动到F2单元格上方，按住鼠标左键向下拖动，拖动到F15单元格，松开鼠标左键。F2:F15单元格区域便被引用到公式中，如图7-111所示。

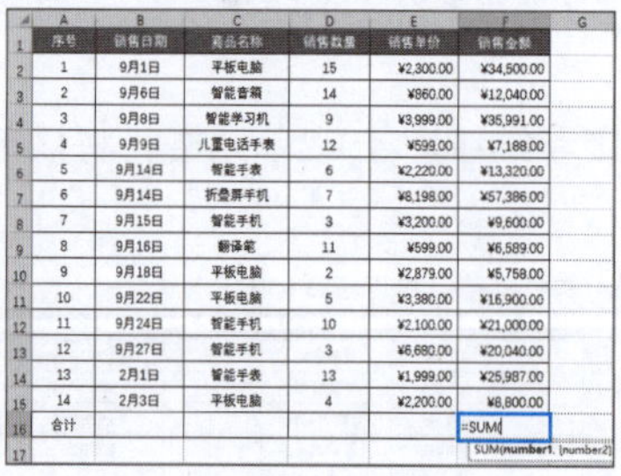

图 7-110 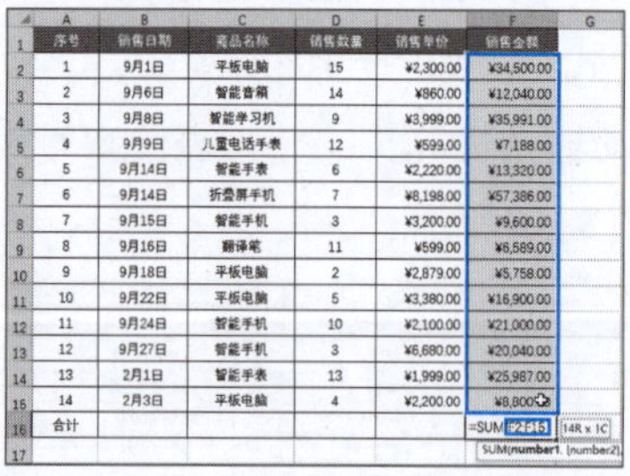　　　　　　　　　　图 7-111

步骤 03 输入右括号")"，完成公式的录入，如图7-112所示。

步骤 04 按Enter键即可返回计算结果，如图7-113所示。

图 7-112 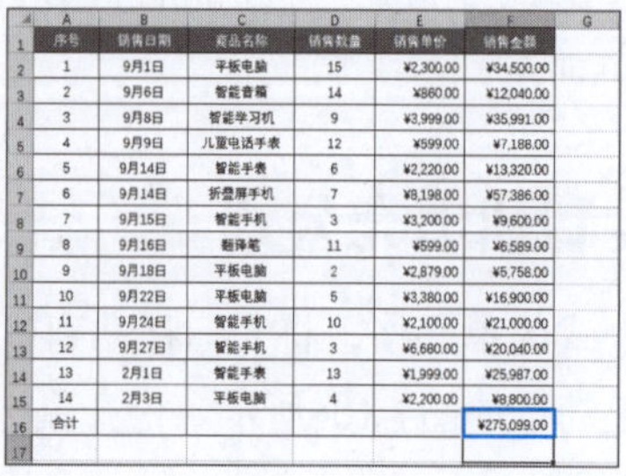　　　　　　　　　　图 7-113

7.6.4　单元格引用形式

在公式中使用单元格地址间接调用存储在单元格中数据的方法称为单元格引用。单元格引用形式分为三种，相对引用、绝对引用以及混合引用。不同的引用形式对公式的填充结果有很大影响。

1. 相对引用

相对引用是最常见的引用形式，输入公式时，在需要引用的单元格上方单击，即可引用该单元格地址，如图7-114所示。填充公式时，相对引用的单元格会随着公式位置的变化发生相应改变，如图7-115所示。

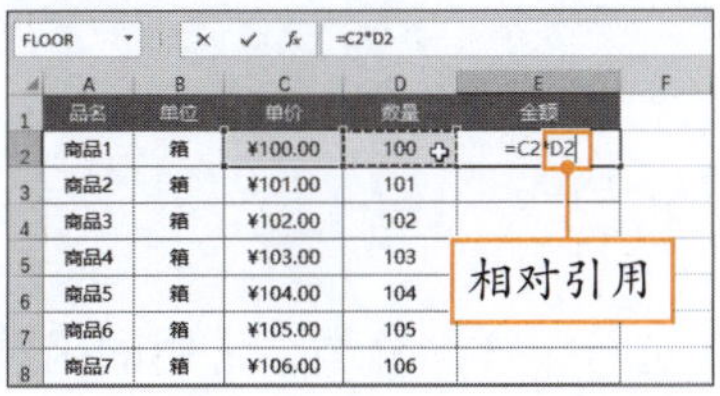

图 7-114 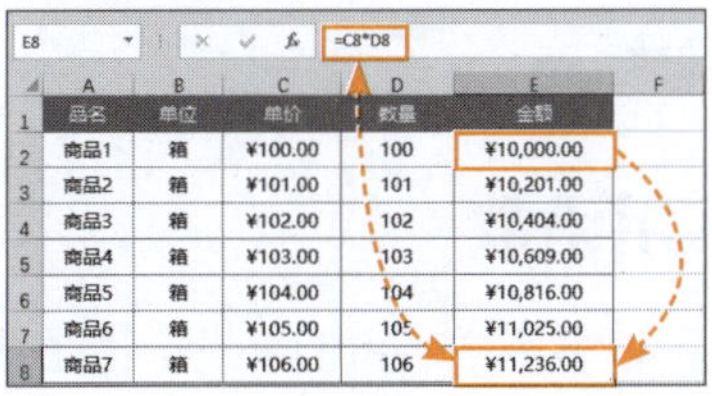　　　　　　　　　　图 7-115

2. 绝对引用

绝对引用的单元格行号及列标前均有"$"符号，如图7-116所示。绝对引用的单元格不会随着公式位置的变化发生改变，如图7-117所示。

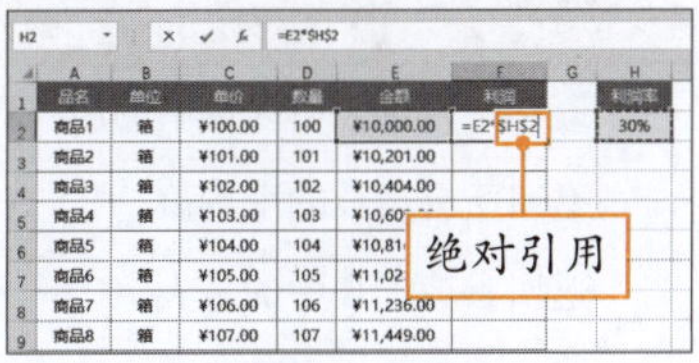

图 7-116 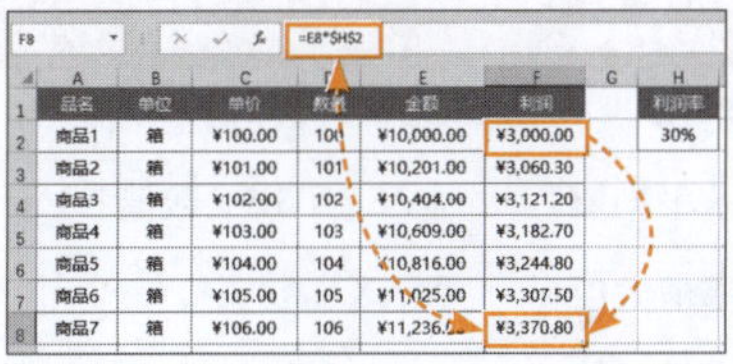　　　　　　　　　　图 7-117

3. 混合引用

混合引用分为两种形式，分别为"相对引用列绝对引用行"（图7-118）和"绝对引用列相对引用行"（图7-119）。只有绝对引用的部分前面会显示"$"符号。在填充过程中绝对引用的部分不会发生变化，相对引用的部分发生相应改变。

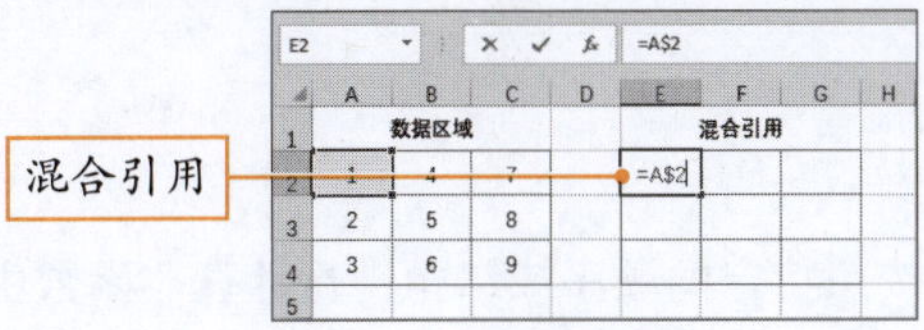

图 7-118 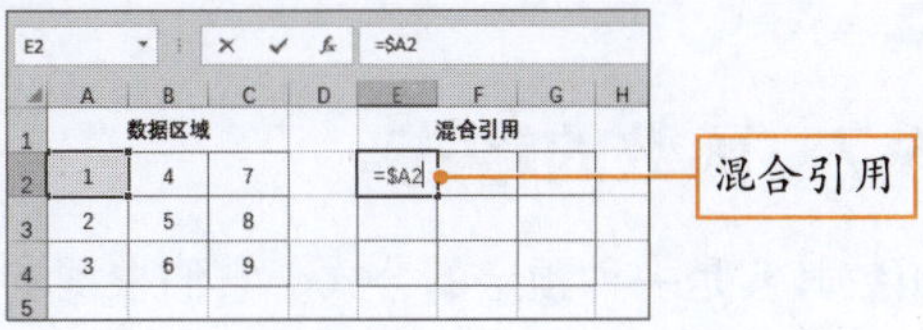　　　　　　　　　　图 7-119

4. 快速切换引用形式

在Excel中，快速切换公式中单元格的引用形式（相对引用、绝对引用、混合引用）可以通过以下方法实现。

- **手动输入：** 在公式编辑模式下，在单元格地址前手动添加或删除"$"符号。
- **按F4键：** 引用形式会按以下顺序循环切换。当初始形式为相对引用时（A1），按一次F4

键可以切换为绝对引用（$A$1），按两次F4键切换为列固定混合引用（$A1），按三次F4键切换为行固定混合引用（A$1），按四次F4键恢复相对引用（A1）。

7.6.5　编辑公式

已经确认录入的公式，若要重新进行编辑，可以双击包含公式的单元格，进入编辑状态，在该状态下便可继续对公式进行编辑。除此之外，也可选中包含公式的单元格，在编辑栏中编辑公式，如图7-120所示，编辑完成后按Enter键进行确认。

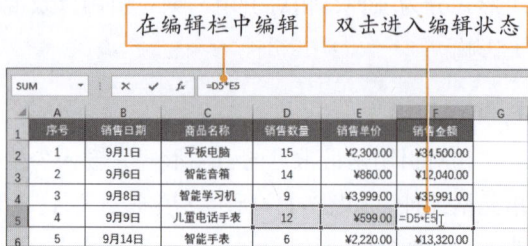

在编辑栏中编辑　　双击进入编辑状态

图 7-120

7.6.6　常用函数

Excel中包含很多函数，并且根据函数的用途进行了详细分类，常用的函数类型包括财务函数、逻辑函数、文本函数、日期和时间函数、查找与引用函数、数学和三角函数、统计函数等。

使用率较高的几种函数的作用、参数及功能介绍如表7-1所示。

表7-1

函数	作用	参数	功能介绍
SUM	求和	SUM（数值1，…）	返回某一单元格区域中的所有数值之和
AVERAGE	求平均值	AVERAGE（数值1，…）	返回所有参数的平均值
MAX	求最大值	MAX（数值1，…）	返回参数列表中的最大值
MIN	求最小值	MIN（数值1，…）	返回参数列表中的最小值
COUNT	统计数量	COUNT（数值1，…）	返回包含数字的单元格以及参数列表中的数字个数
ROUND	四舍五入	ROUND（数值，小数位数）	对数字进行四舍五入并保留指定位数的小数
INT	向下舍入	INT（数值）	将数字向下舍入到最接近的整数
ABS	求绝对值	ABS（数值）	返回给定数字的绝对值

7.6.7　函数的格式

函数其实是一种预定的公式，它们根据参数按照特定的顺序或结构进行计算。函数由名称和参数两部分组成。所有参数必须输入在括号中，每个参数之间用逗号分隔，参数的类型可以是数字、文本、逻辑值、单元格或单元格区域引用等，如图7-121所示。

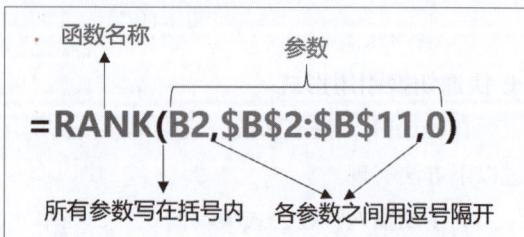

函数名称　　　　参数

$$=RANK(B2,\$B\$2:\$B\$11,0)$$

所有参数写在括号内　　各参数之间用逗号隔开

图 7-121

7.6.8 常见函数的使用

Excel中常见函数的使用极大地提升了数据处理的效率和准确性，例如，SUM函数可对选定区域数值快速求和，AVERAGE函数用于计算平均值以分析数据集中趋势，IF函数通过逻辑判断实现条件输出，VLOOKUP函数在表格中垂直查找并返回对应值等。

动手练 自动求和

求和计算是表格中常用的计算之一，Excel为常用计算提供快捷操作按钮，只需单击相应按钮即可快速完成计算。

步骤01 选择B6单元格，在"函数库"组中单击"自动求和"下拉按钮，在下拉列表中选择"求和"选项，如图7-122所示。

步骤02 所选单元格中随即自动输入公式，如图7-123所示。按Enter键即可返回求和结果，如图7-124所示。

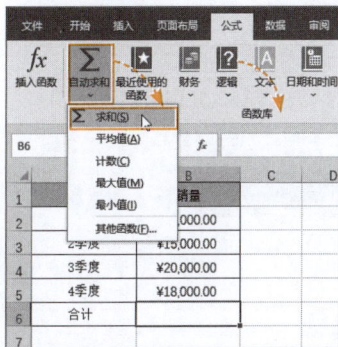

图 7-122

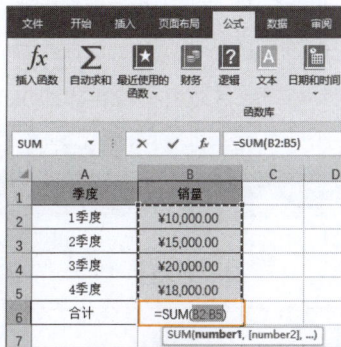

图 7-123

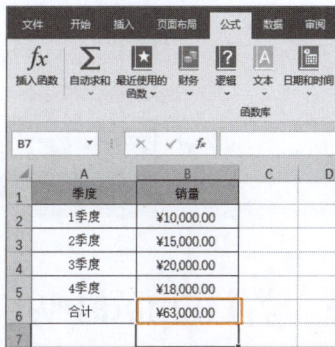

图 7-124

知识拓展

通过"自动求和"下拉列表中提供的选项还可以自动求平均值、计数、最大值以及最小值。

动手练 VLOOKUP函数的应用

VLOOKUP函数可以按照指定的查找值从工作表中查找相应的数据。下面使用VLOOKUP函数根据订单编号查询商品的销售记录。

步骤01 在A21单元格中输入要查询的订单编号，随后选择B21单元格，打开"公式"选项卡，在"函数库"组中单击"查找与引用"下拉按钮，在下拉列表中选择"VLOOKUP"选项，如图7-125所示。

步骤02 打开"函数参数"对话框，依次设置参数为\$A\$21、\$A\$2:\$E\$17、2、FALSE，随后单击"确定"按钮，如图7-126所示。

步骤03 B21单元格中随即返回查询结果，如图7-127所示。将B21单元格中的公式向右侧填充，随后分别修改C21、D21、E21单元格中公式的第3个参数，返回其他对应项目的查询结果，如图7-128所示。

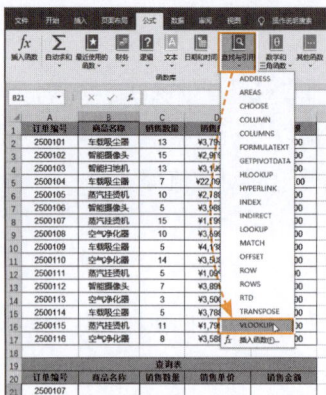

图 7-125

图 7-126

图 7-127

C21=VLOOKUP($A$21,$A$2:$E$17,3,FALSE)

D21=VLOOKUP($A$21,$A$2:$E$17,4,FALSE)

E21=VLOOKUP($A$21,$A$2:$E$17,5,FALSE)

图 7-128

动手练 IF函数的应用

　　IF函数根据逻辑式判断指定条件，如果条件成立，则返回真条件下的指定内容，如果条件不成立，则返回假条件下的指定内容。下面使用IF函数判断学生考试成绩是否及格。当总分大于或等于240时判断为"及格"，否则判断为"不及格"。

　　步骤 01 选择H2单元格，打开"公式"选项卡，在"函数库"组中单击"插入函数"按钮，如图7-129所示。

　　步骤 02 弹出"插入函数"对话框，单击"或选择类别"下拉按钮，在下拉列表中选择"逻辑"选项。在"选择函数"列表框中选择"IF"选项，单击"确定"按钮，如图7-130所示。

　　步骤 03 弹出"函数参数"对话框，依次设置参数为G2>=240、及格、不及格，单击"确定"按钮，如图7-131所示。

　　步骤 04 H2单元格中随即返回判断结果，将H2单元格中的公式填充至下方单元格区域，判断出剩余总分的结

图 7-129

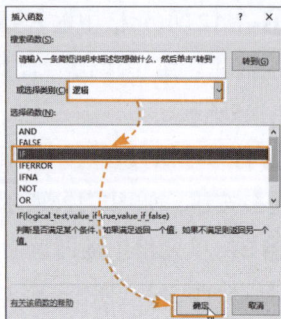

图 7-130

果，如图7-132所示。

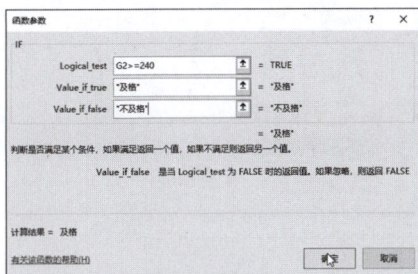

图 7-131

图 7-132

7.7 数据的处理和分析

日常工作中经常会对表格中的数据进行排序、筛选、分类汇总等操作。熟练掌握这些操作方法可以提高工作效率，更高质量地完成工作任务。下面对数据的排序、筛选、分类汇总、合并计算及条件格式等进行详细介绍。

7.7.1 数据清单的概念

数据清单是Excel中用于组织和管理结构化数据的特定区域，其本质是一个二维表格，通常称为工作表数据库。数据清单可以用于查询、排序、筛选及分类数据，类似于数据库的操作方式。能够帮助用户更高效地管理和分析大量数据，尤其是处理结构化数据。

数据清单需满足以下条件。

- **行列结构**：数据按行和列排列，每行代表一条记录，每列代表一个字段。
- **首行标题**：第一行必须包含字段名称（如"姓名""销售额"），用于标识列内容。不能使用重复的标题。
- **无空行空列**：数据区域内部不能有空行或空列，确保连续性。
- **统一格式**：同一列的数据类型需要一致（如日期、文本、数字）。

7.7.2 用记录单创建数据清单

用户可以使用"记录单"的形式创建数据清单。默认情况下Excel功能区中不显示"记录单"按钮，因此需要先添加"记录单"按钮。

步骤 01 单击快速访问工具栏中的"自定义快速访问工具栏"下拉按钮，在下拉列表中选择"其他命令"选项，如图7-133所示。

步骤 02 弹出"Excel选项"对话框，在"快速访问工具栏"界面单击"从下列位置选择命令"下拉按钮，在下拉列表中选择"不在功能区中的命令"选项，随后在下方列表中找到"记录单…"选项，并将其选中，单击"添加"按钮，随后单击"确定"按钮，如图7-134所示。

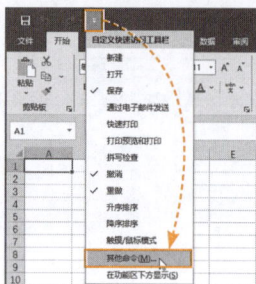

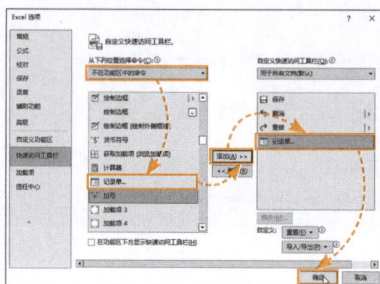

图 7-133　　　　　　　　　　　　　　图 7-134

步骤 03 此时快速访问工具栏中已经添加了"记录单"按钮。在工作表中创建数据清单的标题，选择标题下方行内的任意一个单元格，单击"记录单"按钮，如图7-135所示。

步骤 04 系统随即弹出警告对话框，单击"确定"按钮，表示将首行中的数据作为标题，如图7-136所示。

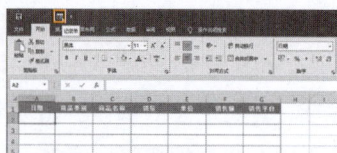

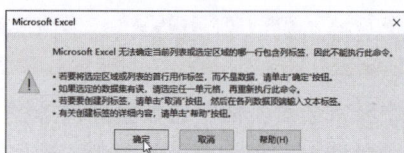

图 7-135　　　　　　　　　　　　　　图 7-136

步骤 05 在打开的对话框中输入第一条记录的内容，单击"新建"按钮，如图7-137所示。

步骤 06 随后逐一输入剩余记录的内容，并依次单击"新建"按钮，将记录添加到数据清单中，如图7-138所示。

步骤 07 所有记录输入完成后关闭对话框即可，使用记录单创建的数据清单效果如图7-139所示。

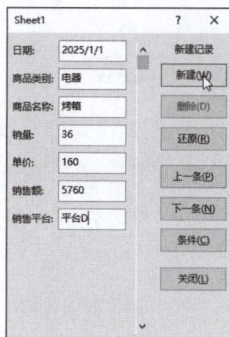

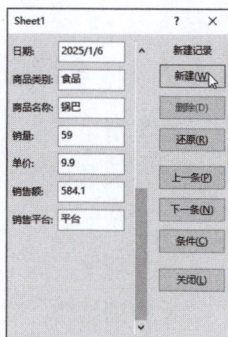

图 7-137　　　　　　　　图 7-138

知识拓展

创建数据清单后，再次打开记录单对话框，通过对话框右侧的按钮可以继续新建记录，上、下翻看记录，修改或删除数据等。

	A	B	C	D	E	F	G	H
1	日期	商品类别	商品名称	销量	单价	销售额	销售平台	
2	2025/1/1	电器	烤箱	36	¥160.00	¥5,760.00	平台D	
3	2025/1/6	食品	锅巴	59	¥9.90	¥584.10	平台	
4	2025/1/9	服饰类	冲锋衣	28	¥126.00	¥3,528.00	平台C	
5	2025/1/10	家居类	床笠	91	¥240.00	¥21,840.00	平台B	
6	2025/1/10	生鲜类	烤肠	67	¥66.00	¥4,422.00	平台B	
7	2025/1/15	百货类	洗脸巾	45	¥12.00	¥540.00	平台A	
8	2025/1/17	家具类	儿童书桌	78	¥899.00	¥70,122.00	平台A	
9	2025/1/23	电器类	洗碗机	38	¥4,200.00	¥159,600.00	平台B	
10	2025/1/25	食品类	螺蛳粉	51	¥45.90	¥2,340.90	平台B	
11	2025/1/28	食品类	饼干	36	¥24.50	¥882.00	平台A	

图 7-139

动手练 数据排序

对数据进行排序，可以让数据按照指定顺序有规律地进行排列，便于查看与分析。排序的方法包括简单排序以及多条件排序。

步骤 01 选中销售额列中的任意一个单元格，打开"数据"选项卡，在"排序和筛选"组中单击"升序"按钮，如图7-140所示。

步骤 02 销售额列中的值随即按照升序进行排序，如图7-141所示。若要对数据进行降序排序，可以在"数据"选项卡中的"排序和筛选"组内单击"降序"按钮。

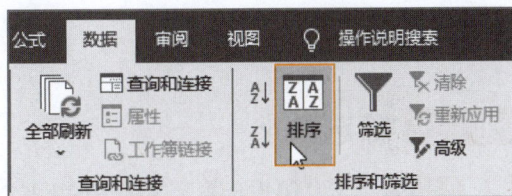

图 7-140　　　　　　　　　　　　　　　图 7-141

7.7.3　按笔画排序

Excel中的文本内容默认按照拼音顺序进行排序，用户也可根据需要将文本的排序方式设置为按笔画排序。

选中数据表中的任意一个单元格，打开"开始"选项卡，在"排序和筛选"组中单击"排序"按钮，如图7-142所示。弹出"排序"对话框，设置"排序依据"的"列"为"姓名"，其他选项保持默认，单击"选项"按钮，如图7-143所示。

弹出"排序选项"对话框，选中"笔画排序"单选按钮，单击"确定"按钮，如图7-144所示。返回"排序"对话框，单击"确定"按钮关闭对话框。数据表中姓名列内的数据将按照笔画进行排序，如图7-145所示。

7.7.4　数据筛选

当需要从大量数据中找到符合条件的数据时，可以使用筛选功能进行操作，数据类型不同，筛选器中提供的选项也不同，下面对数据的筛选方法进行详细介绍。

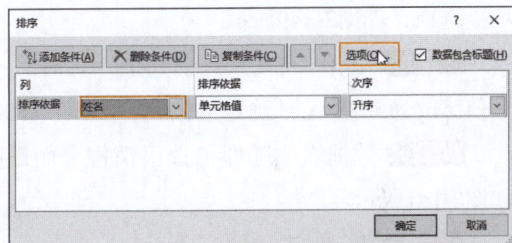

图 7-142

图 7-143

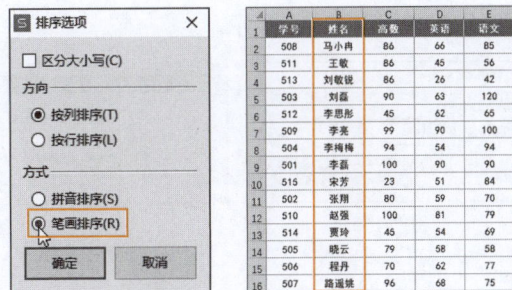

图 7-144　　　　　　　　图 7-145

动手练 筛选文本

步骤 01 选中数据表中的任意一个单元格，打开"数据"选项卡，在"排序和筛选"组中单击"筛选"按钮，启动筛选模式，此时，数据表的每个标题单元格中都会出现一个下拉按钮，如图7-146所示。

步骤 **02** 单击"商品名称"标题中的下拉按钮，在展开的筛选器中取消勾选"全选"复选框，随后勾选"平板电脑"复选框，单击"确定"按钮，如图7-147所示。

图 7-146

图 7-147

步骤 **03** 数据表中随即筛选出所有商品名称为"平板电脑"的数据，如图7-148所示。

图 7-148

动手练 筛选数字

步骤 **01** 单击"销售金额"标题中的下拉按钮，在下拉列表中选择"数字筛选"选项，在其下级列表中选择"前10项"选项，如图7-149所示。

步骤 **02** 弹出"自动筛选前10个"对话框，将微调框中的数值修改为5，单击"确定"按钮，如图7-150所示。

步骤 **03** 数据表中随即筛选出销售金额最高的5条记录，如图7-151所示。

图 7-149

步骤 **04** 执行过筛选的字段，其标题单元格中的按钮会变为样式，单击该按钮，在筛选器中单击"从'销售金额'中清除筛选器"选项，可清除当前字段的筛选，如图7-152所示。

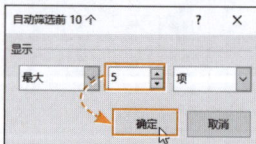

图 7-150

图 7-151

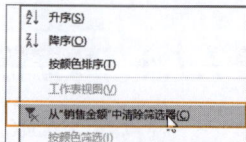

图 7-152

7.7.5 设置条件格式

条件格式包括"突出显示单元格规则""最前/最后规则""数据条""色阶"以及"图标集"5种规则，分别使用颜色或图标呈现数据之间的差异或趋势。

这5种规则又分为格式化规则和图形化规则两类，如图7-153所示。

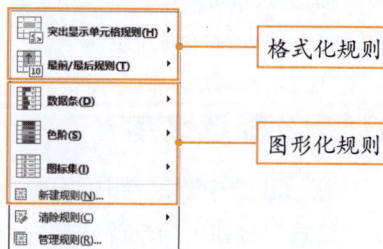

格式化规则

图形化规则

图 7-153

格式化规则：用字体格式、单元格格式突出符合条件的单元格。

图形化规则：用条形、色阶和图标标识数据。

动手练 突出显示最大的3个值

步骤01 选择订单金额列中包含数值的单元格区域，打开"开始"选项卡，在"样式"组中单击"条件格式"下拉按钮，在下拉列表中选择"最前/最后规则"选项，在其下级列表中选择"前10项"选项，如图7-154所示。

步骤02 弹出"前10项"对话框，修改微调框中的数值为3，单击"确定"按钮，如图7-155所示。

步骤03 所选单元格区域中最大的3个数值所在单元格随即被突出显示，如图7-156所示。

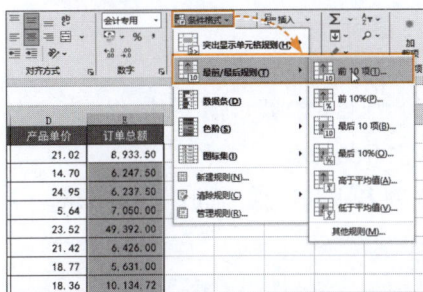

图 7-154   图 7-155   图 7-156

动手练 使用数据条对比数据大小

步骤01 选择需要添加数据条的单元格区域，打开"开始"选项卡，在"样式"组中单击"条件格式"下拉按钮，在下拉列表中选择"数据条"选项，在其下级列表中选择一种满意的样式，如图7-157所示。

步骤02 所选单元格区域随即被添加相应样式的数据条，效果如图7-158所示。

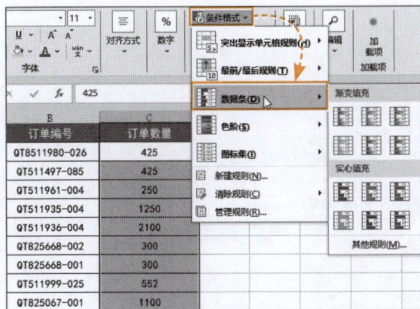

图 7-157   图 7-158

7.7.6 分类汇总

分类汇总可以对同一种类型的数据进行统计，是数据处理的重要工具之一。分类汇总又分为单项分类汇总和嵌套分类汇总，单项分类汇总表示对一个字段进行一种计算方式的分类汇总；嵌套分类汇总则表示对一个字段进行多种计算方式的汇总，或对多个字段进行汇总。

动手练 单项分类汇总

步骤01 选择商品类别列中的任意一个单元格，打开"数据"选项卡，在"排序和筛选"组中单击"升序"按钮，对商品名称进行简单排序，让相同的内容集中在一起显示。随后在"分级显示"组中单击"分类汇总"按钮，如图7-159所示。

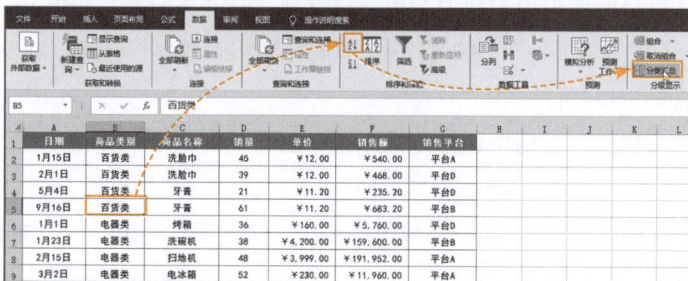

图 7-159

步骤02 弹出"分类汇总"对话框，设置"分类字段"为"商品类别"、"汇总方式"为"求和"、"选定汇总项"为"销售额"，单击"确定"按钮，如图7-160所示。

步骤03 表格中的数据随即按照商品类别分类并按销售额进行求和汇总，如图7-161所示。

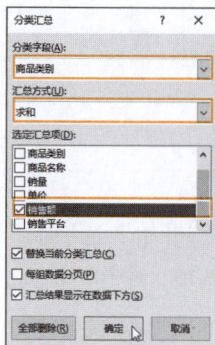

图 7-160

图 7-161

动手练 嵌套分类汇总

步骤01 对需要分类的多个字段进行排序，打开"数据"选项卡，在"排序和筛选"组中单击"排序"按钮，打开"排序"对话框，单击"添加条件"按钮，添加"次要关键字"，随后对"商品类别"和"商品名称"字段进行排序，图7-162所示。

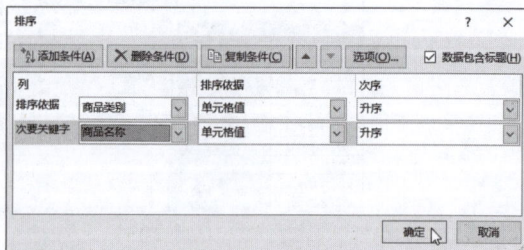

图 7-162

步骤02 在"数据"选项卡中的"分级显示"组内单击"分类汇总"按钮，弹出"分类汇总"对话框，设置"分类字段"为"商品类别"、"汇总方式"为"求和"、"选定汇总项"为"销售额"，单击"确定"按钮，如图7-163所示。完成第一次分类汇总。

步骤03 再次单击"分类汇总"按钮，打开"分类汇总"对话框，设置"分类字段"为"商品名称"、"汇总方式"为"求和"、"选定汇总项"为"销售额",取消勾选"替换当前分类汇总"复选框,单击"确定"按钮,如图7-164所示。

步骤 04 表格中的数据随即完成嵌套分类汇总,效果如图7-165所示。

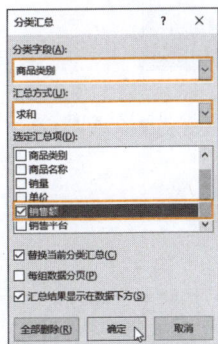

图 7-163

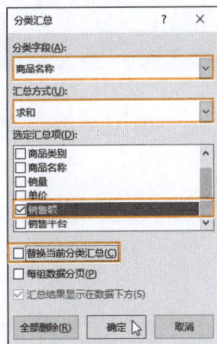

图 7-164

图 7-165

7.7.7 合并计算

工作中经常需要将多张工作表中的数据合并到一张工作表中,应用合并计算功能便可以轻松实现。例如,将保存在不同工作表中的分店销售数据合并到一张空白工作表中。

动手练 合并多个报表数据

步骤 01 在"合并计算"工作表中选择需要放置合并结果的起始单元格,此处选择A1单元格,打开"数据"选项卡,在"数据工具"组中单击"合并计算"按钮,如图7-166所示。

步骤 02 弹出"合并计算"对话框,选择"函数"为"求和",将光标定位于"引用位置"文本框中,在工作簿中单击"北京汽车销量"工作表标签,在该工作表中选择包含数据的单元格区域,该工作表名称和所选区域地址随即被添加到文本框中,如图7-167所示。

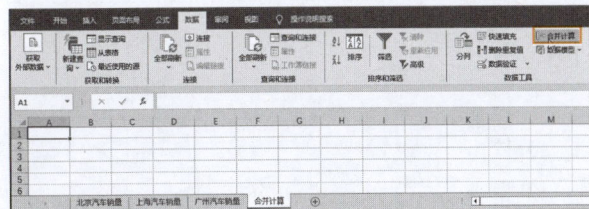

图 7-166

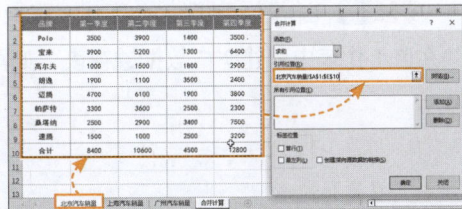

图 7-167

步骤 03 单击"添加"按钮,将引用的单元格区域添加到"所有引用位置"列表框中,如图7-168所示。

步骤 04 参照 **步骤 02** 和 **步骤 03**,继续添加剩余两张工作表中要进行合并计算的单元格区域,勾选"首行"和"最左列"复选框,单击"确定"按钮,如图7-169所示。

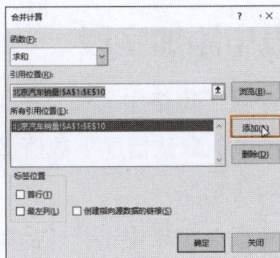

图 7-168

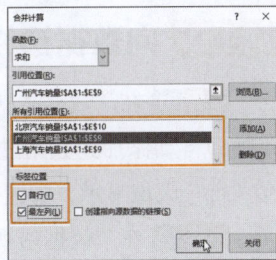

图 7-169

步骤 **05** 三张工作表中的数据随即被合并计算，合并后的数据左上角单元格中不显示标题，需要手动输入标题，如图7-170所示。

7.7.8　数据透视表的应用

数据透视表是一种交互式的表，可以动态地改变版面布局，以便从多种角度分析数据。每次改变版面布置，数据透视表都会立即按照新的布局重新计算，让数据分析变得更轻松、更便利。

图 7-170

动手练 创建数据透视表

步骤 **01** 选中数据源中的任意一个单元格，打开"插入"选项卡，在"表格"组中单击"数据透视表"按钮，单击"数据透视表"按钮，如图7-171所示。

步骤 **02** 弹出"来自表格或区域的数据透视表"对话框，此时"表/区域"文本框中自动引用了整个数据源区域。此处保持对话框中的所有设置为默认，单击"确定"按钮，如图7-172所示。

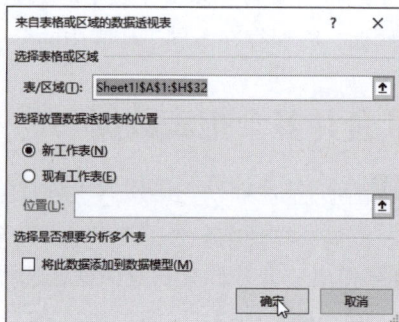

图 7-171

图 7-172

步骤 **03** 工作簿中随即自动新建一张工作表，并在该工作表中创建空白数据透视表，如图7-173所示。

图 7-173

动手练 向数据透视表中添加字段

步骤 **01** 在"数据透视表字段"窗格中勾选"销售员"和"销售金额"复选框，被勾选的字段随即自动添加到数据透视表中。默认情况下数值型字段在"值"区域显示，其他类型的字段在"行"区域显示，如图7-174所示。

步骤 **02** 在"数据透视表字段"窗格中选择"品牌"字段，按住鼠标左键不放向"列"区域中拖动，如图7-175所示。

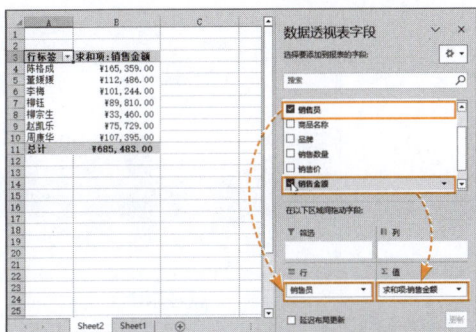

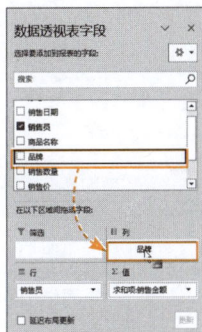

图 7-174　　　　　　　　　　　　　　图 7-175

步骤 03 松开鼠标后，"品牌"字段便可被添加到"列"区域，如图7-176所示。用户也可以根据需要将已添加的字段从当前区域中拖动至其他区域。

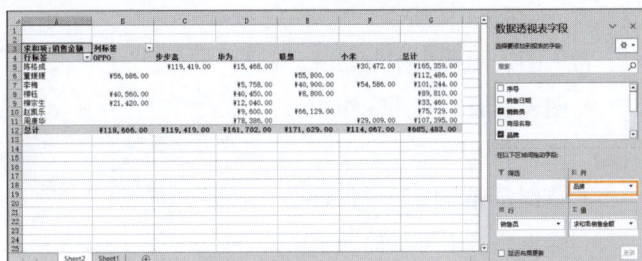

图 7-176

7.8 图表的创建和编辑

图表以图形化的方式直观展示数据，使抽象的数据变得具体化、形象化，从而快速掌握数据趋势。下面对图表的类型、结构、创建与编辑以及图表的美化等进行详细介绍。

7.8.1 常见的图表类型

常见的图表类型包括柱形图、折线图、饼图、条形图、面积图、散点图、股价图、雷达图，以及组合图等。其中，使用频率最高的是柱形图、折线图和饼图。

通常表现对比关系时用柱形图，如图7-177所示；表现趋势时用折线图，如图7-178所示；表现数据占比关系时用饼图，如图7-179所示。

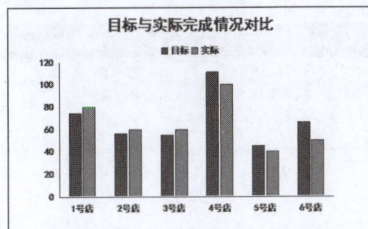

图 7-177

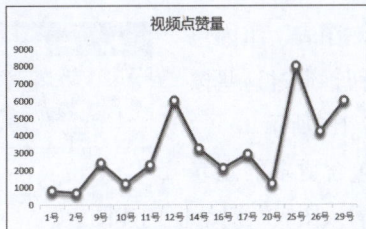

图 7-178

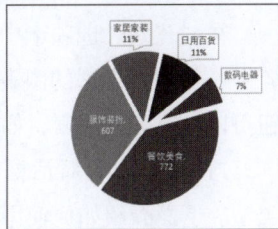

图 7-179

7.8.2 图表的结构

图表分为两大区域，即图表区和绘图区。图表区相当于一个容器，所有图表元素都在这个容器中显示，如图7-180所示。绘图区则是图表的核心区域，包含数据系列、数据标签和网格线，如图7-181所示。

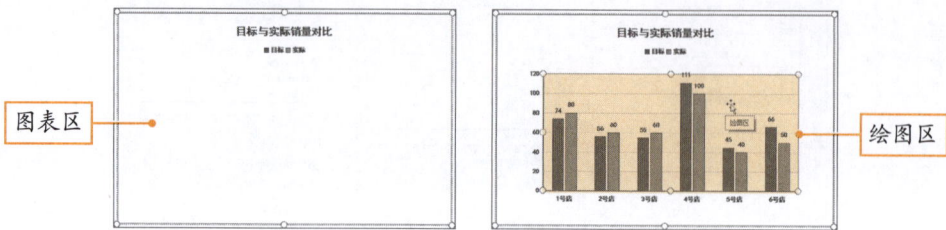

图 7-180

图 7-181

绝大多数图表包含图表标题、数据系列、数据标签、坐标轴、坐标轴标题、网格线、图例等元素，如图7-182所示。

常见图表元素的作用如下。

图 7-182

- **图表标题**：对图表作用的概括和说明。
- **数据系列**：图表中最重要的也是必不可少的元素。

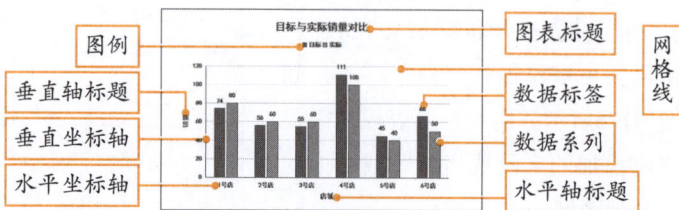

数据系列用图形的方式显示数值的大小。当数据系列全部被删除时，图表中的所有元素都会被自动删除。

- **数据标签**：可以显示每个数据系列点的具体数值、名称等。
- **坐标轴**：分为水平坐标轴和垂直坐标轴，水平坐标轴为类别轴，垂直坐标为数值轴。
- **坐标轴标题**：分为水平轴标题和垂直轴标题，用于对坐标轴进行说明。
- **网格线**：分为水平网格线和垂直网格线。其作用是引导视线，帮助用户找到数据项目对应的X轴和Y轴坐标，从而更准确地判断数据大小。

注意事项

不同类型的图表，其组成元素稍有不同。例如柱形图、条形图、折线图等大部分图表都有"坐标轴"元素，饼图却没有"坐标轴"元素。

7.8.3 创建图表

在"开始"选项卡中的"图表"组内包含了一些常见类型的图表按钮，通过这些按钮可以快速创建图表，如图7-183所示。

图 7-183

"插入图表"对话框中包含更多的图表类型。下面介绍如何使用"插入图表"对话框创建图表。

在工作表中选择用于创建图表的数据源。打开"插入"选项卡，在"图表"组中单击"推荐的图表"对话框启动器按钮，如图7-184所示。弹出"插入图表"对话框，切换至"所有图表"选项卡，在对话框左侧选择所需的图表类型，随后选择合适的图表样式，单击"确定"按钮即可插入图表，如图7-185所示。

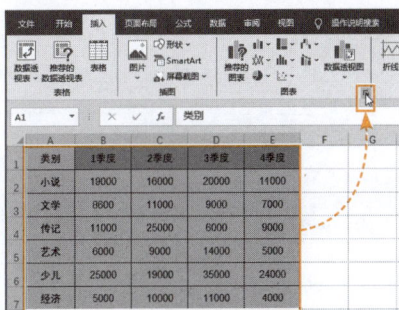
图 7-184

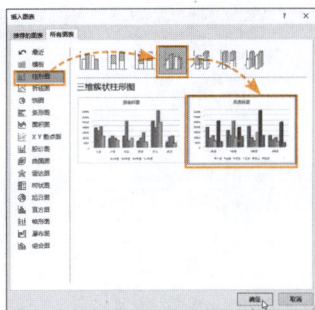
图 7-185

7.8.4　更改图表类型

若对创建的图表类型不满意，不需要删除图表重新创建，可以更换图表类型。

首先选中图表，打开"图表设计"选项卡，在"类型"组中单击"更改图表类型"按钮，如图7-186所示。弹出"更改图表类型"对话框，在左侧选择所需图表类型，在打开的界面中选择具体的图表样式，此处选择"饼图"中的"圆环图"，单击"确定"按钮，所选图表类型随即被更改，如图7-187所示。

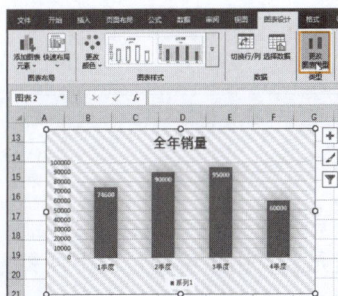
图 7-186

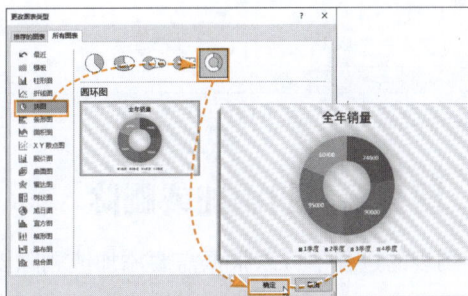
图 7-187

动手练　修改图表数据源

修改数据源即更改图表所包含的数据区域。例如，图7-188所示为A产品1～7月的销售趋势，下面更改图表的数据源，把"A产品"替换为"B产品"。

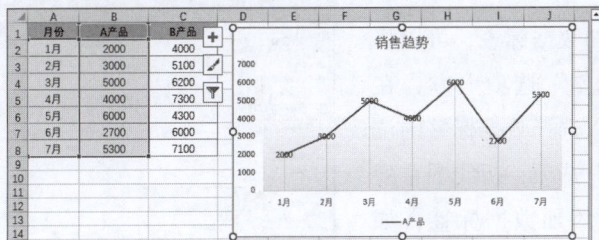
图 7-188

步骤01 选中图表，打开"图表设计"选项卡，在"数据"组中单击"选择数据"按钮，如图7-189所示。

步骤02 弹出"选择数据源"对话框，单击"图例项（系列）（S）"列表框中的"编辑"按钮，如图7-190所示。

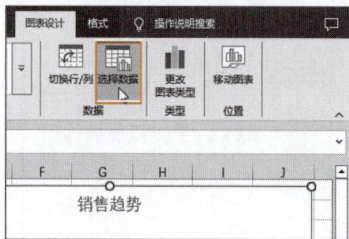

图 7-189

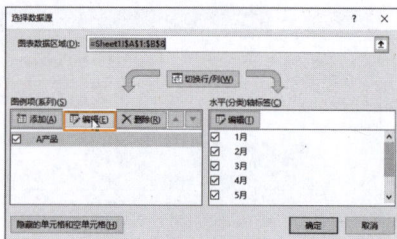

图 7-190

步骤 03 弹出"编辑数据系列"对话框，在"系列名称"文本框中将"=Sheet1!$B$1"修改为"=Sheet1!$C$1"，在"系列值"文本框中将"=Sheet1!$B$2:$B$8"修改为"=Sheet1!$C$2:$C$8"，随后单击"确定"按钮。返回"选择数据源"对话框，此时"图例项（系列）（S）"列表框中的"A产品"已经变为了"B产品"，单击"确定"按钮，关闭对话框，如图7-191所示。

步骤 04 所选图表中的数据系列已经被更改，如图7-192所示。

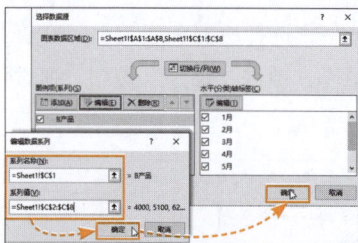

图 7-191

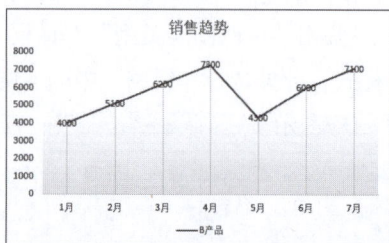

图 7-192

7.8.5 图表元素的添加或删除

在设计图表的过程中可以根据需要添加或删除图表元素。用户可通过以下两种方式添加或删除图表元素。

1. 通过功能区按钮操作

选中图表，打开"表设计"选项卡，在"图表布局"组中单击"添加图表元素"下拉按钮，下拉列表中包含坐标轴、坐标轴标题、图表标题、数据标签等选项。通过这些选项可添加或删除相应图表元素。

例如，为图标添加数据标签，可以将光标移动到"数据标签"选项上方，在展开的下级列表中可以选择数据标签的位置，此处选择"右侧"选项，折线图系列点的相应位置随即被添加数据标签，如图7-193所示。

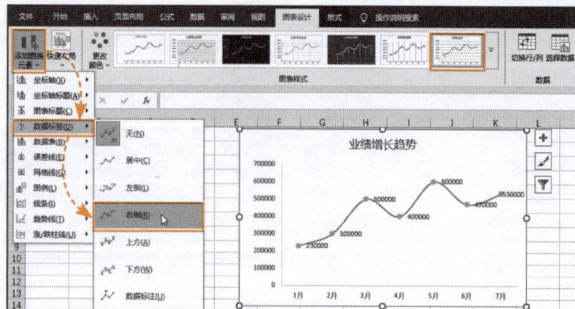

图 7-193

2. 通过快捷按钮操作

选中图表，单击图表右上角的"图表元素"按钮，在弹出的列表中也可添加或删除图表元素。

例如，需要为图表添加标题，可以将光标移动到"图表标题"选项上方，单击其右侧的三角形图标，打开下级列表，选择显示位置为"图表上方"。图表上方随即被添加图表标题，如图7-194所示。将光标定位于文本框中，可以对标题进行修改，如图7-195所示。

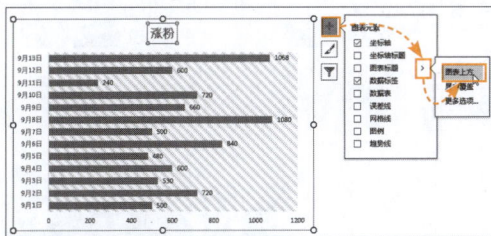

图 7-194

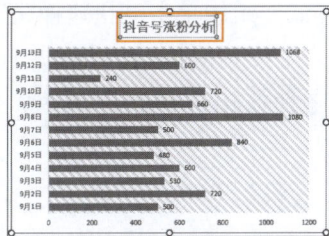

图 7-195

3. 删除图表中的元素

在"图表元素"列表中取消指定元素复选框的勾选可将该元素从图表中删除，如图7-196所示。除此之外也可以在图表中选中某个元素，按Delete键或Backspace键，快速将该元素删除。

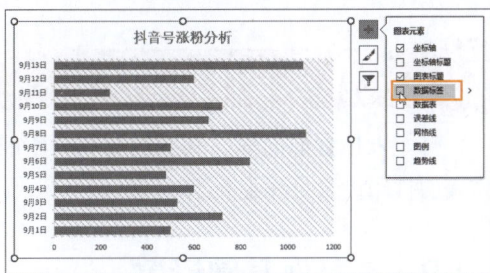

图 7-196

7.8.6 图表的快速布局与美化

创建图表后，可以对图表进行快速布局和美化，从而让图表呈现出更佳的效果。下面介绍具体操作方法。

1. 图表的快速布局

选中图表，打开"图表设计"选项卡，在"图表布局"选项卡中单击"快速布局"下拉按钮，在下拉列表中选择所需的布局方式，如图7-197所示。所选图表随即应用该布局，如图7-198所示。

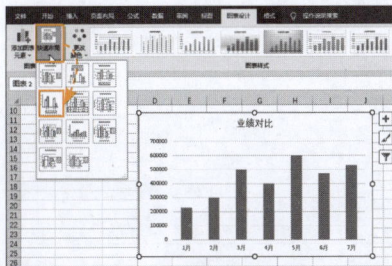

图 7-197

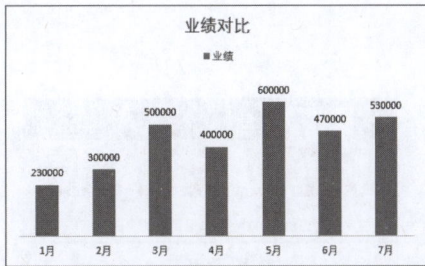

图 7-198

2. 快速更改图表颜色

选中图表，打开"图表设计"选项卡，在"图表样式"组中单击"更改颜色"下拉按钮，在下拉列表中选择一种满意的颜色，图表系列的颜色随即被更改，如图7-199所示。

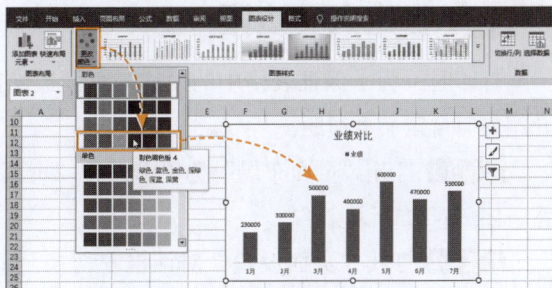

图 7-199

3. 快速设置图表样式

选中图表，打开"图表设计"选项卡，在"图表样式"组中单击"快速样式"下拉按钮，在下拉列表中选择一种满意的样式，图表随即应用该样式，如图7-200所示。

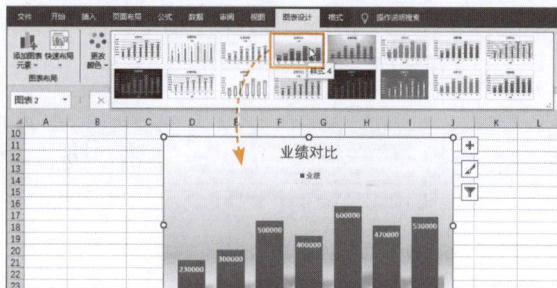

图 7-200

7.9 工作表的打印设置

打印表格看似简单，其实需要在打印前进行各种设置，才能打印出满意的效果。下面对工作表的打印设置行详细介绍。

7.9.1 页面基础设置

Excel打印时默认的纸张大小为A4，纸张方向为纵向，用户可根据需要进行调整。

打开"页面布局"选项卡，通过"页面设置"组中提供的命令按钮可以对页边距、纸张方向、纸张大小、打印区域、页面背景、打印标题等进行设置，如图7-201所示。单击该组右下角的"页面设置"对话框启动器按钮，还可以打开"页面设置"对话框，在该对话框中可以对页面、页边距、页脚等进行详细设置，如图7-202所示。

图 7-201

图 7-202

动手练 自定义页边距

打印时，为了保证表格中的内容与页面边缘留有适当距离，需要对页边距进行设置。下面介绍如何自定义页边距。

步骤 01 打开"页面布局"选项卡，在"页面设置"组中单击"页面设置"对话框启动器按钮，如图7-203所示。

步骤 02 打开"页面设置"对话框。切换至"页边距"选项卡，手动输入上、下、左、右值，设置完成后单击"确定"按钮即可自定义页边距，如图7-204所示。

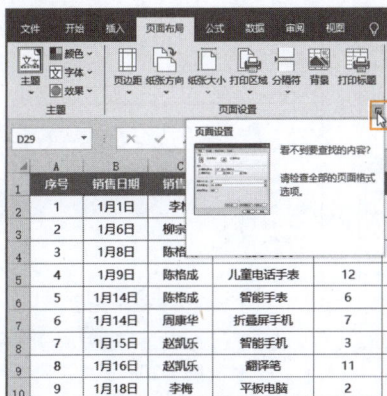

图 7-203

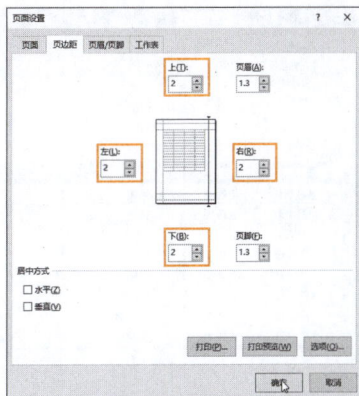

图 7-204

7.9.2　设置页眉和页脚

一些固定的文字标语、文件信息或属性、图片、日期和时间、页码等内容可以放在页眉或页脚中打印。下面介绍如何设置页眉和页脚。

动手练 **强制分页打印**

假设要将第11行之后的内容打印到下一页，需在工作表中插入分页符，具体操作方法如下。

步骤01 选择第12行中的任意一个单元格，打开"页面布局"选项卡，在"页面设置"组中单击"分隔符"下拉按钮，在下拉列表中选择"插入分页符"选项，如图7-205所示。

步骤02 设置完成后单击"文件"按钮，进入文件菜单，切换至"打印"界面，在预览区域可以查看分页打印的效果，如图7-206所示。

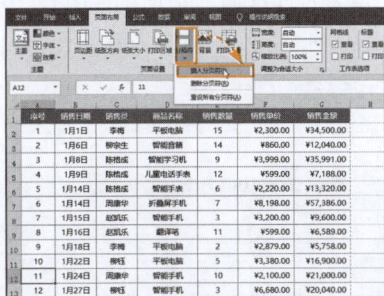

图 7-205

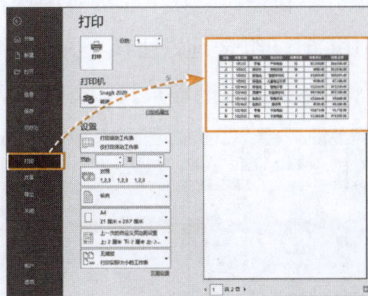

图 7-206

动手练 **重复打印标题行**

数据表通常都包含标题行，当表格内容较多，需要打印成多页时，只有第一页会显示标题，其他页面不显示标题，不利于判断数据属性，此时可以设置重复打印标题行。

步骤01 打开"页面布局"选项卡，在"页面设置"组中单击"打印标题"按钮，如图7-207所示。

步骤02 弹出"页面设置"对话框，在"工作表"选项卡中的"顶端标题行"文本框中引用标题所在的行，此处引用第一行，单击"打印预览"按钮，如图7-208所示。

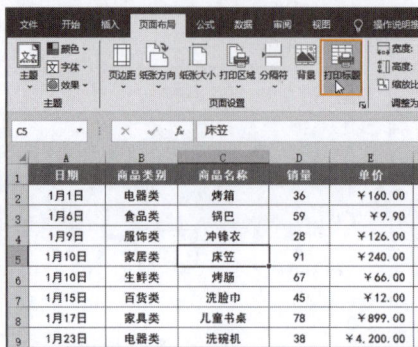

图 7-207

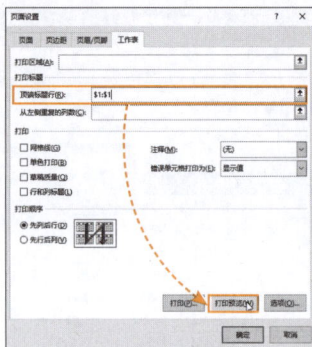

图 7-208

步骤 03 自动切换至打印预览界面，在预览区域可以看到每一页都会被打印标题，如图7-209所示。

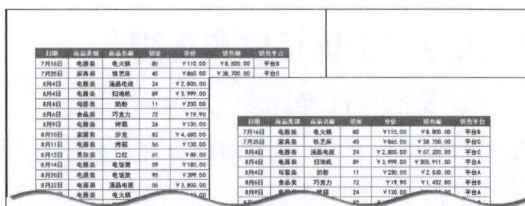

图 7-209

动手练 设置打印区域

在默认打印设置下，Excel会将当前工作表中的所有内容打印出来。若要指定打印范围，可以设置打印区域。

步骤 01 在工作表中选择需要打印的区域，打开"页面布局"选项卡，在"页面设置"组中单击"打印区域"下拉按钮，在下拉列表中选择"设置打印区域"选项，如图7-210所示。

步骤 02 使用Ctrl+P组合键，切换至文件菜单中的"打印"界面，在预览区域可以查看，只有被设置为打印区域的内容能够被打印，如图7-211所示。

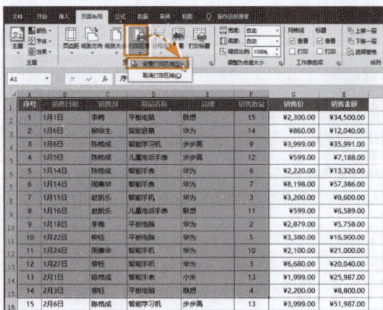

图 7-210

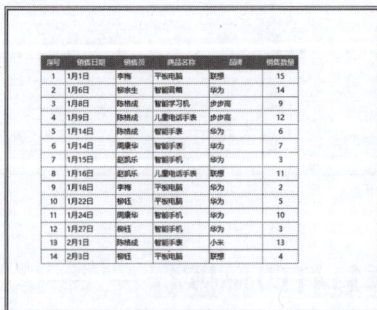

图 7-211

7.9.3 设置缩放打印

当工作表中的数据超出几行或几列，无法在一页中完整打印时，可以设置缩放打印，使所有内容在一页中打印，以保证数据的完整性和可读性。

在工作表中单击"文件"按钮，打开文件菜单，切换至"打印"界面，在"设置"组中单击"无缩放"按钮,在展开的列表中选择"将工作表调整为一页"选项,即可将工作表中的所有内容缩放在一页中打印,如图7-212所示。

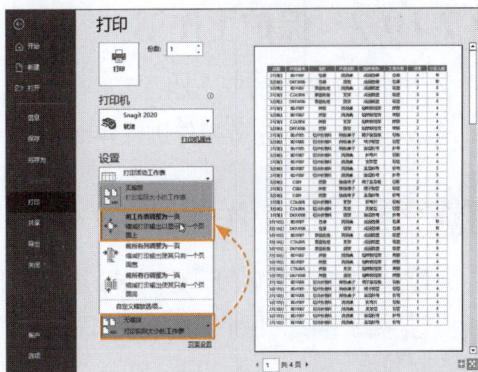

图 7-212

7.10 保护工作簿和工作表

为了保证表格的安全性,让表格中的内容不被他人查看、修改、删除等,还需要对表格进行保护。

7.10.1 快速链接工作表

Excel允许用户在不同工作表之间建立链接,从而轻松实现数据的动态交互与整合,提高数据处理效率和准确性。

步骤 01 在"目录"工作表中右击A1单元格,在弹出的快捷菜单中执行"链接"命令,如图7-213所示。

步骤 02 弹出"插入超链接"对话框,在"链接到"组中选择"本文档中的位置"选项,在打开的界面中选择"北京汽车销量"工作表,单击"确定"按钮,如图7-214所示。

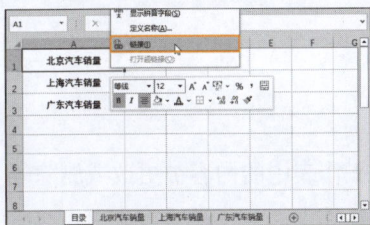

图 7-213

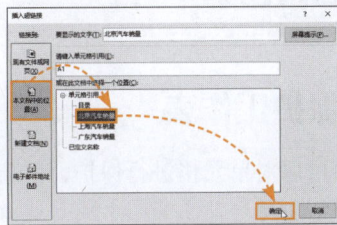

图 7-214

步骤 03 A1单元格中的数据随即被添加超链接。参照上述方法继续将A2和A3单元格超链接到对应的工作表。工作表链接设置完成后,单击A2单元格中的文本内容,如图7-215所示。

步骤 04 工作簿中随即自动打开"上海汽车销量"工作表,如图7-216所示。

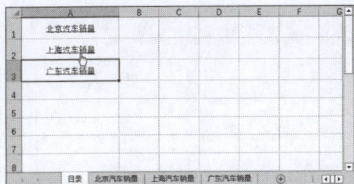

图 7-215

图 7-216

7.10.2 保护工作簿

为了保证数据的安全性，需要对工作簿和工作表进行保护。下面对保护工作簿结构、保护工作表、保护单元格等操作进行详细介绍。

动手练 保护工作簿结构

步骤 01 打开"审阅"选项卡，在"保护"组中单击"保护工作簿"按钮，如图7-217所示。

步骤 02 弹出"保护结构和窗口"对话框，输入密码，单击"确定"按钮。随后弹出"确认密码"对话框，确认输入密码，单击"确定"按钮，即可完成工作簿的保护操作，如图7-218所示。

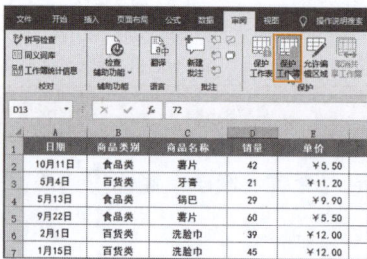
图 7-217

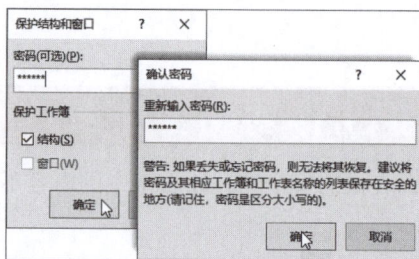
图 7-218

步骤 03 工作簿结构被保护，将无法执行删除、移动、添加工作表等操作。右击工作表标签，在弹出的快捷菜单中可以看到这些选项全部为不可操作状态，如图7-219所示。

知识拓展
若要撤销工作簿结构的保护，可以在"审阅"选项卡中的"保护"组内再次单击"保护工作簿"按钮，弹出"撤销工作簿保护"对话框，输入密码，单击"确定"按钮即可。

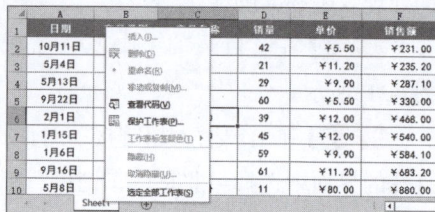
图 7-219

7.10.3 保护工作表

保护工作表可以对单元格进行保护，以防止工作表中的内容被更改或删除等。

动手练 保护指定工作表

步骤 01 在工作簿中打开需要保护的工作表。打开"审阅"选项卡，在"保护"组中单击"保护工作表"按钮，如图7-220所示。

步骤 02 弹出"保护工作表"对话框，在"密码"文本框中输入密码，单击"确定"按钮，如图7-221所示。在随后弹出的"确认密码"对话框中

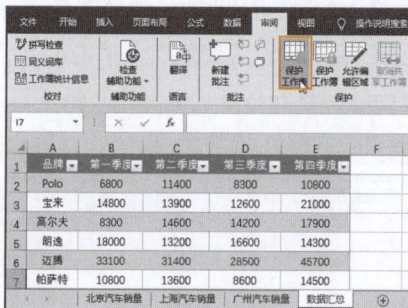
图 7-220

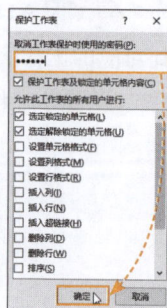
图 7-221

再次输入密码。完成保护工作表操作。

步骤 03 在被保护的工作表中执行操作时，操作会被强行停止，并弹出警告对话框，如图7-222所示。

步骤 04 在"审阅"选项卡中的"保护"组内单击"撤销工作表保护"按钮，如图7-223所示。在弹出的对话框中输入密码，单击"确定"按钮，即可撤销工作表保护。

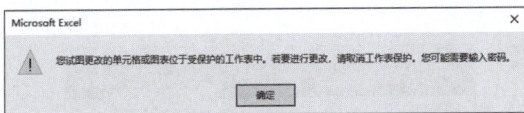
图 7-222

图 7-223

7.10.4 保护单元格

当需要对工作表中包含重要内容的单元格进行保护，但是要允许其他单元格能够正常编辑时，可以进行以下设置。

动手练 保护单元格

步骤 01 单击工作表左上角，选中工作表中所有单元格，使用Ctrl+1组合键打开"设置单元格格式"对话框，切换到"保护"选项卡，取消勾选"锁定"复选框，单击"确定"按钮，如图7-224所示。

步骤 02 在工作表中选中需要保护的单元格，再次使用Ctrl+1组合键打开"设置单元格格式"对话框，在"保护"选项卡中勾选"锁定"复选框，单击"确定"按钮，如图7-225所示。

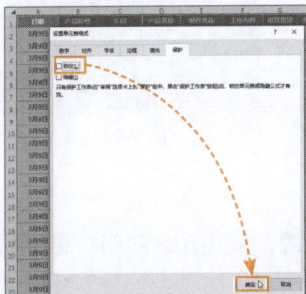
图 7-224

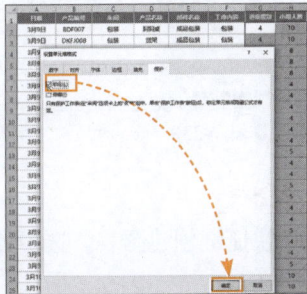
图 7-225

步骤 03 打开"审阅"选项卡，在"保护"组中单击"保护工作表"按钮，如图7-226所示。

步骤 04 弹出"保护工作表"对话框，取消勾选"选定锁定的单元格"复选框，并设置密码，单击"确定"按钮，关闭对话框，如图7-227所示。在随后弹出的对话框中确认输入密码。此时工作表中锁定的单元格将被保护，无法选中以及修改其中的内容。而其他单元格可以正常编辑。

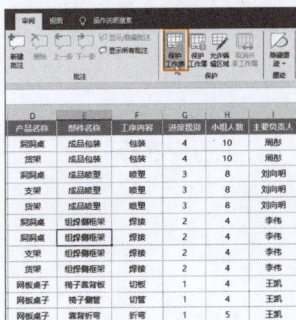
图 7-226

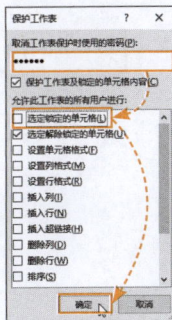
图 7-227

OA 新手答疑

1. Q: 如何为单元格中的内容添加批注？

A: 选中需要添加批注的单元格，打开"审阅"选项卡，在"批注"组中单击"新建批注"按钮，如图7-228所示。所选单元格随即显示批注文本框，在批注文本框中输入批注内容即可，如图7-229所示。

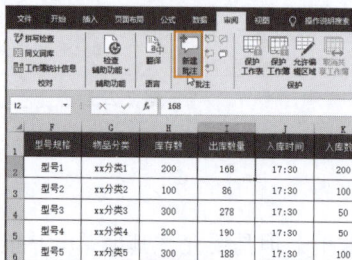

图 7-228

图 7-229

2. Q: 单元格中的内容如何自动换行？

A: 单元格中的内容可以设置自动换行。选中需要自动换行的单元格或单元格区域，打开"开始"选项卡，在"对齐方式"组中单击"自动换行"按钮，如图7-230所示。所选区域中的内容达到最大列宽时即可自动换行显示，如图7-231所示。

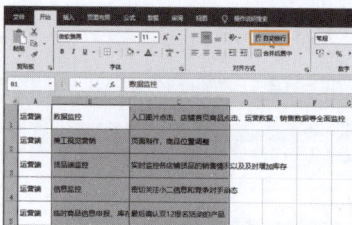

图 7-230

图 7-231

3. Q: 如何自动创建图表？

A: Excel可以使用快捷键创建图表。选中数据源，使用Alt+F1组合键即可创建一张簇状柱形图，如图7-232所示。

使用Alt+F1组合键

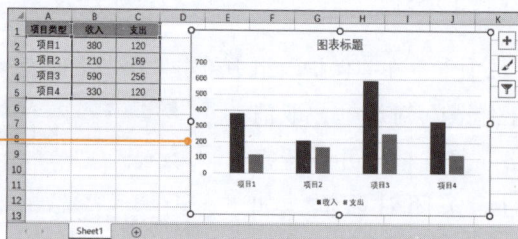

图 7-232

第 8 章

PowerPoint 演示文稿的应用

PowerPoint是一款广泛应用于各类演示、报告、教学和会议中的幻灯片制作软件。提供丰富的模板、图形、图表、动画和多媒体插入功能，能够有效地传达信息，增强观众的参与感和理解度。本章对PowerPoint演示文稿和幻灯片的基本操作、幻灯片元素的应用以及动画的添加和设置等进行详细介绍。

8.1 PowerPoint演示文稿基础

学习PowerPoint演示文稿的具体操作前，需要先了解一些基本操作，例如熟悉演示文稿的基本概念、PowerPoint演示文稿窗口、视图模式的切换以及如何新建和保存演示文稿等。

8.1.1 演示文稿的基本概念

演示文稿是指通过软件（如PowerPoint）制作的以幻灯片为单元的文档，其核心作用是用视觉化的方式辅助信息传递。演示文稿由多张幻灯片组成，每张幻灯片可以包含文字、图形、表格等各种可以输入和编辑的对象，这些内容共同构成一个演示主题，用于在投影仪或者计算机上进行演示，也可以将演示文稿打印出来，制作成胶片或保存到光盘中进行分发。演示文稿广泛应用于工作汇报、企业宣传、产品推介、婚礼庆典、项目竞标、管理咨询等。

演示文稿的基本构成要素如下。

- **文字**：用于简明扼要地表达标题和要点，避免信息冗长。
- **图像**：包括实物图片和示意图，用于增强信息的直观性。
- **图表**：如柱状图、流程图等，用于实现数据的可视化。
- **动画**：用于控制信息展示的节奏，突出重点内容。
- **版式设计**：通过合理布局提升内容的可读性。
- **配色方案**：使用统一的色调保证视觉协调，传达品牌或主题的基调。

此外，演示文稿还支持添加音频流或视频流，使演示过程更加生动和有趣。制作演示文稿时，用户可以根据需要选择合适的模板和主题，以快速创建出具有专业外观的幻灯片。同时，演示文稿软件也提供了丰富的动画效果和切换效果，帮助用户进一步提升演示文稿的吸引力和观众的参与度。

8.1.2 PowerPoint演示文稿窗口

PowerPoint演示文稿的窗口由标题栏、选项卡、窗口控制按钮、幻灯片大纲区、"文件"按钮、幻灯片编辑区、快速访问工具栏、备注窗格、状态栏等组成，如图8-1所示。

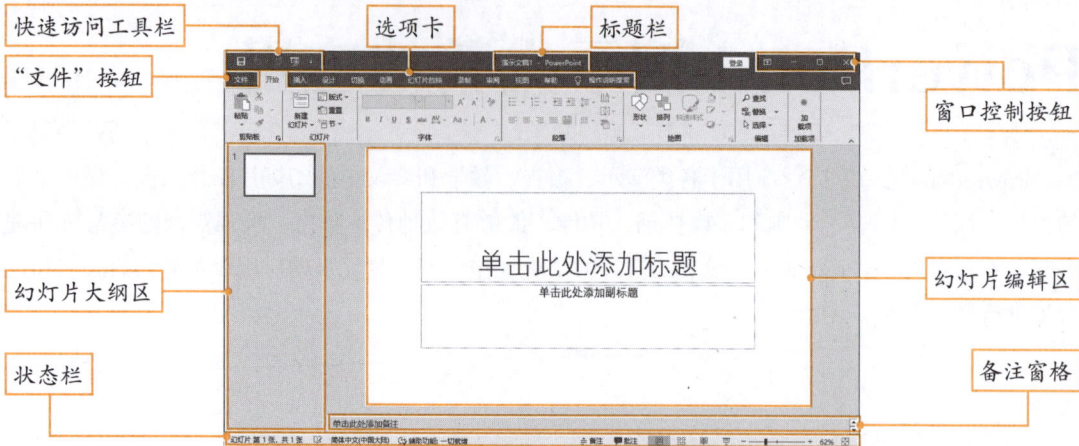

快速访问工具栏　选项卡　标题栏　"文件"按钮　窗口控制按钮　幻灯片大纲区　幻灯片编辑区　状态栏　备注窗格

图 8-1

8.1.3　切换视图模式

演示文稿中默认的视图模式为"普通"视图，用户可以根据需要切换视图模式。打开"视图"选项卡，"演示文稿视图"组中包含"普通""大纲视图""幻灯片浏览""备注页""阅读视图"5个按钮，单击相应按钮即可切换视图，如图8-2所示。

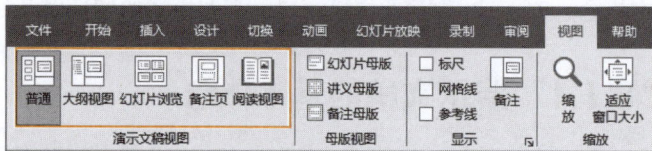

图 8-2

（1）"普通"视图

"普通"视图由幻灯片编辑区和幻灯片导航区两个主要部分组成，在该模式下可以查看和编辑幻灯片。将光标移至编辑区上方，滑动鼠标滚轮即可快速浏览幻灯片内容，通过窗口左侧导航区域中显示的幻灯片缩览图可以快速打开指定幻灯片。

（2）"大纲视图"

"大纲视图"主要显示演示文稿的文本内容，以层级结构的形式呈现。在这种视图中，用户可以方便地查看和调整幻灯片的标题和正文内容，以及它们的层级关系。"大纲视图"特别适合用于组织和规划演示文稿的结构。

（3）"幻灯片浏览"视图

"幻灯片浏览"视图在一个窗口中显示演示文稿中所有幻灯片的缩览图。以便快速浏览幻灯片整体版式和效果。还可通过拖曳幻灯片页面重新排列幻灯片顺序。

（4）"备注页"视图

"备注页"视图的作用是检查演示文稿和备注页一起打印时的外观。每一页都包含一张幻灯片和演讲者备注，用户可以在该视图中编辑备注内容。

（5）"阅读视图"

在"阅读视图"下无须切换到全屏幻灯片放映，便可查看幻灯片中的放映效果。在窗口底部状态栏中单击"下一页"或"上一页"按钮可切换页面。也可单击"菜单"按钮，通过列表中的选项控制页面或结束放映。

8.1.4 PowerPoint演示文稿的新建和保存

PowerPoint演示文稿的创建与保存方法和Word及Excel的创建、保存方法基本相同。

1. 创建演示文稿

启动PowerPoint软件，在"新建"界面单击"空白演示文稿"按钮可新建空白演示文稿。或在某个模板上方单击可新建模板演示文稿，如图8-3所示。

2. 保存演示文稿

单击"文件"按钮，在展开的菜单中选择"保存"或"另存为"选项，如图8-4所示。在随后弹出的对话框中可设置保存位置、文件名称、文件类型等，即可保存或另存为演示文稿。

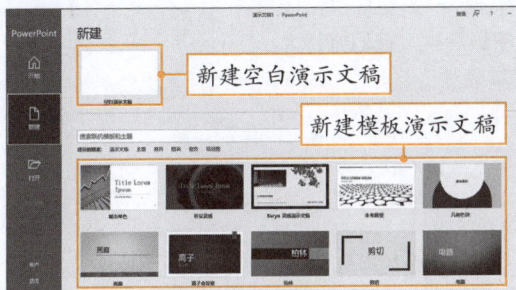

图 8-3

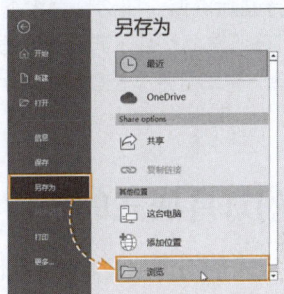

图 8-4

8.2 幻灯片的基本操作

幻灯片的基本操作包括选择幻灯片、插入或删除幻灯片、复制或移动幻灯片、隐藏幻灯片等。

8.2.1 选择幻灯片

在导航区中单击幻灯片缩览图，即可选中该幻灯片，被选中的幻灯片随即在编辑区中显示，如图8-5所示。按住Ctrl键的同时单击多张幻灯片，可以将这些幻灯片同时选中，如图8-6所示。使用Ctrl+A组合键可以选中演示文稿中的所有幻灯片，如图8-7所示。

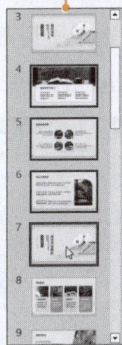

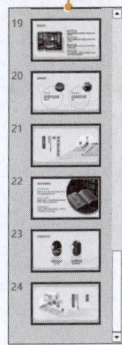

图 8-5　　　　　　　　　　　　　图 8-6　　　　图 8-7

8.2.2 插入或删除幻灯片

制作演示文稿时，经常需要新建幻灯片或删除不再使用的幻灯片。插入或删除幻灯片的方法很简单。在幻灯片大纲区内右击指定幻灯片的缩览图，系统随即弹出一个快捷菜单，执行"新建幻灯片"命令，可以在所选幻灯片下方插入一张空白幻灯片，若选择"删除幻灯片"选项，则可删除所选幻灯片，如图8-8所示。

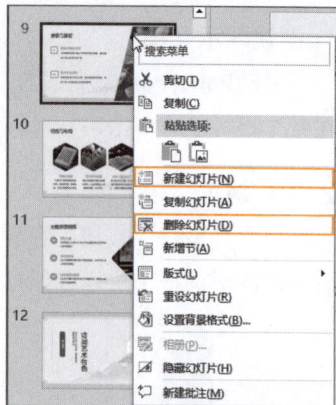

知识拓展

除了使用右键菜单中的选项插入或删除幻灯片，也可使用快捷键进行删除操作。在幻灯片大纲区内选择一张幻灯片，按Enter键可在所选幻灯片下方插入一张空白幻灯片。在幻灯片大纲区内选择一张幻灯片，按Delete键可将其删除。

图 8-8

动手练 幻灯片版式的应用

幻灯片版式是幻灯片设计的基础框架，它预先规划了页面中文字、图片、图表、图标等元素的布局方式与比例关系。用户可以根据需要在演示文稿中插入指定版式的幻灯片，或更改幻灯片版式。

步骤 01 打开"开始"选项卡，在"幻灯片"组中单击"新建幻灯片"下拉按钮，在下拉列表中选择一个版式，此处选择"两栏内容"选项，如图8-9所示。

步骤 02 演示文稿中随即被插入一张两栏内容版式的幻灯片，如图8-10所示。

图 8-9

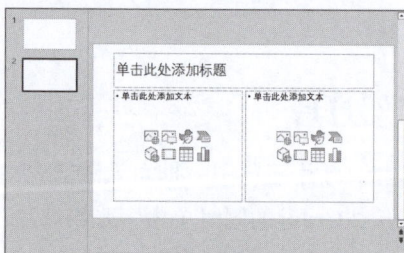

图 8-10

步骤 03 若要更换幻灯片版式，可以在"开始"选项卡中的"幻灯片"组内单击"版式"下拉按钮，在下拉列表中选择所需版式，如图8-11所示。

步骤 04 所选幻灯片随即被更换为相应版式，如图8-12所示。

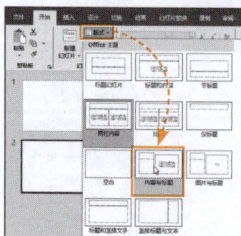

图 8-11

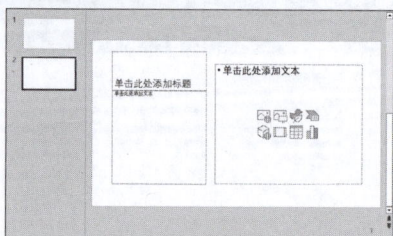

图 8-12

8.2.3 复制或移动幻灯片

当需要制作内容或版式相似的幻灯片时，可以复制幻灯片。当需要调整幻灯片的位置时，可以移动幻灯片。

1. 复制幻灯片

在幻灯片导航区中右击需要复制的幻灯片，在弹出的快捷菜单中执行"复制幻灯片"命令，如图8-13所示。所选幻灯片随即被复制出一份，如图8-14所示。

2. 移动幻灯片

在幻灯片导航区右击需要移动

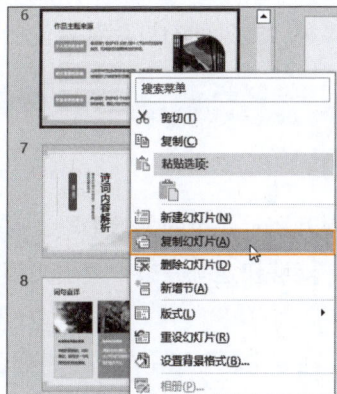
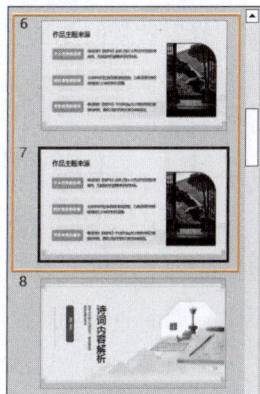

图 8-13　　　　　　　　　　图 8-14

的幻灯片，在弹出的快捷菜单中执行"剪切"命令，如图8-15所示。随后右击目标幻灯片，在"粘贴选项"组中执行"使用目标主题"或"保留源格式"命令，即可将剪切的幻灯片移动到目标位置下方，如图8-16所示。

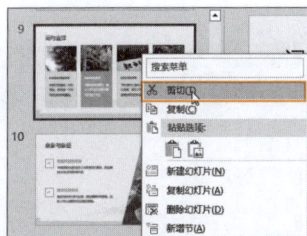
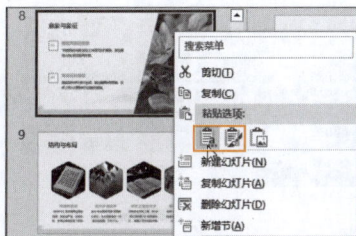

图 8-15　　　　　　　　　　图 8-16

8.2.4 隐藏幻灯片

演示文稿制作完成后，若不希望某些幻灯片被放映，可以将幻灯片隐藏，等到需要放映时再将其显示出来。

在导航区中右击想要隐藏的幻灯片，在弹出的快捷菜单中执行"隐藏幻灯片"命令，如图8-17所示，所选幻灯片随即被设置为隐藏状态。被隐藏的幻灯片左上角数字序号上方会显示一条斜线 🔲，如图8-18所示，被隐藏的幻灯片在放映时将被隐藏。

知识拓展

若要取消幻灯片的隐藏，只需在导航区域中右击隐藏的幻灯片，在弹出的快捷菜单中再次执行"隐藏幻灯片"命令即可。

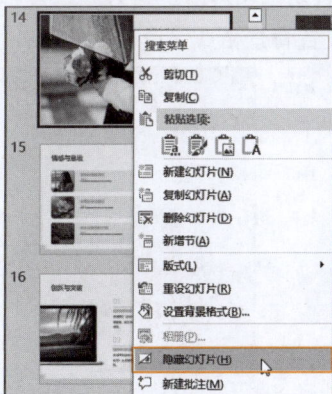

图 8-17　　　　　　　　　　图 8-18

8.3 设置幻灯片主题和背景

PowerPoint包含很多预设主题，用户可以套用主题快速美化幻灯片。也可以为幻灯片添加背景，设置背景的方法有很多种，常见的幻灯片背景包括图形背景、图片背景、纯色背景以及渐变填充背景等。

8.3.1 主题的应用

幻灯片主题的应用是提升演示效果的关键手段，通过预设的色彩搭配、字体样式、背景图案及动画效果等设计元素，能够快速统一整个演示文稿的视觉风格，确保内容层级清晰、重点突出且符合特定场景氛围。

打开"设计"选项卡，在"主题"组中单击"主题"下拉按钮，在下拉列表中选择一个合适的主题，如图8-19所示。演示文稿中的所有幻灯片随即应用所选主题。应用主题后，还可以在"变体"组中单击"变体"下拉按钮，通过下拉列表中提供的选项对当前主题的颜色、字体、效果以及背景样式进行设置，如图8-20所示。

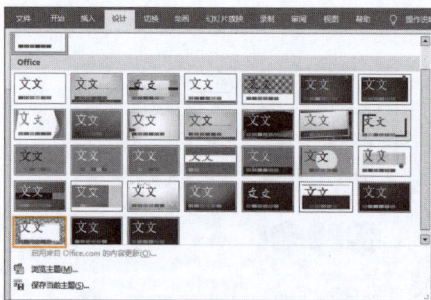

图 8-19

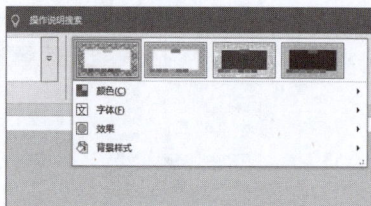

图 8-20

8.3.2 设置幻灯片背景

选择一张符合幻灯片意境的图片，可以将图片直接设置为幻灯片的背景。

【动手练】为幻灯片添加图片背景

步骤 01 打开需要设置背景的幻灯片。打开"设计"选项卡，在"自定义"组中单击"设置背景格式"按钮，打开"设置背景格式"窗格，如图8-21所示。

步骤 02 在"设置背景格式"窗格中的"填充"选项卡内选中"图片或纹理填充"单选按钮，随后单击"插入"按钮，如图8-22所示。

图 8-21

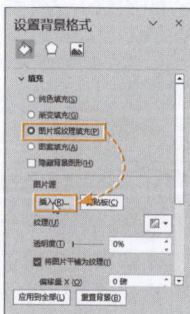

图 8-22

步骤 03 打开"插入图片"对话框,在"从文件"模块中单击"浏览"按钮,再次弹出一个"插入图片"对话框,选择需要使用的图片,单击"插入"按钮,如图8-23所示。

步骤 04 当前幻灯片随即被添加图片背景,效果如图8-24所示。

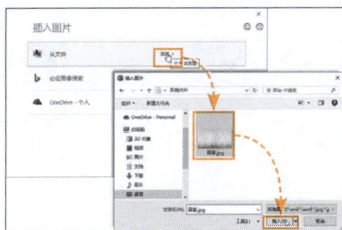

图 8-23

图 8-24

8.3.3 设置其他背景填充效果

除了设置图片背景,用户还可以为幻灯片设置不同的填充效果,例如纯色填充、渐变填充、纹理填充等。

选中要设置背景的幻灯片,在"设计"选项卡中的"自定义"组内单击"设置背景格式"按钮,打开"设置背景格式"窗格。通过"填充"选项卡中的其他选项即可为幻灯片设置不同的背景效果。

选中"纯色填充"单选按钮,单击"颜色"下拉按钮,在下拉列表中选择一种满意的颜色,即可为幻灯片设置纯色填充,如图8-25所示。

选中"渐变填充"单选按钮,设置好渐变光圈的数量、位置以及颜色,并选择合适的渐变样式,即可为幻灯片设置渐变填充效果,如图8-26所示。

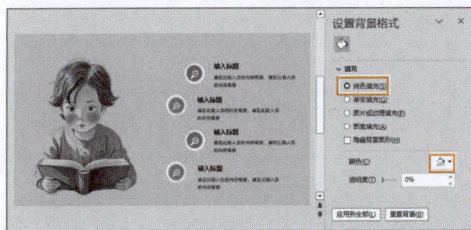

图 8-25

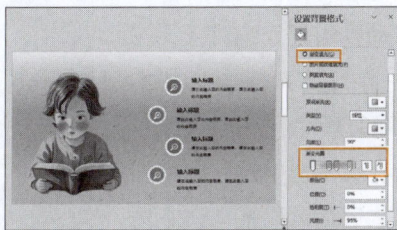

图 8-26

选中"图片或纹理填充"单选按钮,单击"纹理填充"下拉按钮,在下拉列表中选择一种纹理,并设置好"前景"和"背景"颜色,即可为幻灯片设置纹理填充效果,如图8-27所示。

选中"图案填充"单选按钮,选择图案的样式,并设置前景色和背景色,幻灯片随即被所选图案填充,如图8-28所示。

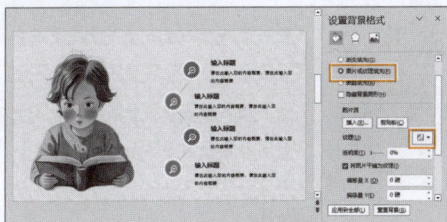

图 8-27

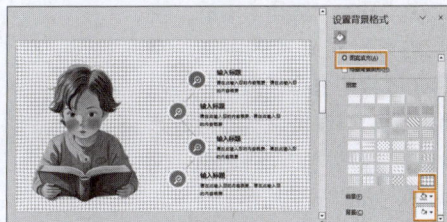

图 8-28

8.3.4 删除背景

若幻灯片背景效果设置得不理想，或不再适用背景，可以将背景删除。在"设置背景格式"窗格中的"填充"选项卡底部单击"重置背景"按钮即可删除背景，如图8-29所示。

图 8-29

8.4 在幻灯片中插入各种对象

幻灯片的页面由各种元素（对象）组成。制作演示文稿的过程则是完善幻灯片页面，对各种元素进行编辑的过程。常用的幻灯片元素包括文本框、形状、图片、表格、艺术字等。

8.4.1 插入文本框

幻灯片中不能直接输入文本，文本内容必须以文本框、图形、表格等为载体，文本框的主要作用是输入文本内容。

打开"插入"选项卡，在"文本"组中单击"文本框"下拉按钮，下拉列表中包括"绘制横排文本框"和"竖排文本框"两个选项，此处选择"绘制横排文本框"选项，如图8-30所示。将光标移动到到幻灯片编辑区，按住鼠标左键拖动光标绘制文本框，如图8-31所示。

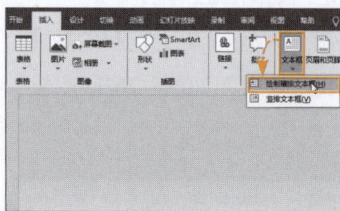

图 8-30

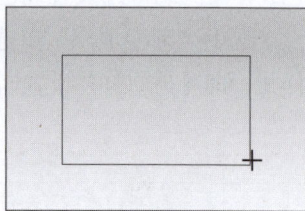

图 8-31

随后在文本框中输入内容即可，输入内容后可以拖动文本框周围的控制按钮调整文本框的大小，如图8-32所示。

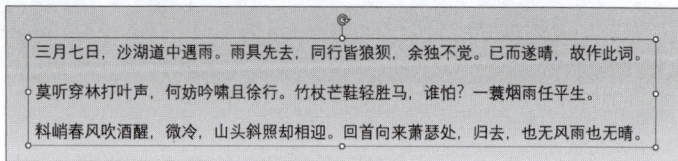

三月七日，沙湖道中遇雨。雨具先去，同行皆狼狈，余独不觉。已而遂晴，故作此词。
莫听穿林打叶声，何妨吟啸且徐行。竹杖芒鞋轻胜马，谁怕？一蓑烟雨任平生。
料峭春风吹酒醒，微冷，山头斜照却相迎。回首向来萧瑟处，归去，也无风雨也无晴。

图 8-32

知识拓展

单击文本框的边框线将文本框选中。在"开始"选项卡中的"字体"组内可以对文本的字体、字号、字体效果等进行设置。在"段落"组中还可以设置文本的对齐方式、行距、段落间距、缩进量、文字方向等，如图8-33所示。

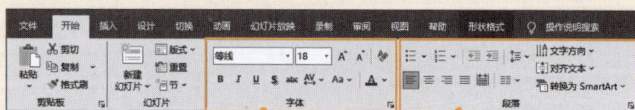

设置字体、字号、加粗、倾斜、下画线、阴影、上标、下标、文字加拼音、字体颜色等

设置文本对齐方式、行距、缩进量，添加项目符号和编号等

图 8-33

8.4.2 插入艺术字

在幻灯片中输入文本时除了使用普通文本框，也可以直接插入艺术字。在幻灯片中插入艺术字后，用户可以对艺术字进行编辑，例如更改艺术字样式，更改艺术字填充颜色、轮廓颜色、效果等。

打开"插入"选项卡，在"文本"组中单击"艺术字"下拉按钮，在下拉列表中选择一种满意的艺术字样式，如图8-34所示。当前幻灯片中随即被插入相应样式的艺术字文本框，如图8-35所示。

图 8-34

图 8-35

修改文本框中的内容，并将艺术字拖动到幻灯片中的合适位置，如图8-36所示。

保持艺术字文本框为选中状态，打开"形状格式"选项卡，通过"艺术字样式"组中提供的按钮可以更改艺术字样式，对"文本填充""文本轮廓""文本对象"的效果（包括阴影、倒影、发光、三维旋转等）进行设置，如图8-37所示。

图 8-36

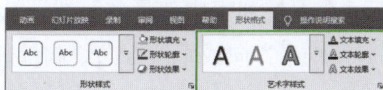

图 8-37

8.4.3 插入和编辑形状

形状不仅能够修饰页面，让原本单调的页面变得更丰富，还可以很好地突出重点信息。

动手练 图形的应用

步骤 01 打开"插入"选项卡，在"插图"组中单击"形状"下拉按钮，在下拉列表中选择需要使用的形状，此处选择"矩形"，如图8-38所示。

步骤 02 按住鼠标左键的同时拖动光标，即可在幻灯片中绘制一个矩形，如图8-39所示。

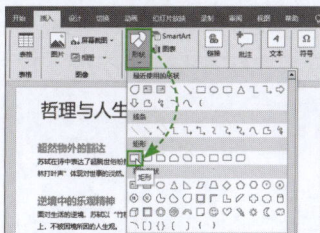

图 8-38

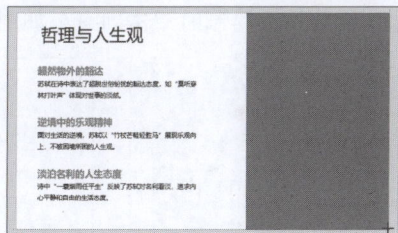

图 8-39

步骤 **03** 选中形状，打开"形状格式"选项卡，在"形状样式"组中单击"形状填充"下拉按钮，在下拉列表中选择一种颜色，修改形状的填充色，如图8-40所示。

步骤 **04** 在"形状样式"组中单击"形状轮廓"下拉按钮，在下拉列表中可以设置形状轮廓的颜色、线条的粗细以及线条的样式等，此处选择一种合适的颜色，然后选择"粗细"选项，在其下级列表中选择"4.5磅"选项，完成形状轮廓的设置，如图8-41所示。

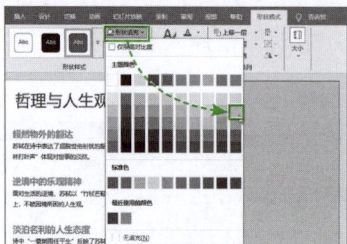 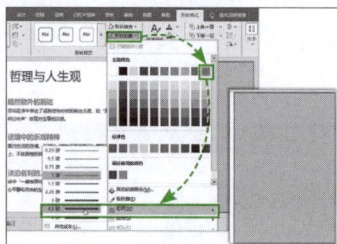

图 8-40   图 8-41

8.4.4 绘制直线或曲线

使用"形状"工具还可以在幻灯片中插入各种线条，例如直线、曲线、任意多边形、自由曲线等。这些线条的绘制一般需要一些技巧。

1. 绘制水平或垂直线条

绘制一条直线并不难，但是要想在没有参照物的幻灯片中绘制水平或垂直的线条，直接拖动很难做到，此时需要借助快捷键来操作。打开"插入"选项卡，在"插图"组中单击"形状"下拉按钮，在下拉列表中选择"直线"选项，如图8-42所示。将光标移动到幻灯片中，按住Shit键的同时沿水平方向或垂直方向绘制，即可得到水平或垂直的直线，如图8-43所示。

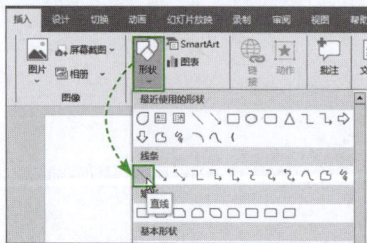 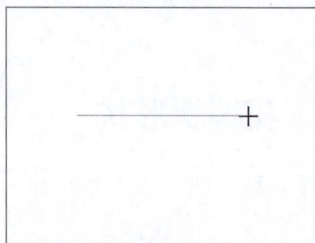

图 8-42   图 8-43

2. 绘制曲线

单击"形状"下拉按钮，在下拉列表中选择"曲线"选项，如图8-44所示。按住鼠标左键开始绘制线条，在需要转变方向的位置单击，随后改变方向继续绘制，在下一个需要改变方向的位置再次单击，需要结束绘制时双击即可，如图8-45所示。

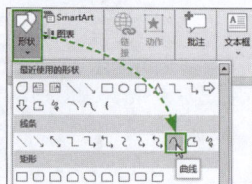 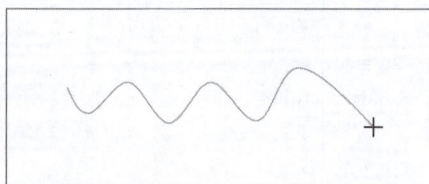

图 8-44   图 8-45

8.4.5 插入表格

在幻灯片中可以使用表格展示数据，插入表格后需要对表格进行编辑和美化，使整个幻灯片页面的呈现更美观。

打开"插入"选项卡，在"表格"组中单击"表格"下拉按钮，在下拉列表中拖动光标，使矩形高亮显示。确定好要插入的行列数后，单击即可快速插入相应行列数的表格，如图8-46所示。另外，通过"表格"下拉列表中的"插入表格"或"绘制表格"选项，也可在幻灯片中插入表格。

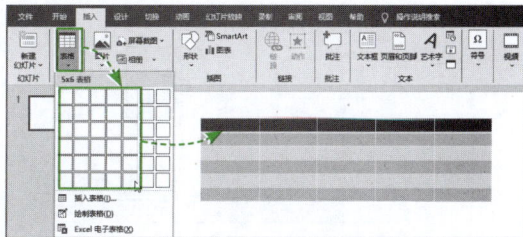

图 8-46

插入表格后，可以根据需要对表格进行编辑，例如，设置文本对齐方式、插入行/列、调整行高和列宽、拆分/合并单元格、调整表格大小等。选中表格后，功能区中会显示"表设计"和"表布局"两个活动选项卡。利用"表设计"选项卡中的各种命令可以为表格套用预设样式，或手动设置表格样式等，如图8-47所示。

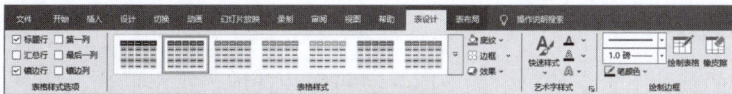

图 8-47

利用"表布局"选项卡中的命令，可以对表格执行插入或删除行/列、设置行高列宽、设置表格中内容的对齐方式等操作，如图8-48所示。

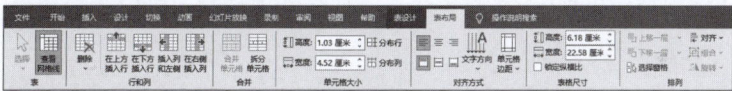

图 8-48

8.4.6 插入图片

为幻灯片中的文字配上恰当的图片，能提升幻灯片的感染力，也能让幻灯片更美观。PowerPoint演示文稿中可以插入计算机中的图片，也可以插入手机中的图片，或者将图片一次性插入多张幻灯片中。

动手练 插入图片

步骤01 打开需要插入图片的幻灯片，打开"插入"选项卡，在"图像"组中单击"图片"下拉按钮，在下拉列表中选择"此设备"选项，如图8-49所示。

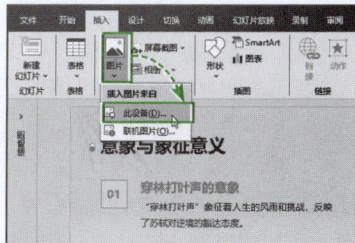

图 8-49

步骤 **02** 弹出"插入图片"对话框，选择需要使用的图片，单击"插入"按钮，如图8-50所示。

步骤 **03** 所选图片随即被插入当前幻灯片中，拖动图片周围圆形控制点调整图片的大小，将光标放在图片上方，按住鼠标左键将其拖动到合适的位置即可，如图8-51所示。

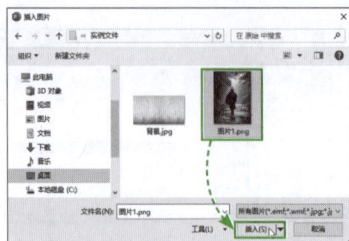
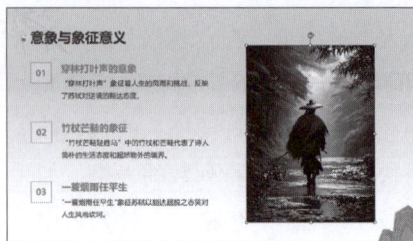

图 8-50 　　　　　　　　　　　　图 8-51

8.4.7　编辑图片

在幻灯片中插入图片后，为了使图片看起来更舒适、美观，可以对图片进行裁剪、抠除背景、对齐等操作。

动手练 裁剪图片

PowerPoint的裁剪工具支持自由裁剪图片、将图片裁剪为指定形状、将图片裁剪为指定比例等。

步骤 **01** 选中图片，打开"图片格式"选项卡，在"大小"组中单击"裁剪"下拉按钮，在下拉列表中选择"裁剪"选项，如图8-52所示。

步骤 **02** 图片周围随即出现8个裁剪控制点，拖动裁剪控制点确定要裁剪的区域，如图8-53所示。

步骤 **03** 在幻灯片空白处单击，即可完成图片的裁剪，如图8-54所示。

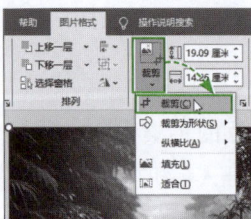

图 8-52 　　　　　　　　图 8-53 　　　　　　　　图 8-54

知识拓展

若要将图片裁剪为指定形状。可以在"裁剪"下拉列表中选择"裁剪为形状"选项，在其下级列表中选择所需形状，此处选择"平行四边形"，如图8-55所示。所选图片随即被裁剪为平行四边形，如图8-56所示。

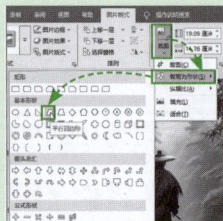
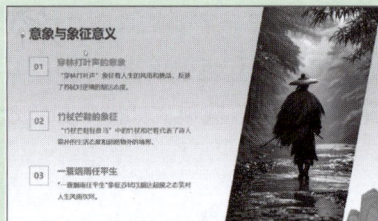

图 8-55 　　　　　　　　　　图 8-56

动手练 删除图片背景

在PowerPoint演示文稿中使用"删除背景"工具还可以删除图片的背景,保留主体。下面介绍具体操作方法。

步骤 01 选中图片,打开"图片格式"选项卡,在"调整"组中单击"删除背景"按钮,如图8-57所示。

步骤 02 所选图片随即进入删除背景模式,图片中紫色的区域表示将被删除的区域,拖动图片上方的范围框,调整好图片的保留范围,如图8-58所示。

步骤 03 在"背景消除"选项卡中的"优化"组内单击"标记要保留的区域"按钮,如图8-59所示。

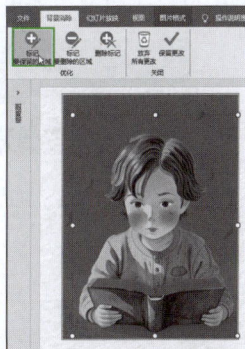

图 8-57　　　　　　　　　图 8-58　　　　　　　　　图 8-59

步骤 04 在图片上方单击或拖动光标添加要保留的区域,如图8-60所示。设置完成后按Esc键或在幻灯片空白处单击,即可完成背景的抠除,如图8-61所示。

图 8-60　　　　　　　　　图 8-61

动手练 设置图片排列方式

将图片插入幻灯片后为了让图片和其他元素更好地呼应,也为了让图片看起来更整齐,还需要对图片的排列方式进行设置。

1. 翻转图片

步骤 01 选中图片,打开"图片格式"选项卡,单击"旋转"下拉按钮,下拉列表中包含多种旋转方式,此处选择"水平翻转"选项,如图8-62所示。

步骤 02 所选图片随即被水平翻转,如图8-63所示。若在下拉列表中选择其他选项,还可对图片进行相应的旋转或翻转操作。

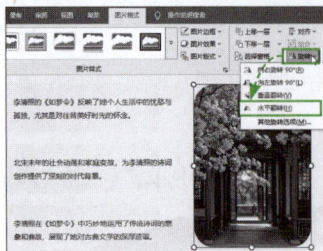

图 8-62

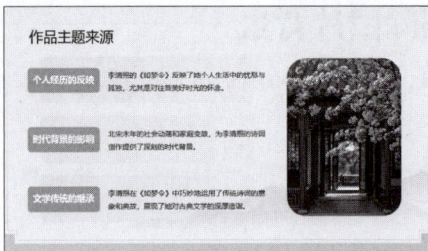

图 8-63

2. 调整图片叠放层次

右击图片，在弹出的快捷菜单中执行"置于底层"命令，如图8-64所示。所选图片随即被移动到幻灯片中所有对象的最下方显示，如图8-65所示。

图 8-64

图 8-65

知识拓展

通过右键菜单中的"置于顶层"选项可以将图片移动到所有对象的最上方显示。在"置于顶层"和"置于底层"选项的右侧各有一个按钮，单击这两个按钮，可以将图片上移一层或下移一层。

动手练 批量调整图片尺寸

按住Ctrl键的同时在幻灯片中依次单击图片，将所有图片选中，打开"图片格式"选项卡，在"大小"组中的"宽度"微调框中输入尺寸，如图8-66所示。按Enter键或在幻灯片空白处单击，即可将所选图片设置为相同宽度，最后将图片移动到合适的位置即可，如图8-67所示。

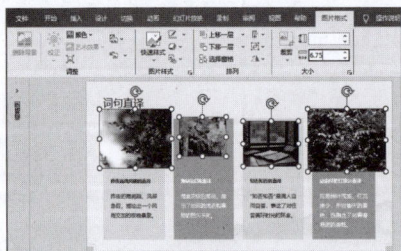

图 8-66

图 8-67

8.4.8 插入多媒体对象

演讲时，为了集中观众注意力，活跃现场气氛，用户可以在幻灯片中插入音频或视频等多媒体对象。

1. 插入音频文件

用户可以将音频文件嵌入指定幻灯片中，或将音频作为背景音乐嵌入幻灯片的首页中。打开"插入"选项卡，在"媒

图 8-68

体"组中单击"音频"下拉按钮，在下拉列表中选择"PC上的音频"选项，如图8-68所示。

在弹出的"插入音频"对话框中选择需要使用的音频文件，单击"插入"按钮，即可将音频插入幻灯片中，如图8-69所示。拖动音频图标，可以移动图标的显示位置，单击"播放/暂停"按钮，可控制音频的播放或暂停，如图8-70所示。

图 8-69

图 8-70

选中音频图标后，通过"播放"选项卡中的命令按钮可以为音频添加书签，对音频的音量、淡入或淡出时间、播放方式等进行设置，另外，单击"裁剪音频"按钮，还可在弹出的对话框中对音频进行裁剪，如图8-71所示。

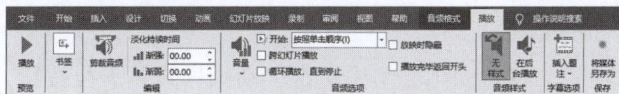

图 8-71

2. 插入视频文件

插入视频和插入音频的方法基本相同，打开"插入"选项卡，在"媒体"组中单击"音频"下拉按钮，在下拉列表中

图 8-72

选择"此设备"选项，如图8-72所示。在随后弹出的"插入视频文件"对话框中选择需要使用的视频文件，单击"插入"按钮，即可将视频插入幻灯片中。

拖动视频周围的圆形控制点可调整视频大小，将光标移动到视频上方，按住鼠标左键可将其拖动到合适的位置，如图8-73所示。保持视频为选中状态，打开"视频格式"选项卡，在"视频样式"组中单击"视频样式"下拉按钮，在下拉列表中选择一种满意的样式，此处选择"发光圆角矩形"选项，如图8-74所示。

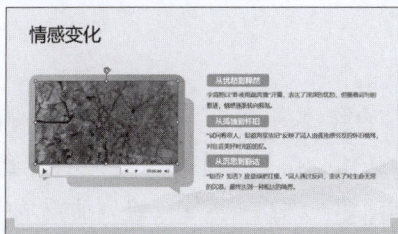

图 8-73

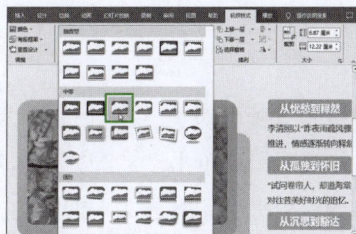

图 8-74

应用视频样式后，将光标移动到视频左上角圆角位置的控制点上方，按住鼠标左键的同时拖动光标，调整圆角的大小，如图8-75所示。最后单击视频底部菜单栏中的"播放/暂停"按钮，可预览视频，如图8-76所示。

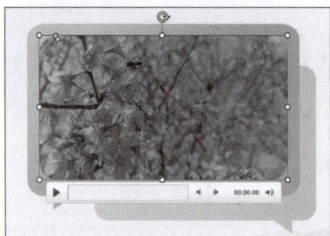
图 8-75

图 8-76

8.5 设置动画及页面切换效果

为了增强幻灯片的放映效果，让幻灯片更吸引观众，可以为幻灯片中的对象设置动画效果，并为页面设置切换效果。

8.5.1 动画的添加和设置

PowerPoint演示文稿提供进入、强调、退出、动作路径4种基本动画类型，用户可以根据需要为幻灯片中的对象添加动画效果。

打开"动画"选项卡，在"动画"组中单击"动画样式"下拉按钮，在下拉列表中可以看到不同类型的动画分组，用户可以从中选择所需动画。另外，通过列表底部的"更多进入效果""更多强调效果"等选项可以打开相应的对话框，对话框中包含更丰富的动画效果，如图8-77所示。

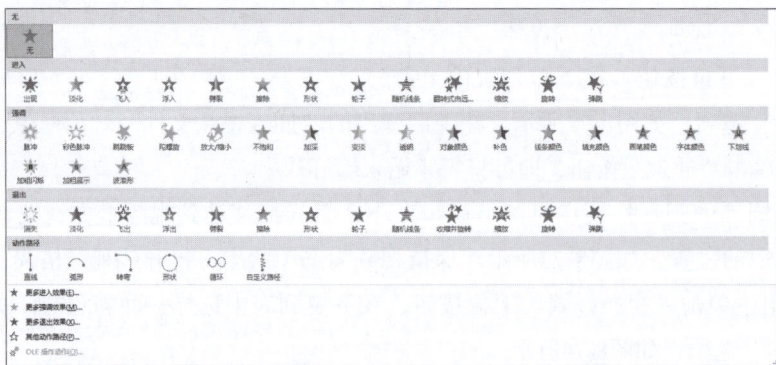
图 8-77

1. 添加动画

选中需要设置动画的对象，此处选择"团结合作 快乐成长"标题文本框，打开"动画"选项卡，在"动画"组中单击"动画样式"下拉按钮，在下拉列表中的"进入"组内选择"劈裂"选项，如图8-78所示。所选文本框中的文本随即被添加"劈裂"进入动画，在"动画"选项卡中的"预览"组内单击"预览"按钮可预览动画效果，如图8-79所示。

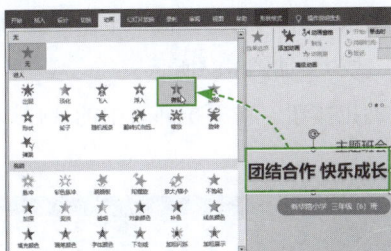

图 8-78

图 8-79

2. 设置动画效果

添加动画后可以改变动画的运动方向，例如，将默认的"左右向中央收缩"更改为"中央向上下展开"。选择添加了动画的文本框，打开"动画"选项卡，在"动画"组中单击"效果选项"下拉按钮，在下拉列表中选择"中央向上下展开"选项，如图8-80所示。所选文本框中的动画运动方向随即被改变，如图8-81所示。

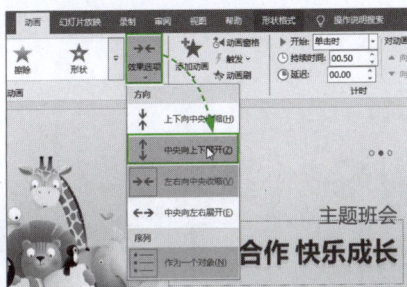

图 8-80

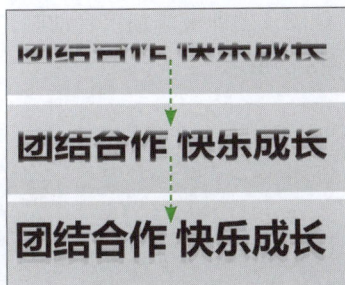

图 8-81

3. 自定义动画效果

为了让动画呈现更佳的效果，还可以通过"自定义动画"窗格对动画进行自定义设置。

打开"动画"选项卡，在"高级动画"组中单击"动画窗格"按钮，打开"动画窗格"窗格，在该窗格选择需要设置效果的动画选项，单击其右侧的下拉按钮，在下拉列表中选择"效果选项"或"计时"选项，如图8-82所示。在打开的对话框中可以分别对动画的效果、开始方式、延迟播放时间、动画速度等进行设置，如图8-83和图8-84所示。

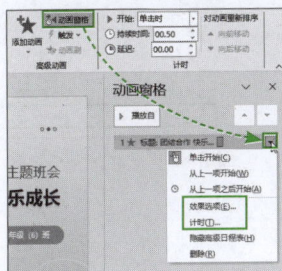

图 8-82

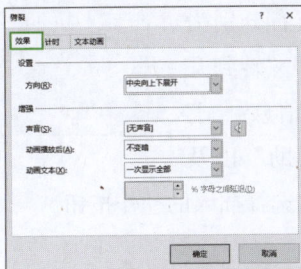

图 8-83

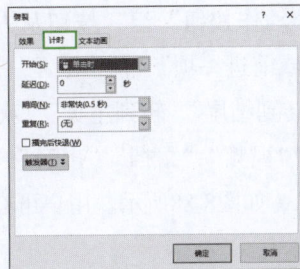

图 8-84

动手练 **设置组合动画**

一个对象可以同时应用多种动画，从而让动画效果更丰富。下面为幻灯片中的图片添加组合动画。

步骤 **01** 选择幻灯片中的图片，打开"动画"选项卡，在"动画"组中单击"动画样式"下拉按钮，在下拉列表中的"进入"组内选择"缩放"选项，如图8-85所示。

步骤 **02** 在"高级动画"组中单击"添加动画"下拉按钮，在下拉列表中的"强调"组内选择"陀螺旋"选项，如图8-86所示。

图 8-85

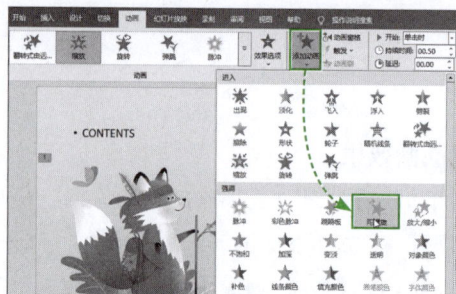

图 8-86

步骤 **03** 所选图片随即被添加组合动画，在"动画"选项卡中单击"预览"按钮，可以预览动画效果，如图8-87所示。

图 8-87

8.5.2 插入动作按钮

为了更灵活地控制幻灯片的放映，可以在幻灯片中添加动作按钮。单击动作按钮可以快速返回首页或上一页。

在"插入"选项卡中的"插图"组内单击"形状"下拉按钮，在下拉列表的最底端包含一个"动作按钮"组，按钮从左至右分别为"后退或前进一项""前进或下一项""转到开头""转到结尾""转到主页""获取信息""上一张""视频""文档""声音""帮助"以及"空白"，如图8-88所示。用户可在此选择插入的动作按钮。

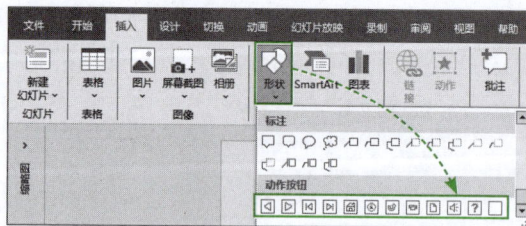

图 8-88

动手练 **结束按钮的添加**

步骤 **01** 打开"插入"选项卡，在"插图"组中单击"形状"下拉按钮，在下拉列表中的"动作按钮"组内单击"动作按钮：转到结尾"按钮，如图8-89所示。

步骤 **02** 按住鼠标左键在幻灯片中绘制按钮，如图8-90所示。

步骤 **03** 松开鼠标左键后，系统自动弹出"操作设置"对话框，保持所有选项为默认状态，单击"确定"按钮完成设置，如图8-91所示。在放映幻灯片时，单击该按钮可切换到最后一页幻灯片。

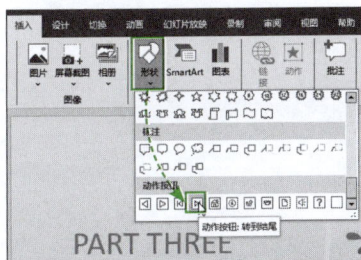

图 8-89

图 8-90

图 8-91

8.5.3 插入超链接

创建超链接可以快速跳转到当前演示文稿中的指定幻灯片或其他文件。也可以直接访问链接到的网页。

动手练 超链接的应用

步骤01 右击需要添加超链接的对象，在弹出的快捷菜单中执行"超链接"命令，如图8-92所示。

步骤02 打开"插入超链接"对话框。选择"本文档中的位置"选项，在打开的界面选择需要链接到的幻灯片页面，单击"确定"按钮完成设置，如图8-93所示。放映幻灯片时，单击设置了超链接的对象便可快速切换到指定幻灯片页面。

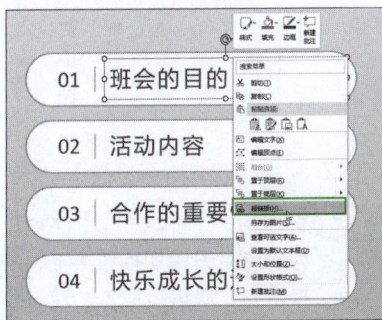

图 8-92

知识拓展

若要清除超链接，可以右击设置了超链接的对象，在弹出的快捷菜单中执行"删除链接"命令，如图8-94所示。

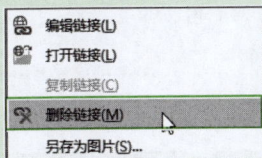

图 8-94

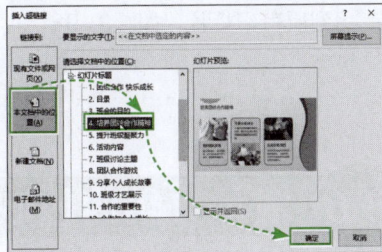

图 8-93

8.5.4 设置切换效果

为幻灯片页面设置切换效果，可以使整个幻灯片页面动起来，对于增强幻灯片放映效果来说，是既简单又有效的方法。PowerPoint演示文稿内置了不同类型的切换效果，包括细微、华丽以及动态内容。打开"切换"选项卡，在"切换到此幻灯片"组中单击"切换效果"下拉按钮，在下拉列表中可以选择使用这些切换效果，如图8-95所示。

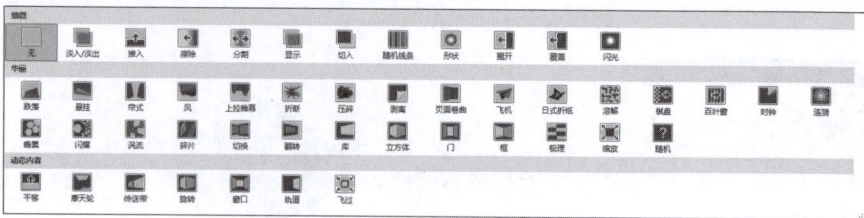

图 8-95

动手练 **页面切换动画的添加**

步骤01 打开需要设置切换效果的幻灯片页面，打开"切换"选项卡，在"切换到此幻灯片"组中单击"切换效果"下拉按钮，在下拉列表中的"细微"组内选择"形状"选项，如图8-96所示。

步骤02 当前幻灯片随即应用所选切换效果，在"切换"选项卡中单击"预览"按钮可以预览页面切换效果，如图8-97所示。

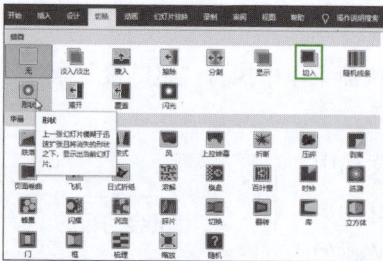

图 8-96

图 8-97

知识拓展

为幻灯片设置切换效果后，在"切换"选项卡中的"计时"组内可以对切换的声音、持续时间、换片方式等进行设置，若单击"应用到全部"按钮，可将当前幻灯片的切换效果应用到所有幻灯片，如图8-98所示。

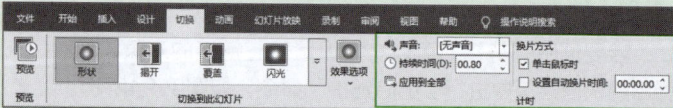

图 8-98

8.6 演示文稿的放映和输出

演示文稿的最终作用是在合适场合进行放映，为了确保完美的放映效果，还需要根据实际情况进行一些放映设置。放映完成后用户还可将演示文稿以指定方式进行输出。

8.6.1 放映演示文稿

放映演示文稿有很多种方法，打开"幻灯片放映"选项卡，在"开始放映幻灯片"组中单击"从头开始"按钮，可从第1页幻灯片开始放映。单击"从当前幻灯片开始"按钮，可从当前页开始放映，如图8-99所示。

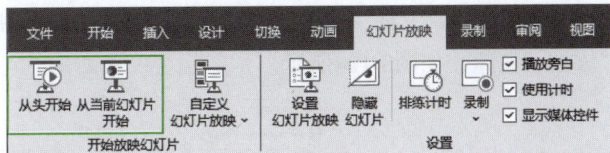

图 8-99

使用快捷键也可控制幻灯片的放映。按F5键可从第1页开始放映，使用Shift+F5组合键可从当前页开始放映。

8.6.2 设置放映方式

放映幻灯之前，可以在"设置放映方式"对话框中对放映类型、放映选项、放映范围、换片方式等进行设置。

打开"幻灯片放映"选项卡，在"设置"组中单击"设置幻灯片放映"按钮，如图8-100所示。系统随即打开"设置放映方式"对话框。在该对话框中可对放映类型、是否循环放映、放映时是否加旁白、放映时是否加动画、绘图笔颜色、激光笔颜色、幻灯片放映范围，以及推进幻灯片的方式等进行设置，如图8-101所示。

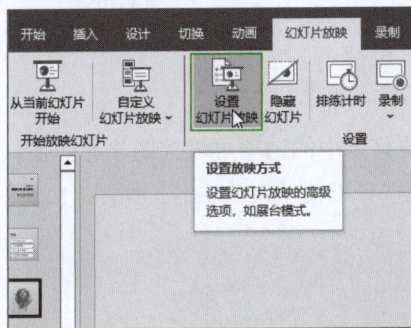

图 8-100

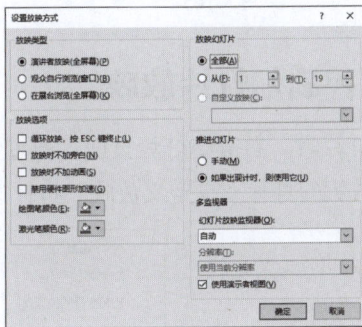

图 8-101

动手练 自定义放映

若只想放映演示文稿中指定的某些幻灯片，可以设置自定义放映。具体操作方法如下。

步骤 01 打开"幻灯片放映"选项卡，在"开始放映幻灯片"组中单击"自定义幻灯片放映"下拉按钮，在下拉列表中选择"自定义放映"选项，如图8-102所示。

步骤 02 弹出"自定义放映"对话框，单击"新建"按钮，如图8-103所示。

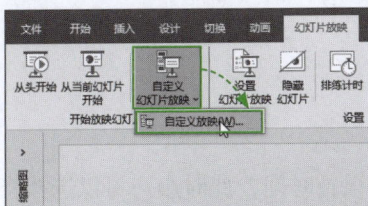

图 8-102

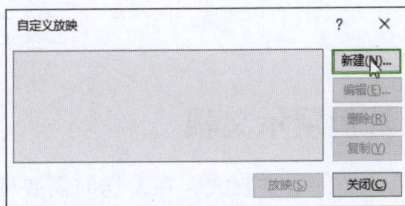

图 8-103

步骤 **03** 打开"定义自定义放映"对话框，在左侧列表框中勾选需要放映的幻灯片，单击"添加"按钮，如图8-104所示。

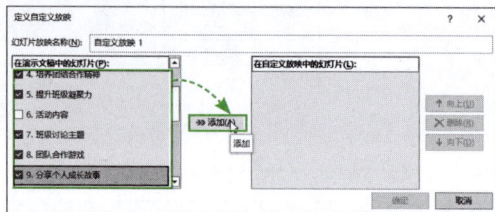

图 8-104

步骤 **04** 所选幻灯片随即被添加到右侧列表框中，单击"确定"按钮，如图8-105所示。

步骤 **05** 返回"自定义放映"对话框，若单击"放映"按钮，可立即放映自定义放映中的幻灯片。单击"关闭"按钮，可关闭该对话框，如图8-106所示。

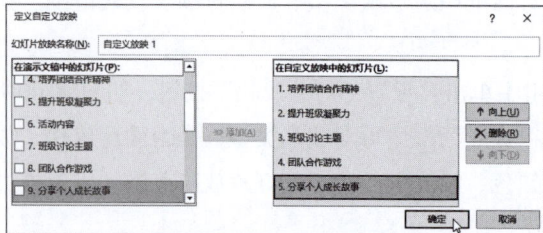

图 8-105

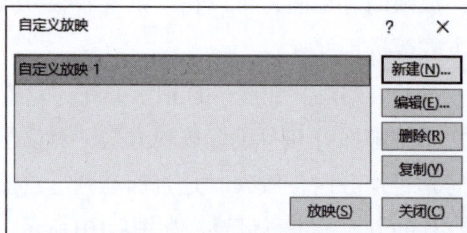

图 8-106

8.6.3 控制幻灯片放映

放映幻灯片时，右击幻灯片页面，通过快捷菜单中的选项可以控制快速切换页面、查看所有幻灯片、放大幻灯片、自定义放映、指针选项选择以及结束放映等，如图8-107所示。

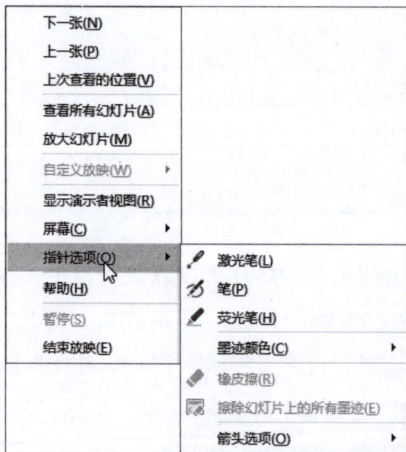

图 8-107

8.6.4 打包演示文稿

演示文稿的文件通常较大，在发送时需要耗费很长时间，此时用户可以选择将演示文稿打包成压缩文件，再进行发送。

动手练 将演示文稿打包成CD

步骤01 单击"文件"按钮，进入文件菜单，切换至"导出"界面，选择"将演示文稿打包成CD"选项，随后单击窗口右侧的"打包成CD"按钮，如图8-108所示。

步骤02 弹出"打包成CD"对话框，在"将CD命名为"文本框中输入名称，单击"复制到文件夹"按钮，系统随后打开"复制到文件夹"对话框，单击"浏览"按钮，选择文件保存位置，单击"确定"按钮，如图8-109所示。

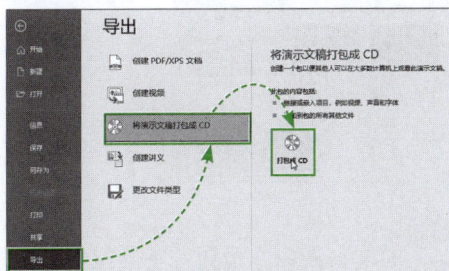

图 8-108

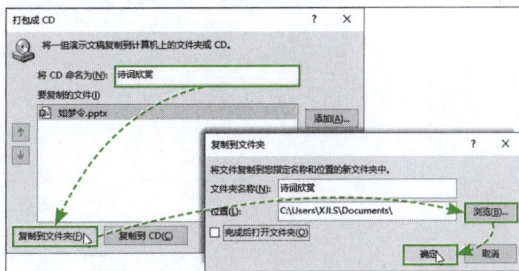

图 8-109

步骤03 弹出询问对话框，单击"是"按钮，系统随即开始打包文件，如图8-110所示。

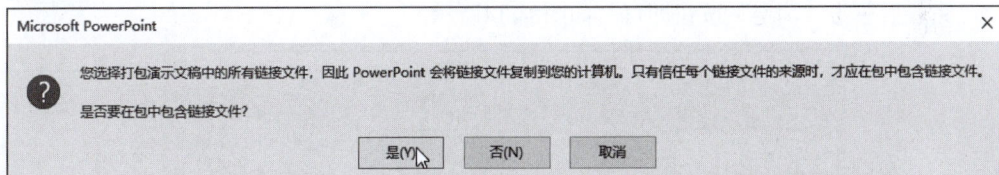

图 8-110

8.6.5　打印演示文稿

单击"文件"按钮，打开文件菜单，切换至"打印"界面，通过该界面中提供的选项可以设置打印份数、演示文稿的打印范围、每页打印的幻灯片页数、使用彩色或黑白打印等，如图8-111所示。

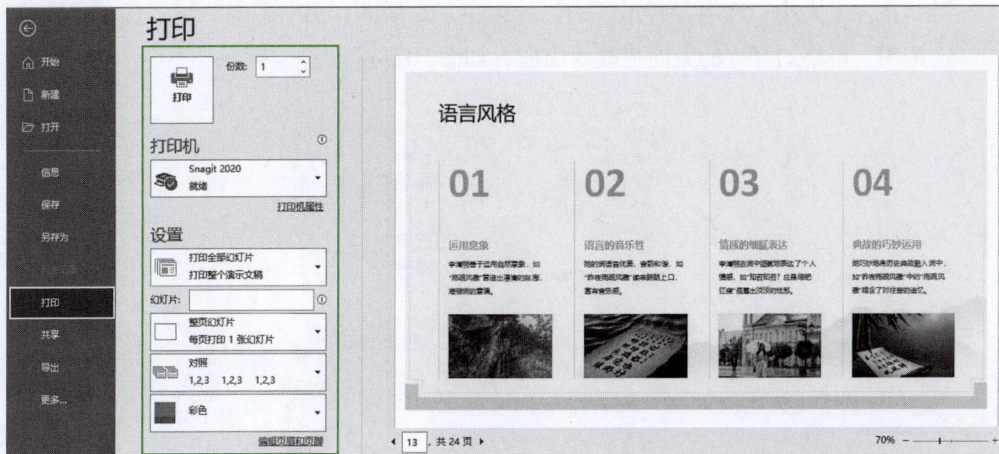

图 8-111

OA 新手答疑

1. Q: 如何设置幻灯片尺寸?

A: 打开"设计"选项卡，单击"幻灯片大小"下拉按钮，下拉列表中提供"标准（4：3）"和"宽屏16：9"两种常用尺寸，用户可以根据需要进行选择，或者在下拉列表中选择"自定义幻灯片大小"选项，如图8-112所示。

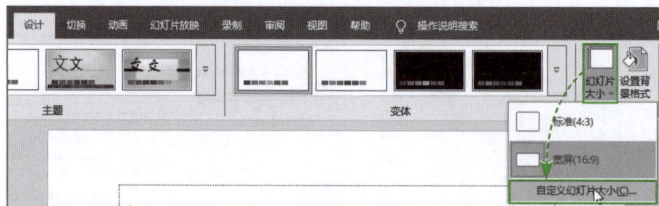

图 8-112

弹出"幻灯片大小"对话框，单击"幻灯片大小"下拉按钮，下拉列表中提供很多预设的幻灯片尺寸，如图8-113所示。

若要自定义幻灯片的大小，可以在"宽度"和"高度"微调框中输入具体的参数，设置完成后单击"确定"按钮即可，如图8-114所示。

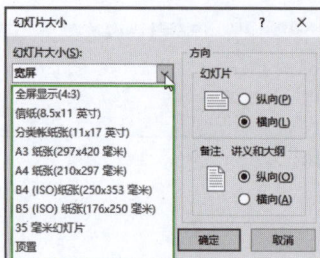

图 8-113

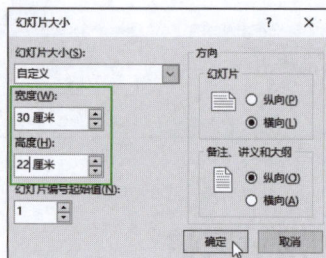

图 8-114

2. Q: 如何更改幻灯片方向?

A: 在"设计"选项卡中的"自定义"组内单击"幻灯片大小"下拉按钮，在下拉列表中选择"自定义大小"选项。弹出"幻灯片大小"对话框，在"方向"组中选中"纵向"单选按钮，可将幻灯片的方向更改为纵向，如图8-115所示。

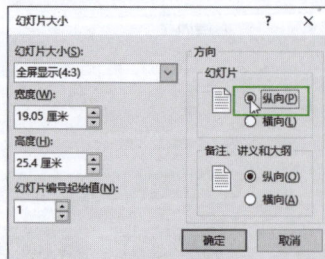

图 8-115